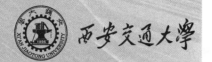

西安交通大学 研究生创新教育系列教材

压水堆核电厂
瞬态安全数值分析方法

单建强 廖承奎 苟军利 冉 旭 吴 攀 编著

U0290720

西安交通大学出版社
XI'AN JIAOTONG UNIVERSITY PRESS

内容简介

本书以压水堆核电厂为研究对象,着重论述压水堆核电厂的瞬态热工-物理分析的计算模型与数值算法。主要内容包括点堆、一维时空动力学和三维时空动力学的模型及其算法,目前普遍采用的两相流模型,瞬态热工水力分析的数值方法及其应用,以及最佳估算程序的不确定性分析等。

本书是高等学校核科学与技术学科硕士、博士研究生学位课程的教材,也可供核工程与核技术专业高年级本科生,从事核反应堆、核电厂管理、设计、研究、运行等方面工作的科技人员参考。

图书在版编目(CIP)数据

压水堆核电厂瞬态安全数值分析方法/单建强等编著.
—西安:西安交通大学出版社,2016.8
ISBN 978－7－5605－8572－7

Ⅰ.①压… Ⅱ.①单… Ⅲ.①压水型堆-核电厂-瞬态状况-数值分析-分析方法 Ⅳ.①TM623.91

中国版本图书馆 CIP 数据核字(2016)第 127187 号

书 名	压水堆核电厂瞬态安全数值分析方法
编 著	单建强　廖承奎　苟军利　冉旭　吴攀
责任编辑	任振国　季苏平
出版发行	西安交通大学出版社
	(西安市兴庆南路 10 号　邮政编码 710049)
网 址	http://www.xjtupress.com
电 话	(029)82668357　82667874(发行中心)
	(029)82668315(总编办)
传 真	(029)82668280
印 刷	陕西奇彩印务有限责任公司
开 本	727mm×960mm　1/16　印张 15　字数 273 千字
版次印次	2016 年 8 月第 1 版　2016 年 8 月第 1 次印刷
书 号	ISBN 978－7－5605－8572－7/TM·120
定 价	35.00 元

读者购书、书店添货,如发现印装质量问题,请与本社发行中心联系、调换。
订购热线:(029)82665248　(029)82665249
投稿热线:(029)82669097　QQ:8377981
读者信箱:lg_book@163.com

《研究生创新教育》总序

　　创新是一个民族的灵魂,也是高层次人才水平的集中体现。因此,创新能力的培养应贯穿于研究生培养的各个环节,包括课程学习、文献阅读、课题研究等。文献阅读与课题研究无疑是培养研究生创新能力的重要手段,同样,课程学习也是培养研究生创新能力的重要环节。通过课程学习,使研究生在教师指导下,获取知识的同时理解知识创新过程与创新方法,对培养研究生创新能力具有极其重要的意义。

　　西安交通大学研究生院围绕研究生创新意识与创新能力改革研究生课程体系的同时,开设了一批研究型课程,支持编写了一批研究型课程的教材,目的是为了推动在课程教学环节加强研究生创新意识与创新能力的培养,进一步提高研究生培养质量。

　　研究型课程是指以激发研究生批判性思维、创新意识为主要目标,由具有高学术水平的教授作为任课教师参与指导,以本学科领域最新研究和前沿知识为内容,以探索式的教学方式为主导,适合于师生互动,使学生有更大的思维空间的课程。研究型教材应使学生在学习过程中可以掌握最新的科学知识,了解最新的前沿动态,激发研究生科学研究的兴趣,掌握基本的科学方法;把教师为中心的教学模式转变为以学生为中心教师为主导的教学模式;把学生被动接受知识转变为在探索研究与自主学习中掌握知识和培养能力。

　　出版研究型课程系列教材,是一项探索性的工作,也是一项艰苦的工作。虽然已出版的教材凝聚了作者的大量心血,但毕竟是一项在实践中不断完善的工作。我们深信,通过研究型系列教材的出版与完善,必定能够促进研究生创新能力的培养。

西安交通大学研究生院

前　言

核能的发展与利用是 20 世纪科技史上最杰出的成就之一。核电已被公认为是一种经济、安全、可靠和洁净的能源，在调整能源结构、减少有害气体和温室气体的排放，保护环境等方面起到非常重要的作用。

《能源发展"十二五"规划》(国发〔2013〕2 号)提出在确保安全的基础上高效发展核电的发展方针，要求严格实施核电安全规划和核电中长期发展规划，把"安全第一"方针落实到核电规划、建设、运行、退役全过程及所有相关产业。在做好安全检查的基础上，持续开展在役在建核电机组安全改造。全面加强核电安全管理，提高核事故应急响应能力。加快建设现代核电产业体系，打造核电强国。

然而，由于核电具有潜在的放射性危险，美国三里岛核电厂事故(1979 年)、前苏联切尔诺贝利核电厂事故(1986 年)和日本福岛核电厂事故(2011 年)证明核安全永远是核电发展的最根本的生命线，反应堆事故和核电厂安全会一直是核能发展中最重要的研究课题。

从系统分析的角度来看，反应堆安全分析主要需要获得系统的热工水力行为和堆芯的功率分布。系统热工水力行为的获得可以验证核电厂在事故工况下验收准则能否得到满足，而堆芯内的功率分布则为详细的热工水力分析打下良好的基础。因此，瞬态安全分析必须同时考虑中子动力学与热工水力的响应。

本教材以压水堆核电厂为研究对象，着重论述压水堆核电厂的瞬态热工-物理分析的计算模型与数值算法。全书共分 7 章，第 1 章为绪论，第 2,3 章论述点堆、一维时空动力学和三维时空动力学的模型及其算法，第 4 章介绍目前普遍采用的两相流模型，第 5,6 章介绍瞬态热工水力分析的数值方法及其应用，第 7 章介绍了最佳估算程序的不确定性分析。

本教材由一群志同道合的朋友们共同合作完成。西安交通大学单建强教授编写了第 1,2,5 章；上海核工程研究设计院廖承奎博士编写了第 3 章；西安交通大学吴攀博士编写了第 4 章；西安交通大学苟军利博士编写了第 6 章；中国核动力研究设计院冉旭博士编写了第 7 章。本书受到西安交通大学研究生教学研究与教学改革项目的资助；在书稿的编写过程中，西安交通大学核安全与运行研究室的葛莉、杨子江、马海福、荆茂林、刘扬、巢飞、刘希瑞、王宝婧、蔡梦瑶、韩斌、王思鹏、彭程等研究生们仔细校对了书稿，编著者在此一并表示衷心的感谢！

本书是高等学校核科学与技术学科硕士、博士研究生学位课程的教材，也可供核工程与核技术专业高年级本科生,从事核反应堆、核电厂管理、设计、研究、运行等方面工作的科技人员参考。

　　核安全是一门涉及多个领域的学科,核安全分析涉及的中子动力学,热工水力模型与计算方法同样也处于不断的改进中。鉴于我们的学识水平,书中难免有很多缺点,甚至错误,深切希望使用本教材的广大读者、专家学者批评指正。

编著者

2016 年 4 月

目　录

第1章 绪 论

核科学技术的发展历史表明,经过 60 多年的努力,人类今天已经拥有大规模利用核能的能力,核动力技术得到巨大发展,核电利用核动力堆发电,是可靠、清洁、安全、经济的替代能源。

目前投入商业运行的核电机组,有压水堆、沸水堆、压管式重水堆、气冷堆、石墨水冷堆、快中子堆等几种主要类型。据国际原子能机构 2013 年 12 月的统计资料,正在 30 多个国家或地区运行的 436 台机组中,压水堆 272 台,占 62.4%;沸水堆 84 台,占 19.3%;压力管式重水堆 48 台,占 11.0%。核电厂的总装机容量为372GWe,发电总量约占全世界总发电量的 17%;在建的核电机组总数达 72 台,总装机容量为 70.6GWe。在中国大陆地区,在运核电机组 19 台,其中 17 台为压水堆;在建 29 台,全部为压水堆。由此可见,核电已在世界电力生产中占据重要位置。由于历史和技术成熟度的缘故,压水堆核电厂目前是各国核电市场的主力军。

压水堆核电厂与常规火电厂一样,都是用蒸汽作介质来发电的,两类电厂的汽轮发电机部分在本质上是相同的,仅工作参数不一样。它们用以产生蒸汽的热源不同。火电厂采用燃煤或燃油的锅炉生产高温、高压过热蒸汽,而核电厂则利用核蒸汽供应系统(Nuclear Steam Service System,NSSS)中堆芯内核裂变释放的大量热能产生高温、高压蒸汽。与常规火电厂相比,核电厂在控制和运行操作上,存在如下一些特殊的安全问题:

(1)压水堆核电厂是需要定期停堆换料的,在新堆或换新料后初期,堆芯有较大的过剩反应性,因此,核电厂有可能发生比设计功率高得多的超功率事故。

(2)核燃料发生裂变反应释放核能时,放出瞬发中子和瞬发γ射线。由于裂变产物的积累,以及堆内构件压力容器等受中子的辐照而活化,所以反应堆不管在运行中或停闭后,都有很强的放射性。

(3)核电厂反应堆停闭后,堆芯因缓发中子裂变以及裂变产物的β或γ衰变仍有很强的剩余发热,因此,反应堆停闭后不能立即停止冷却,否则会出现燃料元件因过热而烧毁的危险。

(4)核电厂在运行过程中,会产生气相、液相及固相放射性废物,它们的处理和储存问题在火力发电厂中是不存在的。为了确保工作人员和居民的健康,经过处理的放射性废物向环境排放时,必须严格遵照国家的辐射防护规定,力求降低排放物的放射性水平。

核电厂的安全风险主要来自于事故工况下不可控的放射性核素的释放。如何减少这种释放对工作人员、居民和环境造成的危害就成为核电厂区别于常规火电厂的核安全问题。这种特殊核安全问题通常归结为两个方面:一是辐射安全问题,它要求在任何运行条件下,确保工作人员和环境处于正常的辐射水平之下;另一是核安全问题,它要求在反应堆设计和运行中必须考虑并采取相应措施,排除发生不可控的链式裂变反应的可能性。

1.1　核安全目标

核电厂安全要求在核电厂设计、制造、建造、运行和监督管理中不断地创优。核电厂事故不但会影响其自身,而且会波及周围环境,甚至会越出国界。因此,所有有关人员应始终关注核安全,不放过任何一个机会,将风险降低到能实现的最低水平。要使这种活动富有成效,则必须使人们对核安全的根本目标和原则有充分的理解,并正确认识它们之间的关系。

核安全的总目标为在核动力厂中建立并保持对放射性危害的有效防御,以保护人员、社会和环境免受危害。

核安全总目标由辐射防护目标和技术安全目标所组成,这两个目标互相补充、相辅相成,技术措施与管理性和程序性措施一起保证对电离辐射的防御。

辐射防护目标:保证在所有运行状态下,核动力厂内的辐射照射或由于该核动力厂任何计划排放放射性物质引起的辐射照射的总量保持低于规定限值并且合理可行尽量低,保证减轻任何事故的放射性后果。

技术安全目标:采取一切合理可行的措施防止核动力厂事故,并在一旦发生事故时减轻其后果;对于在设计该核动力厂时考虑过的所有可能事故,包括概率很低的事故,要以高可信度保证任何放射性后果尽可能小且低于规定限值;并保证有严重放射性后果的事故发生的概率极低。

安全目标要求核动力厂的设计和运行使得所有辐射照射的来源都处在严格的技术和管理措施控制之下。辐射防护目标不排除人员受到有限的照射,也不排除法规许可数量的放射性物质从处于运行状态的核动力厂向环境的排放。此种照射和排放必须受到严格控制,并且必须符合运行限值和辐射防护标准。

为了实现上述安全目标,在设计核动力厂时,要进行全面的安全分析,以便确定所有照射的来源,并评估核动力厂工作人员和公众可能受到的辐射剂量,以及对环境的可能影响。此种安全分析要考察以下内容:

(1)核动力厂所有计划的正常运行模式;

(2)发生预计运行事件时核动力厂的性能;

(3)设计基准事故;

(4)可能导致严重事故的事件序列。

在分析的基础上,确认工程设计抵御假设始发事件和事故的能力,验证安全系统和安全相关物项或系统的有效性,以及确定应急响应的要求。

尽管采取措施将所有运行状态下的辐射照射控制在合理可行尽量低的水平,并将能导致辐射来源失控事故的可能性减至最小,但仍然存在发生事故的可能性。这就需要采取措施以减轻放射性后果。这些措施包括:专设安全设施、营运单位制定的厂内事故处理规程以及国家和地方有关部门制定的厂外干预措施。核动力厂的安全设计适用以下原则:能导致高辐射剂量或大量放射性释放的核动力厂状态的发生概率极低;具有大的发生概率的核动力厂状态只有较小或者没有潜在的放射性后果。

1.2　核反应堆的安全设计

核反应堆安全设计的基本目的,是必须提供一套有效的防护措施,以保证 1.1 节核安全目标的实现。

反应堆设计的安全性就是把核电厂的潜在危险,即放射性物质加以控制,使它们处于安全的包容状态。在压水反应堆中,几乎所有的放射性物质都被包容在燃料芯块中,这些芯块被密封在用锆合金制成的阻挡放射性核素外泄的燃料包壳内。对于压水反应堆来说,如果放射性物质存留在燃料内部和设计所提供的其他几道屏障里面,就确保了核安全。

核电厂安全设计中辐射防护接受准则必须遵循以下原则:正常运行工况下的放射性排放低于预定的限值,因而对环境和公众的影响可以忽略不计;导致放射性物质大量释放的核电厂事故的发生概率要低;发生概率较高的辐射后果要小。

为了满足核电厂的辐射安全准则,现有核电厂的设计、建造和运行贯彻了纵深防御(Defense in Depth)的安全原则。以纵深防御为主要原则的国际原子能机构核安全标准系列文件(IAEA—NUSS)在我国核安全法规体系(HAF 系列)中得到了全面的反映。我国的核安全监督部门国家核安全局一直在不断地跟踪和研究国际上核安全技术的新发展,并吸收核能利用发达国家核安全监督管理的成功经验。

1.2.1　纵深防御原则

纵深防御概念贯彻于安全有关的全部活动,包括与组织、人员行为或设计有关的方面,以保证这些活动均置于重叠措施的防御之下,即使有一种故障发生,它被发现后可由适当的措施补偿或纠正。在整个设计和运行中贯彻纵深防御,以便对由厂内设备故障或人员活动及厂外事件等引起的各种瞬变、预计运行事件及事故提供多层次的保护。

纵深防御概念应用于核动力厂的设计,提供一系列多层次的防御(固有特性、设备及规程),用以防止事故并在未能防止事故时确保提供适当的保护。

第一层次防御的目的是防止偏离正常运行及防止系统失效。这一层次要求按照恰当的质量水平和工程实践,例如多重性、独立性及多样性的应用,正确并保守地设计、建造、维修和运行核动力厂。为此,应十分注意选择恰当的设计规范和材料,并控制部件的制造和核动力厂的施工。能有利于减少内部灾害的可能、减轻特定假设始发事件的后果或减少事故序列之后可能的释放源项的设计措施均在这一层次的防御中起作用。还应重视涉及设计、制造、建造、在役检查、维修和试验的过程,以及进行这些活动时良好的可达性、核动力厂的运行方式和运行经验的利用等方面。整个过程是以确定核动力厂运行和维修要求的详细分析为基础的。

第二层次防御的目的是检测和纠正偏离正常运行状态,以防止预计运行事件升级为事故工况。尽管注意预防,核动力厂在其寿期内仍然可能发生某些假设始发事件。这一层次要求在安全分析中设置确定的专用系统,并制定运行规程以防止或尽量减小这些假设始发事件所造成的损害。

设置第三层次防御是基于以下假定:尽管极少可能,某些预计运行事件或假设始发事件的升级仍有可能未被前一层次防御所制止,而演变成一种较严重的事件。这些不大可能的事件在核动力厂设计基准中是可预计的,并且必须通过固有安全特性、故障安全设计、附加的设备和规程来控制这些事件的后果,使核动力厂在这些事件后达到稳定的、可接受的状态。这就要求设置的专设安全设施能够将核动力厂首先引导到可控制状态,然后再引导到安全停堆状态,并且至少维持一道包容放射性物质的屏障的完整性。

第四层次防御的目的是针对已超过设计基准事故考虑范围的严重事故的,保证放射性释放保持在尽可能地低。这一层次最重要的目的是保护包容功能。除了事故管理规程之外,这还可以由防止事故进展的补充措施与规程,以及减轻特定的严重事故后果的措施来达到。由包容提供的保护可用最佳估算方法来验证。

第五层次,即最后层次防御的目的是减轻可能由事故工况引起潜在的放射性物质释放造成的放射性后果。这方面要求有适当装备的应急控制中心及厂内、厂外应急响应计划。

纵深防御概念应用的另一方面是在设计中设置一系列的实体屏障,以包容规定区域的放射性物质。所必需的实体屏障的数目取决于可能的内部及外部灾害和故障的可能后果。就典型的水冷反应堆而言,这些屏障是燃料基体、燃料包壳、反应堆冷却剂系统压力边界和安全壳。

1.2.2 多道屏障

为了阻止放射性物质向外扩散,轻水堆核电厂结构设计上的最重要安全措施之一是,在放射源与人之间,即放射性裂变产物与人所处的环境之间,设置了多道屏障,力求最大限度地包容放射性物质,尽可能减少放射性物质向周围环境的释放量。最为重要的是以下四道屏障:

第一道屏障是燃料芯块基体。目前,压水堆核电厂普遍采用烧结的二氧化铀陶瓷燃料,放射性物质很难从陶瓷燃料中逸出。

第二道屏障是燃料元件包壳。轻水堆核燃料叠装在锆合金包壳管内,两端用端塞封焊住。裂变产物有固态的,也有气态的,它们中的绝大部分容纳在二氧化铀芯块内,只有气态的裂变产物能部分扩散出芯块,进入芯块和包壳之间的间隙内。燃料元件包壳的工作条件是十分苛刻的,它既要受到中子流的强烈辐射、高温高速冷却剂的腐蚀和侵蚀,又要受热的和机械应力的作用。正常运行时,仅有少量气态裂变产物有可能穿过包壳扩散到冷却剂中;若包壳有缺陷或破裂,则将有较多的裂变产物进入冷却剂。设计时,假定有 1% 的包壳破裂和 1% 的裂变产物会从包壳逸出。据美国统计,正常运行时包壳实际最大破损率为 0.06%。

第三道屏障是将反应堆冷却剂全部包容在内的一回路压力边界。压力边界的形式与反应堆类型、冷却剂特性以及其他设计考虑有关。压水堆一回路压力边界由反应堆容器和堆外冷却剂环路组成,包括蒸汽发生器传热管、泵和连接管道。

为了确保第三道屏障的严密性和完整性,防止带有放射性的冷却剂漏出,除了设计时在结构强度上留有足够的裕量外,还必须对屏障的材料选择、制造和运行给予极大的注意。

第四道屏障是安全壳,即反应堆厂房。它将反应堆、冷却剂系统的主要设备(包括一些辅助设备)和主管道包容在内。当事故(如失水事故、地震)发生时,它能阻止从一回路系统外逸的裂变产物泄漏到环境中去,是确保核电厂周围居民安全的最后一道防线。安全壳也可保护重要设备免遭外来袭击(如飞机坠落)的破坏。对安全壳的密封有严格要求,如果在失水事故后 24 h 内安全壳总的泄漏率小于 0.1% 安全壳内所含气体质量,则认为已达到要求。为此,在结构强度上应留有足够的裕量,以便能经受住冷却剂管道大破裂时压力和温度的变化,阻止放射性物质的大量外逸。它还要设计得能够定期地进行泄漏检查,以便验证安全壳及其贯穿件的密封性。

1.3　核电厂设计评价和安全分析

在核反应堆安全中,安全分析具有独特的作用,其原因有二:第一,为了估计工业产品(如汽车和飞机)的事故性状,一般可做全尺寸实证试验(或可利用实际事件)。但对于核电厂,实际上做不到这点。这是因为反应堆系统设计多种多样,需研究的可能发生的事件又非常多,如果都要做全尺寸试验,则数量很多,费用极其昂贵。因此,这个远非一般的重大责任落到反应堆安全分析工作者身上,要求他们在开发和试验分析工具时做到十分严格准确。第二,国际上已经普遍认可这种分析方法可以广泛用作研究、设计和评价的手段。让我们来探讨一下这种观点。首先,核电厂的设计要确保正常运行时的安全,而且对异常运行和系统/部件失效都有足够裕度。其次,分析方法常用来确定可能影响安全的这些系统/部件故障,从而可以采取适当的保护措施。再次,还推定即使某些系统/部件损坏,但提供的安全设施具有裕度和冗余度,仍然能够保证核电厂的安全。最后,假定在事故期间某些安全设施本身发生故障,它们也能缓解这些可以分析的事故后果。对上述过程反复地进行研究分析,就可以发现核安全系统的薄弱环节,从而加以改进,其结果将使严重核事故的可能性降到可接受的低水平。由此可见,核系统安全分析方法现在是,将来仍然是进行安全研究的一个很重要的手段。

核电厂的设计和安全分析是以试验和计算机程序为支撑的。在比例试验装置上开展的试验,能够研究核电厂相关系统的物理行为,还能够将所获得的试验数据用于计算机程序的评价。计算机程序则用于模拟各种事故过程,分析部件或系统的响应,预测事故结果,验证拟定的保护措施,从而满足核安全法规的要求。

一般而言,一个完整的设计评价过程要经历 5 个阶段,包括现象分析、模化试验、定量分析、试验检验、程序评价,如表 1.1 所示。

这个设计评价过程中的试验根据研究目的和范围的不同,可以分为基础研究试验、工程试验、单项效应试验和综合效应试验 4 类。基础研究试验的主要目的是在开始大规模试验或研究项目之前,针对某个具体的物理过程开展试验,确定设计理念的可行性。基础研究试验并没有在美国核管会的设计认证中做出具体要求,但实际上对设计认证的试验和分析活动起到支撑作用。工程试验主要是检验某一设备的设计,提供设备或系统分析的边界条件,确定单项效应试验或综合效应试验的初始条件。综合效应试验则以核电厂整体作为模拟对象,试验装置几乎包含了模拟对象的全部设备和专设安全系统,而装置的几何尺寸与模拟对象具有相似性,综合效应试验可针对核电厂运行的各种工况开展研究,其试验结果可用于优化模型和校验程序。

表 1.1　核电厂设计评价和安全分析的主要过程

阶段名称	主要内容
现象分析	识别瞬态过程中的关键现象,找出关键参数,建立模化各种现象的数学模型,导出模化试验的模化比例准则,确定模化试验的基本几何尺寸和试验方法
模化试验	通过在较为简单的装置上进行试验,研究物理现象,找出重要参数的定量关系。试验过程的边界条件与原型系统相同
定量分析	利用模化试验的数据建立过程分析关系式或计算机程序,以预测瞬态过程或参数的变化
试验检验	通过在系统上进行试验,检验分析关系式或计算机程序
程序评价	将程序计算结果与试验数据比较,估计程序在模拟原型系统时的不确定性

　　就系统分析和验证而言,目前已经有了相当成熟的计算机程序,来预测反应堆在瞬态过程和事故条件下的各种行为。这些程序根据模型和方法的不同,可以分为保守性程序(Conservative Code)和现实性程序(Realistic Code)。较早发展的保守性程序,为了增加安全评审的可靠度,使用带有保守性规定的评价模型。例如,美国核管会在 10CFR50.46《轻水反应堆 LOCA 事故分析的基本准则》及其附录 K 中,规定了轻水反应堆 LOCA 事故分析时必须遵守的保守性准则。利用保守性程序进行事故分析的方法叫做保守性分析。现实性程序,也叫做最佳估算程序(Best Estimate Code),则去掉了不必要的保守性,尽可能真实、准确地模拟反应堆系统的性状,更适合于试验评价和安全裕度分析。例如,监管导则 RG1.1.5 7《应急堆芯冷却系统运行的最佳估算》中,就最佳估算程序及允许采用的模型、经验关系、数据、模型的评估程序和方法等做出了明确规定。对计算结果进行不确定性分析的事故分析方法叫做最佳估算分析,它利用最佳估算程序进行计算,在事故分析中无意地引入保守性。其中,著名的最佳估算程序如 RELAP5(美国),TRAC(美国),ATHLET(德国)和 CATHARE(法国)等,上述程序体系庞大,源程序多达 10 万行,描述了反应堆系统各个部分的 70 多种不同的热工水力现象,已广泛应用于各国核电厂或核反应堆装置的设计和事故安全分析中。

　　尽管现阶段的热工水力最佳估算程序已达到相当高的成熟度,能够较为真实地模拟反应堆系统的热工水力物理现象和事故进程,然而,限于目前的科学认知水平,比如对两相流复杂现象的认识,在程序调试时为了逼近试验数据所作的调整,系统状态参数的波动及测量误差等方面的原因,不可能期望计算机程序对于核电厂响应进行完全准确的模拟,即使程序本身经过实验验证是成熟有效的,上述偏差也不可避免,必然会影响程序预测结果的准确性。因此,在申请执照或工程实际中使用最佳估算程序,必须在分析方法上考虑上述偏差所带来的影响。

2003 年,国际原子能机构(IAEA)发表的报告总结出各种事故分析方法分类,如表 1.2 所示。

表 1.2　安全分析方法使用程序及其假设组合

选项	计算机程序	系统可用性	初始与边界条件	方法
1	保守	保守假设	保守输入数据	确定论
2	最佳估算	保守假设	保守输入数据	确定论
3	最佳估算	保守假设	带不确定性的真实输入数据	确定论
4	最佳估算	基于 PSA 假设	带不确定性的真实输入数据	确定论＋概率论

选项 1(完全保守方法)应用于 20 世纪 70 年代,能够包络当时知识水平下的不确定性。然而,该方法可能预测出不真实的行为,改变事件发生序列,得出的结果具有误导性,因此,现在的执照申请已不再采用该种方法。

选项 2 是目前安全分析中采用的典型方法:选择保守的输入参数,通过工程经验、定性分析以及大量的敏感性计算确定保守的输入数据,以保守包络的方法得到分析结果,通常认为程序预测值比真实值更恶劣,比如在失水事故(LOCA)中,计算的包壳温度比实际更高。

选项 3 为最佳估算加不确定性分析,以统计方法或试验外推的方法考虑可能导致程序计算不确定性的因素,定量地给出程序预测结果的不确定性带,使程序预测结果具有统计学意义的准确度(比如满足双 95％ 概率要求)。该方法为 IAEA 所推荐,是核电厂执照申请安全分析技术的发展趋势。

选项 4 目前尚未得到广泛应用。它属于现实性分析,但对安全起显著影响的系统的可用度是由基于概率安全评价来量化,而不是保守假设。

IAEA 给出安全裕量的概念,并展示了保守分析结果与最佳估算分析结果的区别,如图 1.1 所示。绝对意义的真实安全裕量无从知道,因此安全裕量通常是指计算分析结果与安全局规定的验收准则之间的差值。分析方法的不同将影响安全裕量的大小,最佳估算方法定量地给出结果的不确定性带,其结果满足一定的概率要求,其计算结果通常优于保守包络方法的计算结果,这使事故评价更为真实,为核电厂提升功率、挖掘潜力提供条件。

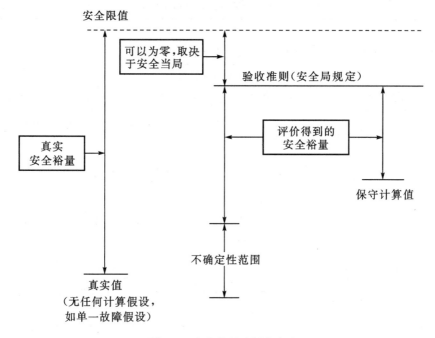

图 1.1　安全裕量及评价方法

1.3.1　我国对安全分析用计算机程序的要求

计算机程序是安全分析的重要工具。预期运行事件和设计基准事故的安全分析应该采用合适的计算机程序,以便确定反应堆对所研究的运行事件和事故的响应。目前在安全分析中使用了大量的计算机程序,如表 1.3 所示。为此,我国核安全法律法规对计算机程序提出了要求。在 HAF102《核动力厂设计安全规定》中指出:"安全分析中应用的计算机程序、分析方法和核动力厂模型必须加以验证和确认,并必须充分考虑各种不确定性"。其中,验证(Verification)是评估计算模型是否真实反映物理模型,证明离散数学的计算程序可以正确求解物理模型,其本质是数学问题;而确认(Validation)是评估物理模型及相关数据能否精确表明预期的物理现象,证明数值模拟正确反映现实世界的物理规律,其本质是物理问题。在 HAD102/17《核动力厂安全评价与验证》中,则进一步从计算机程序及输出结果、使用人员、使用方法等方面对计算机程序的评价提出具体要求,如表 1.4 所示。

表 1.3　安全分析用计算机程序分类表

程序类别	用途描述
放射学分析程序	评估工作人员遭受的辐照剂量
中子物理程序	模拟反应堆堆芯的行为
燃料行为程序	模拟核动力厂正常运行期间及事故发生后燃料元件的行为
反应堆热工水力学程序	模拟核动力厂正常运行及事故发生后反应堆堆芯及相关冷却剂系统的行为
安全壳热工水力学程序	模拟发生冷却剂丧失事故或二回路管道破裂事故后,安全壳的压力和温度的行为状况
结构程序	模拟各部件和构筑物在承受载荷及载荷组合下,各部件和构筑物的应力应变行为状况
严重事故分析程序	模拟自堆芯损坏开始直至安全壳失效的事故序列进程
放射性后果学分析程序	模拟放射性物质在厂区内外的迁移,以确定其对工作人员及公众的影响

表 1.4　《核动力厂安全评价与验证》对计算机程序评价的要求

对象	具体要求
计算机程序	用于描述过程的物理模型和相关的简化假设是合理的; 用于描述物理过程的关系式是合理的,其适用范围已确定; 程序的适用范围已确定; 使采用的数值方法能够提供具有足够准确度的解,系统的方法已用于计算机程序的设计、编程、调试和文件编制,已按照程序的技术规格对源程序进行了评价(对于大型程序可能无法实现)
输出结果	应该确定程序的预测结果已经与以下数据和程序进行了比较: 所模拟重要现象的试验数据,通常包括对单项效应试验和综合效应试验的比较;核动力厂数据,包括在核动力厂调试或启动期间完成的试验,以及运行事件或事故; 独立开发的和使用不同方法的其他程序; 具有足够准确结果的标准题和/或数据值基准

对象	具体要求
使用者	接受了足够的培训并且理解所使用的程序;在程序使用方面具有足够的经验,并且完全了解程序的用途和局限性; 有合适的程序使用手册; 可能的话,在开始安全分析工作之前使用者已经使用过程序对标准题进行分析
程序的使用	节点化和核动力厂模型能很好地反映核动力厂的行为; 输入数据正确; 正确理解和使用程序的输出结果

值得指出的是,用于对预期运行事件和设计基准事故进行安全分析的计算机程序应该引用从类似的核动力厂获得的运行经验和相关的试验数据。由于预期运行事件在核动力厂寿期内预计会发生一次或更多次,因此通常已经积累了这类瞬态的一些运行经验和数据。

1.3.2　美国联邦法规 10CFR 的要求和使用方法

在试验和程序方面,美国联邦法规也作出了相应规定。根据美国联邦法规 10CFR50.43 的规定,申请新型轻水堆核电厂的许可证(design certification)、联合执照(combined license)、制造执照(manufacturing license)和运行执照(operating license),或为了实现安全功能而使用简化的、固有安全性的、非能动的及其他创新性方法,必须满足以下要求:

(1)核电厂设计中每一个安全功能的实现,应当经过分析、试验或经验的验证;

(2)核电厂安全设计中安全功能之间的相互影响,应当经过分析、试验或经验的验证;

(3)具有足够的与核电厂设计中安全功能相关的数据,从而能够对安全分析工具做出评价。

美国核管会在安全评审中使用的计算机程序如表 1.5 所示。

表 1.5　美国核管会在安全评审中使用的计算机程序

类别	程序	简介
燃料行为	FRAPCON - 3	主要用于稳态条件下单个燃料棒行为的分析
	FRAPTRAN	主要用于瞬态和设计基准事故条件下单个燃料棒行为的分析

续表 1.5

类别	程序	简介
反应堆动力学	PARCS	通过解三维笛卡尔坐标系下时间相关的双群扩散方程,求得中子注量率的瞬态分布。该程序可单独使用,也可和热工水力程序耦合
热工水力分析	TRACE	在 TRAC-P,TRAC-B 和 RELAP 程序的基础上进一步发展,能够在一维和三维空间下分析失水事故和系统瞬态,是美国核管会热工水力分析工具的代表
	SNAP	图形用户界面工具,简化了 TRACE 和 RELAP5 等程序的输入卡编辑,实现了输出结果可视化
	RELAP5	能够进行一维小破口事故分析和系统瞬态分析
严重事故分析	MELCOR	严重事故分析的综合性程序
	SCDAP/RELAP5	使用了具体的力学模型
	CONTAIN	安全壳分析的综合性程序,开发工作于 20 世纪 90 年代中期停止,逐渐为 MELCOR 程序取代
	IFCI	分析燃料与冷却剂相互作用的程序
	VICTORIA	核素输运计算程序
设计基准事故分析	RADTRAD	用于计算机设计基准事故条件下主控室等地的职业照射剂量
健康影响计算	VARSKIN	用于评价放射性照射和污染对健康的影响
核素输运计算	DandD	用于终止许可证和退役的检查分析
	RESRAD6.0 RESRAD-BUILD3.0	

1.4　反应堆安全分析研究的进展及其范围

1.4.1　分析方法的进展

在过去的 60 年中,核安全研究和开发工作在各个领域都取得了重大进展。特别是轻水堆安全分析所用的系统程序有了重大改进。

1966 年是标志开始进展的一年,因为在 1966 年 10 月 27 日,美国原子能委员会管理局主任任命了一个特别任务小组,专门审定动力堆应急堆芯冷却系统和堆芯保护设施。他在任务书中写道:“由于核电厂规模扩大和愈来愈复杂,原子能委员会管理局和反应堆安全保障顾问委员会(ACRS)对与堆芯熔化有关的各种现象以及应急堆芯冷却系统是否完备已日益关注……”。

在美国,推动核安全系统程序继续发展和改进的力量主要来自于四个方面:上述的特别任务小组的任务书及其以后的报告;应急堆芯冷却的听证会;按照《水堆安全进展计划》进行的研究和开发工作;美国制定的核安全设计和评价的准则。

FLASH 是用于压水堆大破口冷却剂丧失事故分析的第一个反应堆系统程序。它是在美国海军规划下开发的。开发 FLASH 程序的背景为:以前在分析冷却剂丧失事故时,一个系统都用一个充有汽和水的单个容积来表示。在某些分析中,假定汽相和水相完全分离,而在另一些分析中,又假定它们完全是均相的。还假定在水装量不低于某个预先规定的临界值时,堆芯冷却基本上是完善的,而低于该值,堆芯冷却基本上为零。这样处理时,发现其结果强烈取决于预先所作的关于冷却剂是分离状态还是均相状态的假定,还强烈取决于所假设的水装量的临界值。一般来说,根据目前的技术水平,还无法证明任何一组特定的假设是正确的。为了避免这种事先的假定,开发了 FLASH 程序。该程序把一个系统划分为三个容积,每个容积内都含有均相混合物和单独的汽相。对汽相分离的程度是连续计算的。这种明确的堆芯冷却计算不需要对水装量作任何假设。

当然,FLASH 程序所用的模型对实际系统的几何条件作了相当大的简化。另一方面,FLASH 模型试图考虑一次侧系统各部件在冷却剂丧失事故期间的性状。很多这类部件在冷却剂丧失事故期间发生的极端偏离设计条件下的性能在当时缺乏实验数据。所以他们的做法是得到这些实验数据后,在 FLASH 结构中就可以乘上一个系数。尽管如此,FLASH 扩大了当时的事故分析能力,能算出冷却剂丧失事故期间一次侧系统内可能发生的情况。

在 FLASH 程序之后,世界各国纷纷投入大量的人力物力,研发各自的事故分析程序,比如 RELAP5,TRACE,CATHARE,ATHLET 等。

　　RELAP5 程序是美国爱达荷国家实验室(Idaho National Engineering Laboratory)研发的核反应堆热力学分析程序,有多年的工程验证基础,几乎可以模拟核电厂所有的热工水力瞬态和事故,广泛应用于压水堆核电站的事故分析。目前,广泛使用的版本有 RELAP5/Mod3.3,RELAP5—3D 等。RELAP5 程序的热工水力计算采用两相流的两流体六方程模型,该模型考虑了两相界面之间的质量、动量及能量的转移。

　　瞬态反应堆分析程序 TRAC 是洛斯阿拉莫斯国家实验室(Los Alamos National Laboratory)开发的先进最佳估算程序,可对压水堆的事故和瞬态行为进行数值分析。1977 年 TRAC 的第一个版本 TRAC—P1 发布。在此之后,为了增加程序的鲁棒性和适用范围,洛斯阿拉莫斯国家实验室相继开发了 TRAC—PF1,TRAC—PF1/MOD1,TRAC—PF1/MOD2 等版本。爱达荷国家实验室在压水堆版本的基础上,使用相同的模型与数值方法,开发了该程序的沸水堆版本。该程序的最新版本 TRACE 用 FORTRAN90 编写,可适用于压水堆和沸水堆的数值分析。美国核管会用 TRACE 代替 RELAP 程序和 TRAC 程序,来进行所有水冷堆的数值分析。2007 年,第一个经过验证的版本 TRACE V5.0 发布。TRACE 程序同样采用两流体六方程模型。

　　程序 CATHARE 是法国原子能委员会(CEA)、法国电力公司(EDF)和法玛通公司(FRAMATOME)联合开发的压水堆热工水力最佳估算程序。与大多数最佳估算程序一样,CATHENA 采用两流体模型来模拟非平衡不均匀的两相流,界面间的耦合、摩擦以及壁面传热过程都采用代数的本构关系式计算。程序采用两流体六方程模型,最新的版本 CATHARE 2 V2.5 拥有三维压力容器模型。该程序可以用于模拟任何压水堆及相关的实验设施,但不可以用于聚变堆、压力管式石墨慢化沸水堆、沸水堆和实验堆等。

　　ATHLET 是由德国核设施安全评审中心(Gesellschaft für Anlagen— und Reaktorsicherheit,GRS)1996 年开始研发的大型反应堆热工水力最佳估算程序,可用于水冷反应堆的事故分析。ATHLET 程序经过全面详细的验证和不断改进提高,已经获得了德国在内的许多欧洲国家核安全机构的认可,可以作为核设施执照申请的安全分析程序。该程序可以计算全范围的设计基准事故和超设计基准事故(不包括堆芯融化),比如压水堆和沸水堆的预期瞬态分析以及小破口、中破口、大破口事故分析。程序中有三种流体动力学可供用户选择:

　　(1)程序的基本选项是五方程漂移流模型,两个质量守恒方程、两个能量守恒方程以及一个混合物动量方程;

　　(2)两流体六方程模型,界面间物理量转移采用代数的本构关系式;

　　(3)四方程均匀流模型,包括两个质量守恒方程、一个混合物动量方程和一个混合物能量方程。

表 1.6 按开发的先后顺序列出了压水堆的主要程序及其主要的特点。从表中可以看出，三维核热耦合事故分析程序是当前的主流分析程序。

表 1.6　轻水堆大破口冷却剂丧失事故系统程序技术性能的比较

程序能力	A.反应堆系统的表示法		B.流体动力学模型		C.反应堆动力学	
	控制体	一维/多维	流体动力学模型	数值方法	金属-水反应	反应堆动力学
FLASH−4	3	准一维	均相流模型	显式	否	很有限
RELAP2	20	准一维	均相流模型	显式	是	点动力学
RELAP3	20	准一维	均相流模型	显式	否	点动力学
RELAP4 /CMOD7	动态储存 有限部件储存	一维	均相流模型,带滑移模型选项	隐式	是	点动力学
TRAC (P1A/BDO)	动态储存 有限部件储存	多维	两流体,六方程	半隐式或全隐式	是	点动力学
RELAP5	动态储存 有限部件储存	一维	两流体,六方程	半隐式	否	点动力学
CATHENA	动态储存 有限部件储存	一维	两流体,六方程	半隐式	是	点动力学
TRACE	动态储存 有限部件储存	多维	两流体,六方程	半隐式	是	三维时空动力学
APROS	动态储存 有限部件储存	一维	均相流,漂移流(五方程),两流体(六方程)	半隐式或全隐式	是	一维或三维时空动力学
RETRAN−02	动态储存 有限部件储存	一维	均相流模型,带滑移模型选项	显式或半隐式	是	点动力学或一维时空动力学
CATHARE	动态储存 有限部件储存	多维	两流体,六方程	隐式	是	点动力学
ATHLET	动态储存 有限部件储存	多维	漂移流(五方程),两流体(六方程)	隐式	是	点动力学或一维时空动力学

1.4.2　本教材的范围

本教材主要讲述反应堆动力学与热工水力程序及其数值解法。

从系统分析的角度来看,反应堆安全分析主要需要获得系统的热工水力行为和堆芯的功率分布。系统热工水力行为的获得可以验证核电厂在事故工况下验收准则能否得到满足,而堆芯内的功率分布则为详细的热工水力分析打下良好的基础。堆芯热工计算获得的慢化剂温度、密度和燃料温度等参数会对中子截面产生影响,从而又影响到堆芯中子动力学,而中子动力学方程得到的功率分布又将作用于堆芯热工水力。因此物理和热工两者往往又是耦合的关系。

在反应堆物理方面,最主要的工作在于如何准确地计算中子少群截面,以便得到准确的堆芯中子通量分布。在事故发生后,堆芯的冷却剂状态发生剧烈变化,导致中子截面改变,进一步影响扩散方程计算,最终堆芯的中子通量分布决定了堆芯的功率分布。目前的大型物理计算程序的中子截面计算主要采用两群计算(热群和快群),中子通量计算采用节块法。

在反应堆热工水力方面,最主要的工作在于如何准确地描述两相流的行为和传热行为。在冷却剂丧失事故工况下,非均相(两个相之间有相对运动)、不平衡态(两个相之间有温差)以及某些情况下的多维流动等效应都可能是重要的。在两相流的模型方面,早期有均匀流模型,现在有漂移流和两流体模型。目前的大型事故分析程序普遍采用两流体模型。

习题

(1)解释核安全目标。

(2)结合压水堆核电厂的具体实例,分析纵深防御原则和多道屏障。

(3)国际原子能机构(IAEA)的事故分析方法的选项有哪些,各有什么特点?

(4)我国对核电厂安全分析用计算机程序的分类有哪些,各有什么功能?

(5)调研目前国际上普遍采用的事故分析程序的现状及其应用实例。

参考文献

[1] 朱继洲,奚树人,单建强. 核反应堆安全分析[M]. 西安:西安交通大学出版社,2000.

[2] 林诚格. 非能动安全先进压水堆核电技术[M]. 北京:原子能出版社,2010.

[3] 国家核安全局. 核动力厂设计安全规定,HAF102,2004.

[4] Jones O C. Nuclear reactor safety heat transfer[J]. Nucl. Sci. Eng. , 1980, 81:3.

[5] Sloan S M, Schultz R R, Wilson G E. RELAP5/MOD3 code manual[R]. NUREG/CR - 4312, EGG - 2396, 1992.

[6] United States Nuclear Regulatory Commission. TRACE V5. 0 Theory Manual. Field Equations, Solution Methods, and Physical Models[R]. 2007.

[7] Lavialle G. The CATHARE 2 V2. 5 code: Main features[C] // CATHARE-NEPTUNE International Seminar, May 10 - 12, 2004.

[8] Teschendorff V, Austregesilo H, Lerchl G. Methodology, status and plans for development and assessment of the code ATHLET[R]. Nuclear Regulatory Commission, Washington, DC (United States). Div. of Systems Technology; Nuclear Energy Agency, 75 - Paris (France); SCIENTECH, Inc. , Boise, ID (United States), 1997.

第 2 章　点堆及一维时空动力学模型及其求解

核反应堆物理计算分析通过数值模拟得到反应堆内部的运行状态,是核电厂设计的理论基础。反应堆物理的数值计算,能够预测反应堆在各种工况下的状态,为核电厂的运行提供依据,为运行工况的控制提供参考,也是核电厂安全分析的重要组成部分。

核反应堆物理计算的核心任务是快速精确计算核反应堆内关键位置的中子通量密度分布。对反应堆堆芯而言,中子通量密度的分布反映的就是功率的分布。中子通量密度是一个随空间位置、角度、能量和时间变化的量,考虑到位置三个维度、角度两个维度,因此,它是七维变量。描述中子通量密度分布的方程为玻尔兹曼中子输运方程,其直接求解是困难的。考虑到压水堆的具体特点,通常假设中子通量密度不随角度变化,即中子通量密度是各向同性的,并引入 Fick 扩散定律进行简化。中子输运方程就简化为中子扩散方程。中子扩散方程是目前大型压水堆事故分析程序普遍采用的形式。

本章和下一章将重点描述点堆、一维和三维时空动力学模型及其求解方法。

2.1　反应堆动力学方程

关于中子扩散方程的推导及其解释在很多教材、专著中都有详尽的推导和解释,本书就不再赘述,只是简单回顾一下扩散方程的一些概念、假设和限制条件。

通过玻尔兹曼输运方程可以推导出单位体积中与时间相关的中子产生和转移的表达式,其结果为

$$\frac{1}{V(E,t)}\frac{\partial \Phi(r,E,t)}{\partial t}$$

$$= \nabla \cdot D(r,E,t)\,\nabla\Phi(r,E,t) - \Sigma_t(r,E,t)\Phi(r,E,t) + \int_0^\infty \Sigma_s(E'-E)\Phi(r,E',t)dE' +$$

$$\chi^P(E)\int_0^\infty \nu^P(r,E',t)\Sigma_f(r,E',t)\Phi(r,E',t)dE' + \chi^d(E)\sum_i \lambda_i C_i(r,t) + S(r,E,t)$$

$$(2.1.1)$$

时间相关的先驱核浓度为

$$\frac{\partial C_i(r,t)}{\partial t} = \int_0^\infty \nu_i^{\mathrm{d}}(r,E,t) \Sigma_{\mathrm{f}}(r,E,t) \Phi(r,E,t) \mathrm{d}E - \lambda_i C_i(r,t) \quad (2.1.2)$$

式中：$V(E)$——中子速度（cm/s）；

　　　r——空间坐标；

　　　E——能量（eV）；

　　　t——时间（s）；

　　　$\Phi(r,E,t)$——中子通量密度（$1/\mathrm{cm}^2 \cdot \mathrm{s}$）；

　　　$\Sigma_{\mathrm{t}}(r,E,t)$——宏观总截面（1/cm）；

　　　$S(r,E,t)$——中子源项；

　　　$\chi^{\mathrm{P}}(E)$——瞬发裂变能谱；

　　　$\chi^{\mathrm{d}}(E)$——缓发裂变能谱；

　　　$\nu^{\mathrm{P}}(r,E,t)$——每次裂变产生的瞬发中子数；

　　　$\nu^{\mathrm{d}}(r,E,t)$——每次裂变产生的缓发中子数；

　　　$\Sigma_{\mathrm{f}}(r,E,t)$——宏观裂变截面（1/cm）；

　　　λ_i——第 i 组缓发中子先驱核衰变常数（1/s）；

　　　$C_i(r,t)$——第 i 组缓发中子先驱核浓度（$1/\mathrm{cm}^3$）。

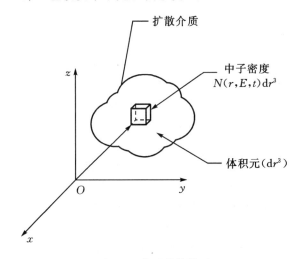

图 2.1　中子扩散模型

　　图 2.1 给出了方程所描述的过程。中子通量密度的时间特性可以利用中子平衡解释。如果在一个给定区域中将中子整体上看作一种中子流体，那么扩散方程系统地说明了这种中子流体产生、消亡、进入或离开给定区域的各种可能方式。于

是,区域内通量密度的时间变化率取决于裂变产生,外源提供中子以及诸如泄漏、散射、吸收,或其他移出反应引起的中子损失。方程等号右边每一项的物理意义就代表了所在区域中的中子平衡过程。第一项表示净中子流从区域扩散的泄漏项。第二项是反应引起的区域内中子损失。这些反应包括碰撞引起的中子散射、中子与吸收材料反应或被燃料俘获而吸收。比如(n,γ),(n,p),(n,α)等反应出现非裂变吸收。由于屏蔽γ射线的需要,热堆中辐射俘获(n,γ)具有特别重要意义。第三项表示俘获以前处于高能谱或低能谱的中子与靶核散射碰撞后落到r点其能量变为E的中子数。中子碰撞完全可能使中子能量增加,即向上散射,但向上散射在热堆瞬态分析中并不重要,一般忽略不计。因此在多数情况下,第三项由中子向下散射产生。第四项表示能量为E'的中子引起裂变而生成能量为E的瞬发中子的产生项。第五项是缓发中子产生项,最后一项表示外加中子源产生的附加中子源项。

Fick定律给出了净中子流J和中子通量密度Φ之间的关系:

$$J(r,E,t) = -D(r,E,t)\,\nabla\Phi(r,E,t) \qquad (2.1.3)$$

这个关系式本身是一个近似,即中子趋向于从一个高浓度区域漂移到低浓度区域,类似于气体穿过渗透膜的迁徙。这种浓度梯度会引起净流动。需要注意的是,该式的成立是有限制条件的,即扩散理论方法的限制条件。限制条件为:

(1)介质是无限的、均匀的;

(2)在实验室坐标系中散射是各向同性的;

(3)介质的吸收截面很小;

(4)中子通量密度是随空间位置缓慢变化的函数。

在下列情况时,Fick定律是不正确的:

(1)区域离边界或材料交界面为几个平均自由程;

(2)区域接近局部源;

(3)介质为强吸收体。

方程(2.1.1)给出的扩散模型是连续能量扩散方程。在这种形式下,$\Phi(r,E,t)$实质上是通量密度,其单位为中子/$(cm^2 \cdot s \cdot eV)$。由于方程(2.1.1)是三维空间坐标内时间和能量的微分-积分方程,除了最简单的情况,此方程求解很困难,或者根本就不可解。当涉及较复杂的轻水堆几何形状时,需要对连续能量形式进行简化近似。一般来说,核反应堆由燃料区和非燃料区等不同区域组成,它们都是有限的几何体。扩散方程的系数项(D,Σ_a,Σ_f等)是空间、时间和能量的函数,而且在区域边界上系数是不连续的。这些条件决定了应该寻找连续能量方程的修改形式和适当的边界条件。因此,有必要将空间和能量关系离散,得到一个多能群的有限差分形式。

在轻水堆中,中子能区的范围从高于10 MeV(裂变中子能的数量级)到0.01 eV左右(热能级)。在这个范围内,总截面的变化是相当大的。因此,能否在模型中包括这种变化将非常重要。如果将能量范围如图 2.2 所示那样划分成不同的能群,就能推导出一个多群方程。

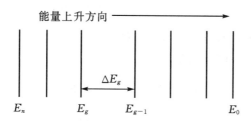

图 2.2　多群能谱示意图

假定中子通量密度 $\Phi(r,E,t)$ 能够离散成一个多群通量组 $\Phi_g(r,t)$,它是能量 E 在能群 $E_g < E < E_{g-1}$ 之间的所有中子的总通量。即对于中子群 g ,所有中子总通量 Φ_g 为

$$\Phi_g(r,t) = \int_{E_g}^{E_{g-1}} \Phi(r,E,t)\,\mathrm{d}E \tag{2.1.4}$$

注意, $\Phi_g(r,t)$ 的单位是中子/ $(\mathrm{cm}^2 \cdot \mathrm{s})$,所以 Φ_g 是标量通量,而不是像 $\Phi(r,E,t)$ 那样的能量通量密度。

对方程(2.1.1)在第 g 能群($\Delta E_g = E_g - E_{g-1}$)上作积分:

$$\frac{\partial}{\partial t} \int_{\Delta E_g} \frac{1}{V(E)} \Phi(r,E,t)\,\mathrm{d}E$$

$$= \nabla \cdot \int_{\Delta E_g} D(r,E,t) \nabla\Phi(r,E,t)\,\mathrm{d}E - \int_{\Delta E_g} \Sigma_t(r,E,t)\Phi(r,E,t)\,\mathrm{d}E +$$

$$\int_{\Delta E_g} \left[\int_0^\infty \Sigma_s(E' - E)\Phi(r,E',t)\,\mathrm{d}E' \right]\mathrm{d}E +$$

$$\int_{\Delta E_g} \chi^{\mathrm{p}}(E) \left[\int_0^\infty \nu^{\mathrm{p}}(r,E',t)\Sigma_f(r,E',t)\Phi(r,E',t)\,\mathrm{d}E' \right]\mathrm{d}E +$$

$$\int_{\Delta E_g} \chi^{\mathrm{d}}(E) \left[\sum \lambda_i C_i(r,t) \right]\mathrm{d}E + \int_{\Delta E_g} S(r,E,t)\,\mathrm{d}E \tag{2.1.5}$$

引入以下定义式来描述在任意能量间隔 ΔE_g 上的“平均”性质。

$$\Sigma_{tg}(r,t) = \frac{\int_{\Delta E_g} \Sigma_t(r,E,t)\Phi(r,E,t)\,\mathrm{d}E}{\int_{\Delta E_g} \Phi(r,E,t)\,\mathrm{d}E} \tag{2.1.6}$$

$$\frac{1}{V_g} = \frac{\int_{\Delta E_g} \frac{1}{V(E,t)}\Phi(r,E,t)\,\mathrm{d}E}{\int_{\Delta E_g} \Phi(r,E,t)\,\mathrm{d}E} \tag{2.1.7}$$

$$D_g(r,t) = \frac{\int_{\Delta E_g} D(r,E,t)\Phi(r,E,t)\mathrm{d}E}{\int_{\Delta E_g} \Phi(r,E,t)\mathrm{d}E} \tag{2.1.8}$$

散射项和裂变项以稍微不同的方法处理。

如果多群变换过程能一般化为

$$\int_0^\infty f(E)\mathrm{d}E \rightarrow \sum_{g'=1}^n \int_{\Delta E_{g'}} f(E')\mathrm{d}E' \tag{2.1.9}$$

这里的 f 是任意函数,那么以方程(2.1.5)得来的散射项多群公式可以写为

$$\sum_{g'=1}^n \int_{\Delta E_g} \left[\int_{\Delta E_{g'}} \Sigma_s(E' - E)\Phi(r,E',t)\mathrm{d}E'\right]\mathrm{d}E \tag{2.1.10}$$

裂变项可以写成类似形式

$$\sum_{g'=1}^n \int_{\Delta E_g} \chi^{\mathrm{p}}(E)\left[\int_{\Delta E_{g'}} \nu^{\mathrm{p}}(r,E',t)\Sigma_{\mathrm{f}}(r,E',t)\Phi(r,E',t)\mathrm{d}E'\right]\mathrm{d}E \tag{2.1.11}$$

散射截面 $\Sigma_{sg'\rightarrow g}$ 变为

$$\Sigma_{sg'\rightarrow g}(r) = \frac{\int_{\Delta E_g}\mathrm{d}E\int_{\Delta E_{g'}}\Sigma_s(E'-E)\Phi(r,E',t)\mathrm{d}E'}{\int_{\Delta E_{g'}}\Phi(r,E',t)\mathrm{d}E'} \tag{2.1.12}$$

以类似的方法,$\nu_{g'}\Sigma_{\mathrm{f}g'}$ 变为

$$\nu_{g'}(r)\Sigma_{\mathrm{f}g'}(r) = \frac{\int_{\Delta E_{g'}}\nu(r,E',t)\Sigma_{\mathrm{f}g'}(r,E',t)\Phi(r,E',t)\mathrm{d}E'}{\int_{\Delta E_{g'}}\Phi(r,E',t)\mathrm{d}E'} \tag{2.1.13}$$

最后,定义 χ_g^{p} 和 χ_g^{d},即

$$\chi_g^{\mathrm{p}} = \int_{\Delta E_g} \chi^{\mathrm{p}}(E)\mathrm{d}E \tag{2.1.14}$$

$$\chi_g^{\mathrm{d}} = \int_{\Delta E_g} \chi^{\mathrm{d}}(E)\mathrm{d}E \tag{2.1.15}$$

将以上的定义式代入方程(2.1.5),就可以得到扩散方程的多群形式。

$$\frac{1}{V_g}\frac{\partial \Phi_g(r,t)}{\partial t} = \nabla D_g(r,t)\,\nabla \Phi_g(r,t) - \Sigma_{\mathrm{t}g}(r,t)\Phi_g +$$

$$\sum_{g'=1}^n \left[\Sigma_{sg'\rightarrow g}(r,t)\Phi_{g'}(r,t) + \chi_g^{\mathrm{p}}\nu_{g'}^{\mathrm{p}}(r,t)\Sigma_{\mathrm{f}g'}(r,t)\Phi_{g'}(r,t)\right] +$$

$$\chi_g^{\mathrm{d}}\sum_i \lambda_i C_i(r,t) + S_g(r,t) \tag{2.1.16}$$

方程(2.1.16)是第 g 能群的多群扩散方程的一般形式。n 个联立微分方程完

整地描述 n 个未知群通量 $\Phi_g(r,t)$。群与群的耦合关系是以散射项的出现来实现的，这些项表示产生于高能群的中子在慢化过程中被慢化而出现在低能群中。

这里，需要强调一下确定多群常数（D_g，Σ_{fg}，Σ_{tg} 等）的问题。至今引入的定义式只是数学意义上的，其实根本无用，因为群常数用通量来定义，而通量又恰恰是需要确定的量。该问题的通常解法是推导一组群常数而近似表达通量的变化，并限制这些群常数只能在近似式有效的区域中使用。当考虑反应堆物理特性时，解法会变得相对复杂。此外，由于群常数是中子的"材料特性"，有理由认为热工水力条件变化会影响群常数。实际上，群常数依赖于通量行为，因而方程为非线性偏微分方程。这使我们不得不假设与时间相关的群常数为已知，或至少能根据某个预定的函数（实际上是反馈模型）重新确定。最后，由于多群公式要求应用通量来定义群常数，通量的近似式（或反馈模型）必须包括空间、时间和能量的依赖关系，以恰当地定义这些常数。

在压水堆计算中，为了简化计算过程，普遍采用两群中子扩散方程。

如果将能谱划分成热群和快群，其中热群是水慢化反应堆中的电子伏（eV）范围，而快群对应于热群到大约 10 MeV 的范围，那么多群公式就可以简化为二群的形式。

二群模型内中子产生和损失的机理能够在物理基础上进行推导。快群可以由于碰撞及随后的向下散射、吸收和泄漏而受损失。快群截面 Σ_{t1} 可以分成吸收和散射反应截面表示，即

$$\Sigma_{t1}(r,t) = \Sigma_{a1}(r,t) + \Sigma_{1 \to 2}(r,t) \tag{2.1.17}$$

式中：$\Sigma_{1 \to 2}$ ——由群 1 到群 2 的向下散射截面；

Σ_{a1} ——快群吸收截面，包括寄生俘获和导致裂变的吸收。

由于热群能量最小，不考虑向下散射损失，有

$$\Sigma_{t2}(r,t) = \Sigma_{a2}(r,t) \tag{2.1.18}$$

把这些 Σ_{tg} 的定义代入方程（2.1.16），二群模型变为：

快群方程：

$$\frac{1}{V_1} \frac{\partial \Phi_1(r,t)}{\partial t} = \nabla \cdot D_1(r,t) \nabla \Phi_1(r,t) - \left[\Sigma_{a1}(r,t) + \Sigma_{1 \to 2}(r,t) \right] \Phi_1(r,t) +$$

$$\chi_1^P \left[\nu_1^P(r,t) \Sigma_{f1}(r,t) \Phi_1(r,t) + \nu_2^P(r,t) \Sigma_{f2}(r,t) \Phi_2(r,t) \right] +$$

$$\sum_{i=1}^{6} \lambda_i \chi_{i1}^d(r,t) C_i(r,t) + S_g(r,t)$$

$$(2.1.19)$$

热群方程：

$$\frac{1}{V_2} \frac{\partial \Phi_2(r,t)}{\partial t}$$

$$= \nabla \cdot D_2(r,t) \nabla \Phi_2(r,t) - \Sigma_{a2}(r,t) \Phi_2(r,t) + \Sigma_{1 \to 2}(r,t) \Phi_1(r,t) +$$

$$\chi_2^P [\nu_1^P(r,t) \Sigma_{f1}(r,t) \Phi_1(r,t) + \nu_2^P(r,t) \Sigma_{f2}(r,t) \Phi_2(r)] +$$

$$\sum_{i=1}^{6} \lambda_i \chi_{i2}^d(r,t) C_i(r,t) + S_g(r,t)$$

$$(2.1.20)$$

缓发中子先驱核：

$$\frac{\partial C_i(r,t)}{\partial t} = \nu_i^d(r,t) [\Sigma_{f1}(r,t) \Phi_1(r,t) + \Sigma_{f2}(r,t) \Phi_2(r,t)] - \lambda_i C_i(r,t)$$

$$(2.1.21)$$

这里

$$\Phi_1(r,t) = \int_{\Delta E_{fast}} \Phi(r,E,t) dE, \quad \Phi_2(r,t) = \int_{\Delta E_{thermal}} \Phi(r,E,t) dE$$

注意：快群中子散射损失项在热群中作为中子源出现。

方程(2.1.19)和方程(2.1.20)给出的二群方程(无源)是一维动力学模型的基本方程。这些方程连同与时间相关的缓发中子先驱核浓度方程是推导求解变量分离方程的出发点。

2.2　初始条件、交界面条件和边界条件

扩散方程是包含时间导数和空间导数的偏微分方程,为完整描述问题起见,除了方程之外,还须包括初始通量值和边界通量值。无论通量或通量导数或二者的一些组合,都是适定的边界条件。由于扩散方程是 Boltzman 输运模型的近似式,它的使用是有限制的。如前所述,在边界和交界面附近使用扩散模型是不正确的,对接近边界处的计算结果必须谨慎对待。在实践中,通常将反应堆划分成许多由不同材料组成的空间区域,而不同区域具有不同的群常数,这就引入了交界面条件问题。

2.2.1　初始条件

初始条件的作用是给出 $t=0$ 时空间各点群通量 $\Phi_g(r,t)$,即

$$\Phi_g(r,0) = \Phi_g(r) \qquad (2.2.1)$$

2.2.2　交界面条件

交界面定义为不同介质间的内部连接面。这些介质可能具有不同的材料成

分,因而可能具有不同的群常数。在燃料区和反射层之间的连接面就是交界面的一个例子。

　　由于要求空间通量连续,中子就不会在界面上集聚起来,因此,通过界面的净流必须连续。如图 2.3 所示,区域 1 和 2 之间的界面上,区域 1 中的流密度的垂直分量是每秒通过单位面积到达(或离开)区域 1 的净中子数。这个净流必须与区域 2 在交界面上的流密度垂直分量相平衡,即

$$\boldsymbol{n} \cdot J_g(1) = \boldsymbol{n} \cdot J_g(2) \tag{2.2.2}$$

这里的 $\boldsymbol{n}$ 是区域界面上的法向量。

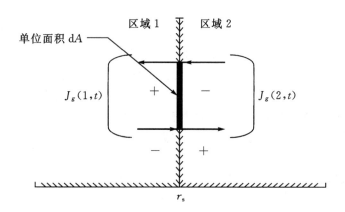

图 2.3　界面中子流示意图

　　此外,由于中子通量密度 $\Phi_g(r)$ 在反应堆中必须是 r 的连续函数,通量在交界面上必须没有突跳,即

$$\Phi_g^1(r_s, t) = \Phi_g^2(r_s, t) \tag{2.2.3}$$

2.2.3　外部边界条件

　　外部边界条件就是在反应堆外表面上给定的条件。外表面一般包括反射层,即它们是无限的。因为大多数核理论基础教材都包括有这方面的内容,这里不对边界条件进行推导。

2.3　空间相关动力学的解法

　　与时间相关的扩散方程是抛物线类型的准线性偏微分方程组。对于这类方程,有许多不同的数值解方法。在求解热传导,气体扩散,以及其他属于抛物线型问题中,已经推导出了许多有效方法。

现在使用较普遍的解法可以分类成有限差分法、节块法、综合法和时空分离法等。

每类方法都简单讨论如下：

1）有限差分法

由于没有对多群通量的时间行为或空间分布作显著的假设，有限差分解法是最直接和精确的解法。因为有限差分方法直接求解通量，在每个时间步长上，对每个空间间隔都需要作计算。一个完整的有限差分解可能涉及上千个空间点，需要巨大的计算量，特别是针对二维和三维问题。

2）节块法

节块法是通过将反应堆堆芯划分成相当粗糙的称为节块栅元的区域（与有限差分法的空间间隔相比），以获得恰当的通量。在每个节块栅元内假设材料成分是均匀的，而节块法求解的结果是相应栅元的平均通量。粗网法的难点是如何决定中子在栅元之间进行转移的问题。中子转移行为用栅元耦合系数来描述，这些系数可能是理论值或经验值。需要对这些耦合系数进行不断调整，最终使得产生的节块栅元通量、其他参数与实验或基准数据相一致。节块法的主要优点是显著地减少了所需计算的空间数，特别适合于多维问题的求解。粗网法的主要不足在于它可能不如其他方法精确，而且推导合适的栅元泄漏参数比较复杂。

3）综合法

综合法就是将通量展开成叫做"试探"函数的已知函数的有限级数，其混合系数是未知的。综合的概念可以应用于展开成空间、时间或能量变量的项，或是这些变量的组合项。在综合法背后的基本思想就是应用试探函数来近似目标函数的渐进范围。比如，时间综合法中，可以应用表示预期群通量形状的最小和最大扰动试探函数。中间时间点上的值就可以用这两个极端试探形状的线性组合来近似地表示。未知的混合系数可以用权重残数法或变分法来决定。综合法的主要优点在于计算相对少的试探函数就能近似表达出全部通量。这种方法的困难之一就是如何决定适当的试探函数。由于这些函数与具体问题密切有关，不能采用一组普适试探函数。大多数情况下，试探函数应由经验决定，并不由外部计算提供。

4）分离法

时空分离法依据于这样的假设：时间和空间相关的标量通量行为可以分离为时间相关的幅度函数，以及变化较慢的形状函数。分离法类似于时间综合法，不同之处在于随着时间前进求解时，要间歇地计算单个试探函数（时间相关的形状函数）。这种方法比有限差分法优越之处是计算时间消耗大的形状函数计算次数较少，而计算时间消耗小的幅度函数在每个时间步长上进行计算，这样可以节省计算时间。这种方法比较灵活，与有限差分法相比并没有丢失很大的精度。当问题超过一维时,分离法并不是最省的近似法,因为它仍然需要经常性地更新全堆芯范围内的通量分布。综合法对于多维问题更理想。

2.3.1 时空分离法

分离方程的最终形式可以用许多不同的方法推导而得到。这里只给出简单的回顾,并推导出方程的一般形式。这里应用无源、时间相关、两群一维扩散方程来描述堆芯的中子行为。这些方程就是将式(2.1.19)至式(2.1.21)去掉源项修正后的式子。

式(2.1.19)和式(2.1.20)可以重新写成更简洁的矩阵形式:

$$V^{-1} \frac{\partial \boldsymbol{\Phi}}{\partial t} = \left[-\boldsymbol{M} + \boldsymbol{F}^{\mathrm{P}} \right] \boldsymbol{\Phi} + \sum_{i=1}^{6} \lambda_i \boldsymbol{\chi}_g^{\mathrm{d}} \boldsymbol{C}_i \qquad (2.3.1)$$

和

$$\frac{\partial \boldsymbol{C}_i}{\partial t} = \boldsymbol{F}_i^{\mathrm{d}} \boldsymbol{\Phi} - \lambda_i \boldsymbol{C}_i \qquad (2.3.2)$$

这里,定义

$$\boldsymbol{\Phi} = (\boldsymbol{\Phi}_1, \boldsymbol{\Phi}_2)^{\mathrm{T}}$$

$$\boldsymbol{V}^{-1} = \mathrm{diag}(\boldsymbol{V}_1^{-1}, \boldsymbol{V}_2^{-1})$$

$$\boldsymbol{M} = \begin{bmatrix} (-\nabla \cdot D_1 \nabla + \Sigma_{\mathrm{a}1} + \Sigma_{1 \to 2}) & 0 \\ -\Sigma_{1 \to 2} & -\nabla \cdot D_2 \nabla + \Sigma_{\mathrm{a}2} \end{bmatrix}$$

$$\boldsymbol{F}^{\mathrm{P}} = \begin{bmatrix} \chi_1 \nu_1^{\mathrm{P}} \Sigma_{\mathrm{f}1} & \chi_1 \nu_2^{\mathrm{P}} \Sigma_{\mathrm{f}2} \\ \chi_2 \nu_1^{\mathrm{P}} \Sigma_{\mathrm{f}1} & \chi_2 \nu_2^{\mathrm{P}} \Sigma_{\mathrm{f}2} \end{bmatrix}$$

$$\boldsymbol{F}_i^{\mathrm{d}} = (\nu_i^{\mathrm{d}} \Sigma_{\mathrm{f}1}, \nu_i^{\mathrm{d}} \Sigma_{\mathrm{f}2})^{\mathrm{T}}$$

$$\boldsymbol{\chi}_g^{\mathrm{d}} = (\chi_1^{\mathrm{d}}, \chi_2^{\mathrm{d}})^{\mathrm{T}}$$

式(2.3.1)和式(2.3.2)作为一般形式方程,是实施时空分离法出发点。

对于一维的情况,将时间相关的中子通量密度 $\Phi(z,t)$ 分离成一个与时间相关的"幅度函数" $N(t)$ 和一个变化较慢的"形状函数" $\psi(z,t)$,即

$$\Phi(z,t) = N(t) \cdot \psi(z,t)$$
$$N(0) = 1.0 \qquad (2.3.3)$$

将式(2.3.3)代入式(2.3.1)中,全部除以 N 之后,就得到以下的形状函数:

$$V^{-1} \frac{\partial \psi}{\partial t} = \left[-\boldsymbol{M} + \boldsymbol{F}^{\mathrm{P}} - \boldsymbol{V}^{-1} \frac{\dot{N}}{N} \right] \psi + \frac{1}{N} \sum_{i=1}^{6} \lambda_i \boldsymbol{\chi}_g^{\mathrm{d}} \boldsymbol{C}_i \qquad (2.3.4)$$

式中

$$\dot{N} = \frac{\mathrm{d}N(t)}{\mathrm{d}t}$$

先驱核方程(2.3.2)变为

$$\frac{\partial \boldsymbol{C}_i}{\partial t} = \boldsymbol{F}_i^{\mathrm{d}} \psi N - \lambda_i \boldsymbol{C}_i \tag{2.3.5}$$

幅度函数 $N(t)$ 的表达式的推导如下：引入一个伴随通量 $\boldsymbol{\psi}^*$，这里 $\boldsymbol{\psi}^*$ 是与时间无关的伴随方程的解。

$$\left[-\boldsymbol{M} + \frac{1}{k_0} \left(\boldsymbol{F}^{\mathrm{P}} + \sum_{i=1}^{6} \boldsymbol{\chi}_i^{\mathrm{d}} \boldsymbol{F}_i^{\mathrm{d}} \right) \right]^* \boldsymbol{\psi}^* = \boldsymbol{0} \tag{2.3.6}$$

这里的"$*$"表示是转置系数矩阵，k_0 为稳态系统的特征值。

为了方便起见，需要定义两个函数的内积。给定两个函数 $f(r)$ 和 $g(r)$，内积定义为

$$\langle f, g \rangle \equiv \int_V f^*(r) g(r) \mathrm{d}r^3 \tag{2.3.7}$$

此外，f^* 表示 $f(r)$ 的共轭复数，而 V 表示体积分。

将 $\boldsymbol{\psi}^*$ 和方程(2.3.4)的修正形式求内积，然后对某些项进行重新整理，可给出 $N(t)$ 的表达式：

$$N \int \boldsymbol{\psi}^* \left(\frac{1}{V} \frac{\partial \boldsymbol{\psi}}{\partial t} \right) \mathrm{d}V + \dot{N} \int \boldsymbol{\psi}^* \left(\frac{\boldsymbol{\psi}}{V} \right) \mathrm{d}V$$
$$= -N \int \boldsymbol{\psi}^* (\boldsymbol{M}\boldsymbol{\psi}) \mathrm{d}V + N \int \boldsymbol{\psi}^* (\boldsymbol{F}^{\mathrm{P}} \boldsymbol{\psi}) \mathrm{d}V + \sum_i \lambda_i \int \boldsymbol{\psi}^* (\boldsymbol{\chi}_i^{\mathrm{d}} \boldsymbol{C}_i) \mathrm{d}V \tag{2.3.8}$$

为了得到方程(2.3.8)更常规形式，需要作一些代数处理。首先，在方程(2.3.8)的等号右边增加

$$\left[\left\langle \boldsymbol{\psi}^*, \frac{1}{k_0} \boldsymbol{F}^{\mathrm{P}} \boldsymbol{\psi} \right\rangle + \left(\frac{k_0+1}{k_0} \right) \left\langle \boldsymbol{\psi}^*, \sum \boldsymbol{\chi}_i^{\mathrm{d}} \boldsymbol{F}_i^{\mathrm{d}} \boldsymbol{\psi} \right\rangle N \right] \tag{2.3.9}$$

重新组合各项，方程(2.3.8)变为

$$N \left\langle \boldsymbol{\psi}^*, \frac{1}{V} \frac{\partial \boldsymbol{\psi}}{\partial t} \right\rangle + \dot{N} \left\langle \boldsymbol{\psi}^*, \frac{\boldsymbol{\psi}}{V} \right\rangle = N \left\langle \boldsymbol{\psi}^*, \left[-\boldsymbol{M} + \frac{1}{k_0} \left(\boldsymbol{F}^{\mathrm{P}} + \sum_i \boldsymbol{\chi}_i^{\mathrm{d}} \boldsymbol{F}_i^{\mathrm{d}} \right) \right] \boldsymbol{\psi} \right\rangle +$$
$$N \left(\frac{k_0-1}{k_0} \right) \left\langle \boldsymbol{\psi}^*, \boldsymbol{F}^{\mathrm{P}} + \sum_i \boldsymbol{\chi}_i^{\mathrm{d}} \boldsymbol{F}_i^{\mathrm{d}} \boldsymbol{\psi} \right\rangle - N \sum_i \left\langle \boldsymbol{\psi}^*, \boldsymbol{\chi}_i^{\mathrm{d}} \boldsymbol{F}_i^{\mathrm{d}} \boldsymbol{\psi} \right\rangle + \sum_i \lambda_i \left\langle \boldsymbol{\psi}^*, \boldsymbol{\chi}_i^{\mathrm{d}} \boldsymbol{C}_i \right\rangle \tag{2.3.10}$$

在这里，我们定义下列内积：

$$F = \left\langle \boldsymbol{\psi}^*, \left[\boldsymbol{F}^{\mathrm{P}} + \sum_i \boldsymbol{\chi}_i^{\mathrm{d}} \boldsymbol{F}_i^{\mathrm{d}} \boldsymbol{\psi} \right] \right\rangle \tag{2.3.11}$$

$$\rho = \frac{1}{F} \left\langle \boldsymbol{\psi}^*, \left[-\boldsymbol{M} + \frac{1}{k_0} \left(\boldsymbol{F}^{\mathrm{P}} + \sum_i \boldsymbol{\chi}_i^{\mathrm{d}} \boldsymbol{F}_i^{\mathrm{d}} \right) \boldsymbol{\psi} \right] \right\rangle \tag{2.3.12}$$

$$\beta_i = \frac{1}{F} \left\langle \boldsymbol{\psi}^*, \boldsymbol{\chi}_i^{\mathrm{d}} \boldsymbol{F}_i^{\mathrm{d}} \boldsymbol{\psi} \right\rangle$$

$$\beta = \sum_{i=1}^{6} \beta_i \tag{2.3.13}$$

$$\Lambda = \frac{1}{F}\langle \boldsymbol{\psi}^* , \frac{\boldsymbol{\psi}}{V} \rangle \tag{2.3.14}$$

把这些定义代入方程(2.3.10)，并除以 $F\Lambda$ ，得到

$$\frac{1}{F\Lambda}\langle \boldsymbol{\psi}^* , \frac{1}{V}\frac{\partial \boldsymbol{\psi}}{\partial t} \rangle N + \dot{N} = \left(\frac{\rho - \beta}{\Lambda} + \frac{k_0 - 1}{\Lambda k_0} \right)N + \sum_{i=1}^{6}\lambda_i \langle \boldsymbol{\psi}^* , \boldsymbol{\chi}_i^{\mathrm{d}}\boldsymbol{C}_i \rangle \tag{2.3.15}$$

先驱核方程的表达式以同样的方法推导：

$$\frac{\partial \eta_i}{\partial t} = \frac{\beta_i N}{\Lambda} - \lambda_i \eta_i \tag{2.3.16}$$

这里定义：

$\eta_i = \dfrac{1}{F\Lambda}\langle \boldsymbol{\psi}^* , \boldsymbol{\chi}_i^{\mathrm{d}}\boldsymbol{C}_i \rangle =$ 与群有关的体积积分先驱核密度。

在形状函数时间相关行为上再添加一个附加的限制条件，分离法就完整了。

$$\langle \boldsymbol{\psi}^* , \frac{\boldsymbol{\psi}}{V} \rangle = 1.0 \ , \ \text{对于所有 } t > 0 \tag{2.3.17}$$

此限制条件的基本理由是简单明了的。与时间、空间相关的中子通量密度可以假设为按照方程(2.3.3)的形式分离的。式中 N 和 $\boldsymbol{\psi}$ 都是时间的函数，如果不加某种形式的限制，N 和 $\boldsymbol{\psi}$ 的时间行为就不能唯一地确定。由方程(2.3.17)给出的限制条件实际上就是形状函数的归一化。注意：这一限制条件并不改变下述事实：如果 N 满足方程(2.3.15)，以及 $\boldsymbol{\psi}$ 满足方程(2.3.4)，则 $N\Phi$ 满足方程(2.3.1)。

至此，方程(2.3.1)被分解为时间相关的幅度函数，受约束时间、空间相关的形状函数，以及缓发中子先驱核浓度的体积分方程。它们分别是：

形状函数

$$\frac{1}{V}\frac{\partial \boldsymbol{\psi}}{\partial t} = \left[-\boldsymbol{M} + \boldsymbol{F}^{\mathrm{P}} - \boldsymbol{V}^{-1}\frac{\dot{N}}{N} \right]\boldsymbol{\psi} + \frac{1}{N}\sum_{i=1}^{6}\lambda_i \boldsymbol{\chi}_g^{\mathrm{d}}\boldsymbol{C}_i \tag{2.3.18}$$

幅度函数

$$\frac{\mathrm{d}N}{\mathrm{d}t} = \left(\frac{\rho - \beta}{\Lambda} + \frac{k_0 - 1}{\Lambda k_0} \right)N + \sum_{i=1}^{6}\lambda_i \eta_i \tag{2.3.19}$$

对方程(2.3.5)给出的空间先驱核方程积分而得出

$$\boldsymbol{C}_i(t) = \boldsymbol{C}_i(0)\mathrm{e}^{-\lambda_i t} + \int_0^t \boldsymbol{F}_i^{\mathrm{d}}\boldsymbol{\psi} N\mathrm{e}^{-\lambda_i(t-\tau)}\mathrm{d}\tau \tag{2.3.20}$$

关于方程(2.3.19)的形式必须补充说明一点：如果没有 $\dfrac{k_0 - 1}{\Lambda k_0}$ 这一项，方程(2.3.19)就会类似于更熟悉的点堆动力学方程的形式。

2.3.2　稳态形式

多群方程和缓发中子先驱核浓度方程的稳态形式是

$$\nabla \cdot D_g(r,0)\,\nabla\Phi_g(r,0) - \Sigma_{tg}(r,0)\Phi_g(r,0) +$$

$$\sum_{g'=1}^{n}\left[\Sigma_{sg'\to g}(r,0)\Phi_g(r,0) + \frac{1}{k}\nu_g^{\mathrm{P}}(r,0)\Sigma_{fg'}(r,0)\Phi_{g'}(r,0)\right] +$$

$$\chi_g^{\mathrm{d}}\sum_i \lambda_i C_i(r,0) = 0$$

$$(2.3.21)$$

和

$$\frac{1}{k}\nu_i^{\mathrm{d}}\sum_{g'}\Sigma_{fg}(r,0)\Phi_s(r,0) - \lambda_i C_i(r,0) = 0 \qquad (2.3.22)$$

稳态形式的目的是要推导一个满足瞬态计算初始条件的公式。所需要的初始值是:真实通量和伴随通量,先驱核密度,功率密度和初始内积值。

初始系统假定为临界的,临界系统的真实通量被规范化到预定的反应堆总功率水平。

2.3.3　模型限制

Boltzman 输运方程简化到分离方程涉及到许多简化假设。这些假设就是模型限制条件,在理解计算结果时,必须考虑这些限制条件。

最明显的限制是模型的一维性质。对瞬态的完整描述,比如弹棒、落棒或不对称堆芯入口水温改变,都将要求具有多维的能力。虽然没有明显地计算时间相关的径向效应,但有可能把一些径向权重,或其他对截面的多维影响预先"设置"在模型中。由于反馈系数是以多维情况归并来的,这种影响可能与时间相关。这种截面处理的技巧并不是对二维或三维动力学模型的替代,这仅是放宽一维限制的一种方法。事实上,这种预先计算的影响可以用与点堆动力学模型能把形状效应包括到反应性系数中相同的方式来解释。

另外,模型的应用应该限于扩散理论近似式可适用的那些问题的求解。这些近似妨碍了对接近强吸收介质、大范围的真空区域、接近交界面或边界上的通量行为的考虑。

由于大多数反应堆实际上具有复杂的非均匀结构,其中可能既含有空泡,也含有强吸收性材料,以上的限制必须得到放宽,否则模型就没有用。

最普通的方法是定义一组"等效"群常数,当把它们代入多群扩散方程时,可得到高阶分析同样的结果。由于有许多不同的方法,也就有许多不同的"正确"结果,比如通量分布、反应率、积分反应率等。所以方法中共同的一点是总要有某种平均步骤。在任何情况下,等效参数法是对真实行为的近似,而且是高阶分析方法和经济性之间的折中。

关于时间相关通量分离法的主要假设是形状函数的影响比幅度函数的影响小。由于形状函数可以少计算,这种方法的主要优点是经济。当形状函数时间间隔很小时,这种方法能产生与直接有限差分法一样的结果。一般来说,有可能充分利用这种模型灵活的优点,既节省计算时间,又不显著降低计算精度。然而有些瞬态并不允许放宽形状函数的更新频率。如果不对形状函数作时间相关的更新,模型的行为将类似于点模型(虽然通过反馈模型已经包括了某些空间效应)。如果用户预期通量在瞬态期间会显著变化,或者未知空间效应的影响,则不推荐使用大的形状函数时间间隔。

2.4　一维动力学模型与热工模型的耦合

热工水力状态决定中子反馈,而中子又控制堆芯的功率,从而控制热负荷。空间相关模型计算堆芯总功率,利用形状函数的解来计算区域功率份额。空间和时间相关的反馈效应通过修正截面来实现。因为一维动力学模型中的反馈和移棒效应必须通过截面修正来表示,而不是通过反应性变化(如点模型中的),所以需要两个附加模型。

截面反馈模型推导的一个要点是要用物理程序计算反应堆状态。这样,初始截面给定,反馈由对初始热工水力状态的偏移来决定。具体说,每个反馈参数假设为由一个形式如下的多项式来表示:

$$Z(X_1, X_2, X_3) = \sum_{I=1}^{N_1} \sum_{J=1}^{N_2} \sum_{K=1}^{N_3} C(I, J, K) \left[(X_1^{I-1})(X_2^{J-1})(X_3^{K-1}) \right] \quad (2.4.1)$$

这里:Z——任意扩散群常数(Σ_a,Σ_f,等);

$X_1 = \Delta U = \dfrac{U(t) - U(0)}{U(0)}$ ——归一化密度;

$X_2 = \Delta T_f = \sqrt{T_f(t)} - \sqrt{T_f(0)}$ ——燃料平均温度;

$X_3 = \Delta T_m = T_m(t) - T_m(0)$ ——慢化剂平均温度;

N_1 ——反馈量 X_1 的展开阶次;

N_2 ——反馈量 X_2 的展开阶次;

N_3 ——反馈量 X_3 的展开阶次。

$C(1,1,1)$ 到 $C(N_1, N_2, N_3)$ 是系数。任何参数的展开阶次与其他参数无关。

截面需要作为一套外部数据提供给分析程序,它由每个能群每个中子区域控制状态的每个动力参数的展开阶次(N)和系数(C)组成;但参数 β 除外,因为它与能群无关。

2.5　点堆动力学模型

2.5.1　点堆动力学模型

获得点堆动力学方程的方法是作一个附加假定,即大多数扰动对通量形状的改变是非常小的(特别对于小而紧密的堆芯)。时间相关的形状函数可以用一个与时间无关的形状函数来代替,即

$$\Phi(r,E,t) = N(t)\psi_0(r,E) \qquad (2.5.1)$$

幅度函数方程的形式并没有因方程(2.5.1)而改变。但是,其内积的定义改变了。对内积的大多数推导引出了扰动理论的反应性定义。这种形式下的反应性定义近似为

$$\rho \cong \frac{1}{F}\langle \psi^*, \left(-\delta M + \frac{1}{k_0}\delta F\right)\psi_0 \rangle \qquad (2.5.2)$$

式中 δ 表明了"恰好临界"时反应堆参数与扰动时的参数之间的差。其余内积项的类似表达式也能推导出来,只是 β_i,Λ 和 F 的表达式为常数。

由方程(2.5.2)给出的反应性表达式是个近似式,它并不需要关于扰动通量的信息,但要求了解扰动反应性系数,而这些系数可以从反馈模型中获得。事实上,由于堆芯热工水力状态变化最终引起反应性变化,这就有可能定义反映由温度和密度变化引起的 D,Σ_a,Σ_t 等变化的反应性系数。

为了得到点堆动力学模型,需要作一些预备性的定义,令

$$l^* = \frac{\Lambda}{\beta} \qquad (2.5.3)$$

和

$$R(t) = \frac{\rho}{\beta} \qquad (2.5.4)$$

将这些定义代入方程(2.3.19),并假定 $k_0 = 1.0$,于是得到

$$\frac{\mathrm{d}N(t)}{\mathrm{d}t} = \frac{R(t)}{l^*}N(t) + \sum_i \lambda_i C_i(t)$$

$$\frac{\mathrm{d}C_i(t)}{\mathrm{d}t} = \frac{\beta_i N(t)}{\beta l^*} - \lambda_i C_i(t) \qquad (2.5.5)$$

点堆动力学近似中,由裂变源产生的功率可以有空间分布。功率的分布,以及任何反应性反馈效应的分布在初始化时是固定的,每个区域遵从同样的时间行为。功率水平由方程(2.5.5)中的反应性项 $R(t)$ 控制。

对系统反应性的贡献包括时间的显函数(模拟了控制机构),还包括燃料和慢化剂变化的反馈反应性效应。对反馈效应可以给出空间相关的反应性系数。任何时刻系统的反应性为

$$R(t) = R_0 + [R(t) - R_0]_{\mathrm{exp}} + \sum_i R_i(t) - \sum_i R_i(0) \qquad (2.5.6)$$

这里:R_0——初始反应性(稳态时必须为零);

R_{exp}——反应性显函数;

R_i——第 i 空间节点的反馈反应性。

考虑的反馈效应包括慢化剂密度、燃料温度和水温度。第 i 区域的方程形式是

$$R_i(t) = W_\rho^i R_\rho\left(\frac{\rho^i(t)}{\rho^i(0)}\right) + W_{\mathrm{FT}}^i R_{\mathrm{FT}}(T_{\mathrm{F}}^i(t)) + \alpha_{\mathrm{FT}}^i T_{\mathrm{F}}^i(t) + \alpha_{\mathrm{WT}}^i T_{\mathrm{W}}^i(t)$$

$$(2.5.7)$$

这里:W_ρ^i——慢化剂密度反应性权重因子;

R_ρ——水密度反应性函数;

ρ^i——第 i 区域的水密度;

W_{FT}^i——燃料温度反应性的权重因子;

$R_{\mathrm{FT}}(T_{\mathrm{F}}^i)$——燃料温度反应性函数;

T_{F}^i——第 i 区域平均燃料温度;

α_{FT}^i——第 i 区域燃料温度反应性系数;

α_{WT}^i——第 i 区域慢化剂温度反应性系数;

T_{W}^i——第 i 区域平均水温。

2.5.2　点堆动力学模型的限制

点堆动力学模型看起来十分简单,且程序的运行时间很短,只需要用几个预先计算的系数就可描述完整的反应堆堆芯的行为。但在应用过程中,必须牢记其应用的限制。

点堆动力学模型中最根本的假设是:时间相关的标量通量可以由一个时间相关的幅度函数和一个时间无关的形状函数来恰当地表示。如果不修正反应性以考虑通量分布的扰动,就会造成显著的误差。在许多情况下,应用点堆动力学方法是合适的,并不需要高阶的方法。一般来说,点堆动力学模型使用的情况包括:小而紧凑的堆芯,无显著通量倾斜的瞬态,小的反应性扰动。事实上,如果考虑到时间相关的形状函数主要出现在反应性项中,那么可以预置某个先验的通量倾斜效应。

根据与通量形状限制相同的理由,点堆动力学模型也不能满足大的反应性变

化,原因在于反应性的定义方法。反应性在通常的扰动理论中定义为按线性变化,忽略了通量形状变化和截面变化的乘积的高阶项。倘若扰动是小的,这种假设才是成立的。

幅度函数通常解释为归一化的堆芯功率,这是一种近似解释方法。更适当的解释方法是幅度函数正比于总中子密度,在扰动不太大时,它可以近似地看作为归一化的功率。

最后,针对轻水堆,点堆动力学方程在应用上,还应附加下列限制:

(1)初始时,反应堆恰好临界,这样初始的幅度函数为 1.0,反应性为 0.0;

(2)无外源;

(3)燃料是固定的;

(4)没有从次临界开始的瞬态。

2.6　衰变功率的计算

2.6.1　裂变产物的衰变

在反应堆停止裂变后,由于裂变产物的衰变,反应堆堆芯仍继续产生功率。这种衰变功率的变化由堆芯运行历史决定。随着长寿期裂变产物的积累,衰变率由于辐照的增加变慢。目前,普遍采用的裂变产物衰变热模型类似于缓发中子模型。衰变热源由裂变产物或俘获产物放出 β 和 γ 射线而产生。企图准确考虑所有的衰变链来计算衰变热是不现实的。从理论上看不是不可能实现,可是缺少精确的数据。经验表明,在测量精度范围内,衰变热源可以拟合为指数形式的多项式。无限长运行时间的能量释放数据已经应用于数据拟合中,这些数据已列表作为 ANS 标准,如表 2.1 所示。表内数据已归一化到单位功率水平,并拟合为形如下式的 11 项指数多项式中:

$$T_{\mathrm{d}} = \sum_{j=1}^{11} E_j \mathrm{e}^{-\lambda_j t} \tag{2.6.1}$$

这里:T_{d} ——归一化裂变产物衰变能;

E_j ——第 j 项的能量幅度;

λ_j ——第 j 项的衰变常数;

t ——停堆后的物理时间。

表 2.1　各群衰变热归一化功率

群	E_j	$\lambda_j /\mathrm{s}^{-1}$
1	0.00299	1.772
2	0.00825	0.5774
3	0.01550	6.743×10^{-2}
4	0.01935	6.214×10^{-3}
5	0.01165	4.739×10^{-4}
6	0.00645	4.810×10^{-5}
7	0.00231	5.344×10^{-6}
8	0.00164	5.726×10^{-7}
9	0.00085	1.036×10^{-7}
10	0.00043	2.959×10^{-8}
11	0.00057	7.585×10^{-10}

方程(2.6.1)的约束条件要求 $T_\mathrm{d}(0) = 0.07$ 。

裂变产物衰变链涉及许多核素,方程(2.6.1)的形式相当于假定了 11 组衰变热项,具体表现为 11 组缓发中子。对每一组衰变热定义一个"浓度",并将方程(2.6.1)中的 E_j 解释为产额,衰变热先驱核浓度可以表示为

$$\frac{\mathrm{d}\gamma_j(t)}{\mathrm{d}t} + \lambda_j \gamma_j(t) = E_j N(t) \tag{2.6.2}$$

这里:$\gamma_j(t)$ ——第 j 衰变热组的浓度;

E_j ——第 j 组的产额;

$N(t)$ ——归一化反应堆功率。

假定功率水平是常数,γ_j 的初始值由方程的稳态解获得,即

$$\gamma_{j0} = \frac{E_j}{\lambda_j} N_0 \tag{2.6.3}$$

于是堆芯的总功率为

$$P(t) = P_0 \Big[N(t) E_\mathrm{f} + \sum_{j=1}^{11} \lambda_j \gamma_j \Big] \tag{2.6.4}$$

这里

$$E_\mathrm{f} = \begin{cases} 0.93, & \text{考虑衰变热} \\ 1.0, & \text{不考虑衰变热} \end{cases}$$

2.6.2　锕系元素的衰变

裂变产物衰变释放的能量还须加上重要的放射性锕系元素(^{239}U 和 ^{239}Np)的衰变能量,这些元素由 $^{238}_{92}$U 受中子辐射俘获中子而产生。这些同位素对衰变热的贡献可以由无限长时间运行的 ANS 标准给出:

$$\frac{P(^{239}\text{U})}{P_0} = A_1 C \frac{\sigma_{25}}{\sigma_{\text{f25}}} \text{e}^{-\lambda_1 t} \tag{2.6.5}$$

和

$$\frac{P(^{239}\text{Np})}{P_0} = B_1 C \frac{\sigma_{25}}{\sigma_{\text{f25}}} \left[B_2 (\text{e}^{\lambda_2 t} - \text{e}^{-\lambda_1 t}) + \text{e}^{-\lambda_2 t} \right] \tag{2.6.6}$$

这里:$\dfrac{P(^{239}\text{U})}{P_0}$ —— ^{239}U 的归一化衰变功率;

$\dfrac{P(^{239}\text{Np})}{P_0}$ —— ^{239}Np 的归一化衰变功率;

λ_1 —— ^{239}U 的衰变常数;

λ_2 —— ^{239}Np 的衰变常数;

A_1, B_1, B_2 —— 常数;

C —— 转换比,每消耗一个 ^{235}U 原子所产生的 ^{239}Pu 的原子数;

σ_{25} —— ^{235}U 的有效吸收截面;

σ_{f25} —— ^{235}U 的有效裂变截面。

将方程(2.6.5)和方程(2.6.6)相加,并定义适当的 E_j 值,得到

$$\Gamma_{\text{act}} = \sum_{j=1}^{2} E_{j_{\text{act}}} \text{e}^{-\lambda_j t} \tag{2.6.7}$$

2.7　点堆动力学方程求解

2.7.1　线性方程组的刚性问题

有一类常微分方程组,其分量有的变化很快,有的变化很慢,在求数值解时会有很大的困难。变化快的分量很快趋于它的稳定值,而变化慢的分量缓慢趋于它的稳定值。求解上可能会出现数值不稳定现象,即误差急剧增加,以至于掩盖了真值,这就是所谓的刚性方程。

以下述微分方程组为例:

$$\begin{cases} \dfrac{\mathrm{d}u_1}{\mathrm{d}t} = -2000u_1 + 999.75u_2 + 1000.25 \\[3mm] \dfrac{\mathrm{d}u_2}{\mathrm{d}t} = u_1 - u_2 \end{cases} \tag{2.7.1}$$

可以简写为

$$\begin{cases} \boldsymbol{u}' = \boldsymbol{A}\boldsymbol{u} + \boldsymbol{F} \\ \boldsymbol{u}(0) = \boldsymbol{u}_0 \end{cases} \tag{2.7.2}$$

其中

$$\boldsymbol{A} = \begin{bmatrix} -2000 & 999.75 \\ 1 & -1 \end{bmatrix}, \quad \boldsymbol{F} = (1000.25, 0)$$

其初始条件为

$$\boldsymbol{u}(0) = (0, -2)^{\mathrm{T}}$$

因此,特征值方程可以描述为

$$\det(\lambda \boldsymbol{I} - \boldsymbol{A}) = \lambda^2 + 2001\lambda + 1000.25 = 0 \tag{2.7.3}$$

得到

$$\lambda_1 = -0.5, \quad \lambda_2 = -2000.5$$

相应的,其特征向量为

$$\boldsymbol{x}_1 = \begin{bmatrix} x_{11} \\ x_{12} \end{bmatrix} = \begin{pmatrix} -1999.5 \\ 1 \end{pmatrix}, \ \boldsymbol{x}_2 = \begin{bmatrix} x_{21} \\ x_{22} \end{bmatrix} = \begin{pmatrix} 0.5 \\ 1 \end{pmatrix}$$

因此,该微分方程组的精确解为

$$u_1 = -1.499875\mathrm{e}^{-0.5t} + 0.499875\mathrm{e}^{-2000.5t} + 1$$
$$u_2 = -2.99975\mathrm{e}^{-0.5t} - 0.00025\mathrm{e}^{-2000.5t} + 1 \tag{2.7.4}$$

从式(2.7.4)可以看出,精确解由三项构成,第一项为慢变化项,第二项为快变化项,第三项为稳态项。求解上可能会出现数值不稳定现象。

从数学定义的角度来说,考虑常系数微分方程组

$$\frac{\mathrm{d}\boldsymbol{u}}{\mathrm{d}t} = A\boldsymbol{u}(t) + \boldsymbol{g}(t), \ t \in [a, b] \tag{2.7.5}$$

假设 λ_j 为其特征值,如果满足

$$\begin{cases} \mathrm{Re}(\lambda_j) < 0, j = 1, 2, \cdots, m \\[2mm] \dfrac{\max|\mathrm{Re}(\lambda_j)|}{\min|\mathrm{Re}(\lambda_j)|} = R \gg 1 \end{cases} \tag{2.7.6}$$

则认为该微分方程组为刚性的。R 称为刚性比。

注意,以上定义不包含单个方程的情况,也不包含方程组中具有实部为 0 或者实部为很小的正数的情形。按照 Shampine 和 Gear(1979)的观点,若线性系统满足下述三个条件,则称为刚性方程。① 矩阵 $\boldsymbol{A}$ 的所有特征值的实部不是很大的正

数;②A 至少有一个特征值的实部是很大的负数;③ 对应于具有最大负实部的特征值的解分量变化是缓慢的。以上定义包含了原先定义所缺乏的情形。

下面探讨点堆动力学方程的特性。将点堆动力学方程(不考虑源项,六组缓发中子)写为

$$\frac{\mathrm{d}\boldsymbol{Y}}{\mathrm{d}t} = \boldsymbol{A}\boldsymbol{Y} \tag{2.7.7}$$

其中

$$\boldsymbol{A} = \begin{bmatrix} \dfrac{\rho-\beta}{\Lambda} & \lambda_1 & \cdots & \lambda_6 \\ \dfrac{\beta_1}{\Lambda} & -\lambda_1 & \cdots & 0 \\ \vdots & \vdots & & \vdots \\ \dfrac{\beta_6}{\Lambda} & 0 & \cdots & -\lambda_6 \end{bmatrix}, \boldsymbol{Y} = \begin{bmatrix} N \\ C_1 \\ \vdots \\ C_6 \end{bmatrix}$$

如果取 ^{235}U 的缓发中子常数,考虑引入不同的反应性,其结果见表 2.2。

表 2.2　点堆动力学方程的刚性

反应性	0	0.0035	−0.0035	0.007	−0.007	0.014	−0.014
特征值	−70.44284707	−35.8898	−105.294	−6.643422	−140.22	70.42366	−210.146
	−1.237797832	−3.69376	−3.806	4.90151973	−3.821	−3.97646	−3.837
	−3.775608316	−1.11659	−1.288	−3.0438325	−1.314	−1.58916	−1.342
	−0.198259312	0.181518	−0.229	−0.7617756	−0.248	−0.42307	−0.269
	0	−0.16144	−0.09	−0.1405009	−0.099	−0.12713	−0.106
	−0.015043401	−0.04695	−0.022	−0.0392716	−0.026	−0.03532	−0.029
	−0.070900105	−0.01343	−0.011	−0.0131172	−0.012	−0.01292	−0.012
刚性比	4682	2673	9213	506	11548	5448	16892

从表 2.2 可以明显地看出,点堆动力学方程具有明显的刚性。但当引入反应性超过 1 元时,系统具有很大的正特征值。也就是说,在瞬发临界或超临界的情况下,缓发中子已不起作用,中子密度将以很大的正时间常数增长。在这种情况下,已不存在最大(绝对值)的负时间常数问题,该方程已不属于刚性方程的范畴,宜用常规的截断误差较小的数值方法求解。

由于点堆动力学方程的"刚性",用常规的数值方法,例如 Euler 法、Runge-Kutta 法、Adams 法或 Miline 法在求解过程中遇到严重的困难。在这些情形下,数值方法的稳定性会要求非常小的时间步长,因此在计算延续时间较长的过渡过程中,会要求巨大数目的时间步数,结果导致计算机计算的时间较长,且可能包含

相当大的累积误差。一般情况下,只有隐式计算格式才可能克服刚性。

目前,求解点堆动力学方程的方法主要有去耦合法、SCM 法、泰勒近似法、Hermite 法和 Gear 算法等,下面分别进行介绍。

为了描述方便,将点堆动力学方程(不考虑源项)重新写为

$$\frac{\mathrm{d}N}{\mathrm{d}t} = \frac{\rho - \beta}{\Lambda}N + \sum_{i=1}^{6}\lambda_i C_i \tag{2.7.8}$$

$$\frac{\mathrm{d}C_i}{\mathrm{d}t} = \frac{\beta_i}{\Lambda}N - \lambda_i C_i \tag{2.7.9}$$

2.7.2　去耦合法

去耦合法通过对点堆动力学方程的一系列推导,导出不含中子寿命的先驱核浓度数值解,将其代入中子密度方程中得到中子密度的数值解。

对点堆动力学方程(2.7.9)的等号两边对 t 求导,得

$$\frac{\mathrm{d}^2 C_i(t)}{\mathrm{d}t^2} = \frac{\beta_i}{\Lambda}\frac{\mathrm{d}N(t)}{\mathrm{d}t} - \lambda_i\frac{\mathrm{d}C_i(t)}{\mathrm{d}t} \tag{2.7.10}$$

由方程(2.7.9)得到

$$N(t) = \frac{\Lambda}{\beta_i}\left[\frac{\mathrm{d}C_i(t)}{\mathrm{d}t} + \lambda_i C_i(t)\right] \tag{2.7.11}$$

将式(2.7.8)和式(2.7.11)代入式(2.7.10),得

$$\frac{\mathrm{d}^2 C_i(t)}{\mathrm{d}t^2} = \frac{\rho - \beta - \lambda_i\Lambda}{\Lambda}\frac{\mathrm{d}C_i(t)}{\mathrm{d}t} + \frac{\rho - \beta}{\Lambda}\lambda_i C_i + \frac{\beta_i}{\Lambda}\sum\lambda_i C_i \tag{2.7.12}$$

式中 $\mathrm{d}t^2$ 作为高次项可以忽略。又在反应堆中通常有 $\beta - \rho \gg \lambda_i\Lambda$,故式(2.7.12)简化为

$$\frac{\beta - \rho(t)}{\beta_i}\left[\frac{\mathrm{d}C_i(t)}{\mathrm{d}t} + \lambda_i C_i(t)\right] = \sum_{i=1}^{6}\lambda_i C_i(t) \tag{2.7.13}$$

式(2.7.13)里不含有中子寿命,由 Λ 引入的刚性被消除,因此数值计算的步长可以扩大。

具体求解过程如下:

(1)每个时间步内,将初始的反应性 $\rho(t_n)$ 和先驱核浓度 $C_i(t_n)$ 代入式(2.7.13),采用梯形法,求出时间步末的先驱核浓度 $C_i(t_{n+1})$。

梯形法执行方式如下:

根据式(2.7.13),首先将反应性 $\rho(t_n)$ 和先驱核浓度 $C_i(t_n)$ 代入

$$C_{1i}(t_n) = C_i(t_n) + \mathrm{d}t\left(\frac{\beta_i}{\beta - \rho(t_n)}\sum_{i=1}^{6}\lambda_i C_i(t_n) - \lambda_i C_i(t_n)\right) \tag{2.7.14}$$

得到 $C_{1i}(t_n)$。

然后将反应性 $\rho(t_{n+1})$ 和先驱核浓度 $C_i(t_n)$ 和 $C_{1i}(t_n)$ 代入

$$C_{2i}(t_n) = C_i(t_n) + \mathrm{d}t \left(\frac{\beta_i}{\beta - \rho(t_{n+1})} \sum_{i=1}^{6} \lambda_i C_{1i}(t_n) - \lambda_i C_{1i}(t_n) \right) \quad (2.7.15)$$

得到 $C_{2i}(t_n)$。

最后

$$C_i(t_{n+1}) = \frac{C_{1i}(t_n) + C_{2i}(t_n)}{2} \quad (2.7.16)$$

（2）将先驱核浓度 $C_i(t_{n+1})$ 和中子密度 $N(t_n)$ 代入式（2.7.8），可以得到时间步末的中子密度 $N(t_{n+1})$。

（3）根据下一步长反应性 $\rho(t_{n+1})$ 和先驱核浓度 $C_i(t_{n+1})$，返回步骤（1），重复此过程，直至满足跳出循环的条件，即可得到中子密度 $N(t)$ 随时间变化的数值解。

2.7.3　泰勒近似法

泰勒近似法使用中子密度 $N(t)$ 的分段全隐式一阶泰勒多项式近似展开，将其用在积分方程中，方程经一系列变形，不但克服了其刚性，还确保了数值结果的稳定性和精确性。

基本原理：

将六组缓发中子的点堆中子动力学方程式（2.7.9）代入式（2.7.8），其中 n 表示时间步，M 表示缓发中子群数，并在区间 $[t_n, t_{n+1}]$ 对两边进行积分，得

$$N(t_{n+1}) - N(t_n) = \int_{t_n}^{t_{n+1}} \frac{\rho(\tau)N(\tau)}{\Lambda} \mathrm{d}\tau - \sum_{i=1}^{M} \left[C_i(t_{n+1}) - C_i(t_n) \right] \quad (2.7.17)$$

由式（2.7.9）可推导出 $C_i(t)$ 在 $t = t_{n+1}$ 处的解析解表达式

$$C_i(t_{n+1}) = \exp(-\lambda_i h) \left[C_i(t_n) + \frac{\beta_i}{\Lambda} \int_{t_n}^{t_{n+1}} N(\tau) \exp[\lambda_i(\tau - t_n)] \mathrm{d}\tau \right], i = 1, 2, \cdots, M$$

$$(2.7.18)$$

其中步长 $h = t_{n+1} - t_n$。

由于式（2.7.17）和式（2.7.18）都使用到 $N(t)$ 在区间 $[t_n, t_{n+1}]$ 的值，因此在该区间将 $N(t)$ 在 t_{n+1} 处用泰勒一阶近似多项式展开：

$$N(\tau) = N(t_{n+1}) + N'(t_{n+1})(\tau - t_{n+1}) \quad (2.7.19)$$

其中

$$N'(t_{n+1}) = \frac{\mathrm{d}N(t)}{\mathrm{d}t} \bigg|_{t=t_{n+1}} = \frac{\rho(t_{n+1}) - \beta}{\Lambda} N(t_{n+1}) + \sum_{i=1}^{M} \lambda_i C_i(t_{n+1}) \quad (2.7.20)$$

将式（2.7.19）代入式（2.7.18），有

$$C_i(t_{n+1}) = \exp(-\lambda_i h)C_i(t_n) + \frac{\beta_i}{\Lambda}\left[G_{1,i}N(t_{n+1}) + G_{2,i}N'(t_{n+1})\right]$$

$$(2.7.21)$$

其中

$$G_{1,i} = \exp(-\lambda_i h)\int_{t_n}^{t_{n+1}} \exp[\lambda_i(\tau - t_n)]\mathrm{d}\tau$$

$$(i = 1,2,\cdots,6)$$

$$G_{2,i} = \exp(-\lambda_i h)\int_{t_n}^{t_{n+1}} (\tau - t_{n+1})\exp[\lambda_i(\tau - t_n)]\mathrm{d}\tau$$

将式(2.7.19)代入式(2.7.17),有

$$N(t_{n+1}) - N(t_n) = F_1 N(t_{n+1}) + F_2 N'(t_{n+1}) + \sum_{i=1}^{M} C_i(t_n) - \sum_{i=1}^{M} C_i(t_{n+1})$$

$$(2.7.22)$$

其中

$$F_1 = \int_{t_n}^{t_{n+1}} \frac{\rho(\tau)}{\Lambda}\mathrm{d}\tau$$

$$F_2 = \int_{t_n}^{t_{n+1}} \frac{\rho(\tau)}{\Lambda}(\tau - t_{n+1})\mathrm{d}\tau$$

将式(2.7.21)分别代入式(2.7.20)和式(2.7.22),有

$$\left(1 - \sum_{i=1}^{6} \frac{\lambda_i \beta_i}{\Lambda}G_{2,i}\right)N'(t_{n+1}) = \left[\frac{\rho(t_{n+1}) - \beta}{\Lambda} + \sum_{i=1}^{6} \frac{\lambda_i \beta_i}{\Lambda}G_{1,i}\right]N(t_{n+1}) + \sum_{i=1}^{6} \lambda_i e^{-\lambda_i h}C_i(t_n)$$

$$(2.7.23)$$

$$\left(1 - F_1 + \sum_{i=1}^{6} \frac{\beta_i}{\Lambda}G_{1,i}\right)N(t_{n+1}) = N(t_n) + \left(F_2 - \sum_{i=1}^{6} \frac{\beta_i}{\Lambda}G_{2,i}\right)N'(t_{n+1}) + \sum_{i=1}^{6} (1 - e^{-\lambda_i h})C_i(t_n)$$

$$(2.7.24)$$

具体计算过程,假设每个时间步内的引入反应性可以用线性的方式表示,即

$$\rho(t_n + \tau) = \rho(t_n) + c\tau, \quad \tau \in [0,h]$$

其中 c 为该时间步内反应性变化速率,对于阶跃引入的反应性,$c=0$。

定义

$$g[1] = G_{1,i} = \exp(-\lambda_i h)\int_{t_n}^{t_{n+1}} \exp[\lambda_i(\tau - t_n)]\mathrm{d}\tau = \frac{1 - e^{-\lambda_i h}}{\lambda_i}$$

$$g[2] = G_{2,i} = \exp(-\lambda_i h)\int_{t_n}^{t_{n+1}}(\tau - t_{n+1})\exp[\lambda_i(\tau - t_n)]d\tau = \frac{h\,e^{-\lambda_i h}}{\lambda_i} - \frac{1 - e^{-\lambda_i h}}{\lambda_i^2}$$

$$f_1 = F_1 = \int_{t_n}^{t_{n+1}}\frac{\rho(\tau)}{\Lambda}d\tau = \frac{1}{\Lambda}\left[\rho(t_n)h + \frac{c}{2}h^2\right]$$

$$f_2 = F_2 = \int_{t_n}^{t_{n+1}}\frac{\rho(\tau)}{\Lambda}(\tau - t_{n+1})d\tau = \frac{h^2}{\Lambda}\left(-\frac{\rho(t_n)}{2} - \frac{ch}{6}\right)$$

$$t_1 = \sum_{i=1}^{6}\frac{\lambda_i\beta_i}{\Lambda}G_{1,i}\ ,\ t_2 = \sum_{i=1}^{6}\frac{\lambda_i\beta_i}{\Lambda}G_{2,i}$$

$$s_1 = \sum_{i=1}^{6}\frac{\beta_i}{\Lambda}G_{1,i}\ ,\ s_2 = \sum_{i=1}^{6}\frac{\beta_i}{\Lambda}G_{2,i}$$

$$r_1 = \sum_{i=1}^{6}\lambda_i e^{-\lambda_i h}c_i(t_n)\ ,\ r_2 = \sum_{i=1}^{6}(1 - e^{-\lambda_i h})c_i(t_n)$$

这样式(2.7.23)和式(2.7.24)简化为

$$(1 - t_2)N'(t_{n+1}) = \left[\frac{\rho(t_{n+1}) - \beta}{\Lambda} + t_1\right]N(t_{n+1}) + r_1 \tag{2.7.25}$$

$$(1 - F_1 + s_1)N(t_{n+1}) = N(t_n) + (F_2 - s_2)N'(t_{n+1}) + r_2 \tag{2.7.26}$$

将式(2.7.25)代入式(2.7.26)中,整理后得到关于 $N(t_{n+1})$ 的线性方程,因此可以解出 $N(t_{n+1})$ 的值。再代入式(2.7.25),解出 $N'(t_{n+1})$ 的值,然后将 $N(t_{n+1})$ 和 $N'(t_{n+1})$ 的值代入式(2.7.21),便可解出 $C_i(t_{n+1})(i=1,2,\cdots,6)$ 的值。最终可以得到中子密度随时间变化的数值解。

2.7.4　刚性限制法

刚性限制法(SCM法)是一种数值方法与解析方法结合的方法,从物理特征出发,把先驱核浓度 $C_i(t)$ 满足的方程中的刚性消掉,使刚性仅限制在中子密度方程中。

基本原理:

M 为缓发中子群数,对于一般的无源点堆动力学方程组,引入一组"缩小"的先驱核浓度函数 $\hat{C}_i(t)$,使得

$$C_i(t) = \hat{C}_i(t)\exp\int_0^t u(t')dt',\quad i = 1,2,\cdots,M \tag{2.7.27}$$

再定义两个辅助函数

$$\omega(t) = \frac{d}{dt}\ln N(t) \tag{2.7.28}$$

$$u(t) = \frac{\mathrm{d}}{\mathrm{d}t} \ln S(t) \tag{2.7.29}$$

其中

$$S(t) = \sum_{i=1}^{6} \lambda_i C_i(t) \tag{2.7.30}$$

将式(2.7.27)和式(2.7.28)代入式(2.7.8)中,整理得

$$N(t) = \frac{\exp\displaystyle\int_0^t u(t')\mathrm{d}t'}{\omega(t) + (\beta - \rho)/\Lambda} \sum_{i=1}^{6} \lambda_i \hat{C}_i(t) \tag{2.7.31}$$

将式(2.7.32)代入式(2.7.9),得

$$\frac{\mathrm{d}}{\mathrm{d}t}\hat{C}_i(t) = \frac{\beta_i}{\omega(t)\Lambda + \beta - \rho} \sum_{i=1}^{M} \lambda_i \hat{C}_i(t) - [u(t) + \lambda_i]\hat{C}_i(t), \quad i = 1, 2, \cdots, M \tag{2.7.32}$$

而式(2.7.8)可以写成

$$\frac{\mathrm{d}N}{\mathrm{d}t} = \frac{\rho - \beta}{\Lambda} N + S(t) \tag{2.7.33}$$

方程(2.7.28)~(2.7.32)就是与式(2.7.8)和式(2.7.9)等价的动力学方程组,在计算时其初值为

$$u(0) = 0, \; \omega(0) = \rho(0)/\Lambda, \; N(0) = N_0, \; \hat{C}_i(0) = n_0 \beta_i / \lambda_i \Lambda \tag{2.7.34b}$$

SCM 方程组的求解过程如下,其中 i 为缓发中子群号,j 为时间步数,m 为时间步内计算迭代次数:

(1)对方程(2.7.32)时间隐式离散,首先将 $u_j^{(m)}$,$\omega_j^{(m)}$ 之值代入,求解 $\hat{C}_{ij}^{(m)}$;

(2)由所求 $\hat{C}_{ij}^{(m)}$ 代入式(2.7.30)求 $S_j^{(m)}$;

(3) $S_j^{(m)}$ 代入式(2.7.33)用解析法求出 $N_j^{(m)}$;

(4)用 $N_j^{(m)}$ 再代入式(2.7.28)中求出 $\omega_j^{(m+1)}$;

(5) $\omega_j^{(m+1)} \to \omega_j^{(m)}$,返回(1)重复以上过程,直至 $\omega_j^{(m)}$ 收敛,一般只需 2~3 次迭代,ω_j,u_j 为输出值;

(6)用 ω_j,ω_{j-1} 等线性外插求出 $\omega_{j+1}^{(0)}$,用 u_j,u_{j-1} 等线性外插求出 $u_{j+1}^{(0)}$,然后返回(1),开始下一时间步的计算。

SCM 方法有两个优越性:

(1)由于先驱核浓度刚性的消除,因此计算先驱核浓度时可以加大步长,方程(2.7.32)稳定性不成问题。

(2)尽管刚性被限制在方程(2.7.33)中,但由该方程可以求出 N_j 的解析解,

它是 $S(t)$ 的积分形式,而 S 已由方程(2.7.32)和方程(2.7.30)求出。

SCM 方法也可以用于具有线性反馈的点堆问题,实现实时仿真以及时空动力学方程求解。

2.7.5　Hermite 插值多项式法

Hermite 方法在每个时间步长内把未知函数 $n(t)$ 及 $C_i(t)$ 表示成时间 t 的 3 阶 Hermite 插值多项式,并利用点堆方程及其积分来逐点算出未知函数及其导数值。

将点堆方程(2.7.8)和方程(2.7.9)简记为

$$\frac{\mathrm{d}N}{\mathrm{d}t} = a(t)N + \sum_i \lambda_i C_i$$

$$\frac{\mathrm{d}C_i}{\mathrm{d}t} = b_i(t)N - \lambda_i C_i \tag{2.7.35}$$

将时间离散化,并以 $h = t_2 - t_1$ 表示从 t_1 到 t_2 的时间步长。在这步长的两端,记

$$N_1 = N(t_1), \quad N_2 = N(t_2)$$
$$C_{i1} = C_i(t_1), \quad C_{i2} = C_i(t_2)$$
$$a_1 = a(t_1), \quad a_2 = a(t_2)$$
$$b_{i1} = b_i(t_1), \quad b_{i2} = b_i(t_2) \tag{2.7.36}$$

进一步,记

$$p_1 = a_1 N_1 + \sum_i \lambda_i C_{i1}$$

$$p_2 = a_2 N_2 + \sum_i \lambda_i C_{i2}$$

$$q_{i1} = b_{i1} N_1 - \lambda_i C_{i1}$$

$$q_{i2} = b_{i2} N_2 - \lambda_i C_{i2} \tag{2.7.37}$$

它们分别是 $N(t)$ 和 $C_i(t)$ 在步长 h 两端的导数值。为方便起见,作变量代换 $t = t_1 + h\tau$,即

$$\tau = \frac{t - t_1}{h}$$

于是,关于 t 的时间间隔 (t_1, t_2) 就变化为关于 τ 的时间间隔 $(0, 1)$,故点堆方程可写成

$$\frac{1}{h}\frac{\mathrm{d}N}{\mathrm{d}\tau} = a(\tau)N(\tau) + \sum_i \lambda_i C_i(\tau)$$

$$\frac{1}{h}\frac{\mathrm{d}C_i}{\mathrm{d}t} = b_i(\tau)N(\tau) - \lambda_i C_i(\tau) \tag{2.7.38}$$

设 $N(\tau)$ 和 $C_i(\tau)$ 在区间 $(0,1)$ 上可以使用 3 阶 Hermite 插值多项式表示：

$$N(\tau) = m_1 + m_2 \tau + m_3 \tau^2 + m_3 \tau^3$$
$$C_i(\tau) = d_{i1} + d_{i2} \tau + d_{i3} \tau^2 + d_{i3} \tau^3 \tag{2.7.39}$$

所谓 Hermite 插值，就是要求在插值区间两端，该多项式的函数值与导数值与被插值的函数相等。利用这一性质，可以推出

$$
\begin{aligned}
m_1 &= N_1 \\
m_2 &= hp_1 \\
m_3 &= -h(p_2 + 2p_1) + 3(N_2 - N_1) \\
m_4 &= h(p_2 + p_1) - 2(N_2 - N_1)
\end{aligned}
\tag{2.7.40}
$$

$$
\begin{aligned}
d_{i1} &= C_{i1} \\
d_{i2} &= hq_{i1} \\
d_{i3} &= -h(q_{i2} + 2q_{i1}) + 3(C_{i2} - C_{i1}) \\
d_{i4} &= h(q_{i2} + q_{i1}) - 2(C_{i2} - C_{i1})
\end{aligned}
\tag{2.7.41}
$$

$N(\tau)$ 和 $C_i(\tau)$ 及其导数在 τ_i 处的值由初始条件或者上一计算步的计算给出，在 τ_{i+1} 处的值是要计算的。

把式 (2.7.39) 代入式 (2.7.38)，并对 τ 在 $(0,1)$ 区间上积分，得到

$$
\begin{aligned}
N_2 - N_1 &= h \int_0^1 a(\tau)(m_1 + m_2 \tau + m_3 \tau^2 + m_4 \tau^3) \mathrm{d}\tau + \\
&\quad h \int_0^1 \sum_i \lambda_i (d_{i1} + d_{i2}\tau + d_{i3}\tau^2 + d_{i4}\tau^3) \mathrm{d}\tau \\
C_{i\,2} - C_{i\,1} &= h \int_0^1 b_i(\tau)(m_1 + m_2\tau + m_3\tau^2 + m_4\tau^3) \mathrm{d}\tau + \\
&\quad h \int_0^1 \sum_i \lambda_i (d_{i1} + d_{i2}\tau + d_{i3}\tau^2 + d_{i4}\tau^3) \mathrm{d}\tau
\end{aligned}
\tag{2.7.42}
$$

将式 (2.7.42) 中的诸系数（m_k 和 d_{ik}，$k = 1,2,3,4$）用式 (2.7.40)、式 (2.7.41) 中的值代入积分后的式子。注意系数 $m_3, m_4, d_{i3}, d_{i4}, p_2, q_{i2}$ 均与未知量 N_2 和 C_{i2} 有关。因此，本方法是隐式方法。

将 N_2 和 C_{i2} 作为未知量对积分后的式子进行整理，可以得到

$$
\begin{aligned}
RN_2 + \sum_i \Lambda_i \lambda_i C_{i2} &= F \\
R_i N_2 + U_i \lambda_i C_{i2} + V_i \sum_{k \neq i} \lambda_k C_{k2} &= G_i, \quad i = 1,2,\cdots,M
\end{aligned}
\tag{2.7.43}
$$

写成矩阵形式，更加清晰：

$$
\begin{bmatrix}
R & \Lambda_1 & \Lambda_2 & \Lambda_3 & \Lambda_4 & \Lambda_5 & \Lambda_6 \\
R_1 & U_1 & V_1 & V_1 & V_1 & V_1 & V_1 \\
R_2 & V_2 & U_2 & V_2 & V_2 & V_2 & V_2 \\
R_3 & V_3 & V_3 & U_3 & V_3 & V_3 & V_3 \\
R_4 & V_4 & V_4 & V_4 & U_4 & V_4 & V_4 \\
R_5 & V_5 & V_5 & V_5 & V_5 & U_5 & V_5 \\
R_6 & V_6 & V_6 & V_6 & V_6 & V_6 & U_6
\end{bmatrix}
\begin{bmatrix}
N_2 \\
\lambda_1 C_{11} \\
\lambda_2 C_{21} \\
\lambda_3 C_{31} \\
\lambda_4 C_{41} \\
\lambda_5 C_{51} \\
\lambda_6 C_{61}
\end{bmatrix}
=
\begin{bmatrix}
F \\
G_1 \\
G_2 \\
G_3 \\
G_4 \\
G_5 \\
G_6
\end{bmatrix}
\tag{2.7.44}
$$

其中

$$R = a_2 h (A_2 - A_3) - (3A_2 - 2A_3) + \frac{1}{h} + \sum_i \frac{h}{12} \lambda_i b_{i2}$$

$$\Lambda_i = (A_2 - A_3) h - \left(\frac{1}{2} + \frac{h}{12} \lambda_i \right)$$

$$F = \left(A_0 - 3A_2 + 2A_3 + \frac{1}{h} \right) n_1 + h p_1 (A_1 - 2A_2 + A_3) +$$

$$\quad \sum_i \lambda_i \left(\frac{1}{2} C_{i1} + \frac{h}{12} q_{i1} \right) \tag{2.7.45}$$

$$R_i = h \left[a_2 (B_{i2} - B_{i3}) - \frac{1}{12} \lambda_i b_{i2} \right] - (3B_{i2} - 2B_{i3})$$

$$U_i = h (B_{i2} - B_{i3}) + \frac{1}{2} + \frac{1}{h\lambda_i} + \frac{1}{12} h\lambda_i$$

$$G_i = (B_{i0} - 3B_{i2} + 2B_{i3}) n_1 + h p_1 (B_{i1} - 2B_{i2} + B_{i3}) -$$

$$\quad \frac{1}{12} h q_{i1} - \left(\frac{1}{2} - \frac{1}{h\lambda_i} \right) \lambda_i C_{i1}$$

而

$$A_k = \int_0^1 a(\tau) \tau^k \mathrm{d}\tau, \quad B_{ik} = \int_0^1 b_i(\tau) \tau^k \mathrm{d}\tau \tag{2.7.46}$$

$$k = 0, 1, 2, 3; \quad i = 1, 2, \cdots, M$$

$a(\tau) = \dfrac{\rho(\tau) - \beta}{A}$ 可能是 τ 的复杂函数,可以将 $a(\tau)$ 用一个 2 阶或 3 阶的多项式(例如 Hermite 多项式)来表示,该多项式的系数可以事先算出,因而 A_k 很容易计算。方程(2.7.44)也很容易求解。

2.7.6　Gear 算法

对于上面的刚性方程,在线性多步法的基础上导出的 Gear 方法就是其中一种求解刚性方程的方法。

在 k 阶 Gear 方法中,截断误差为 $O(h^{k+1})$,存放的信息是前一点上的函数值和到 k 阶为止的各阶导数值 $y_{n-1}, hy'_{n-1}, h^2/2! \cdot y''_{n-1}, \cdots, h^k/k! \cdot y_{n-1}^{(k)}$。它的主要优点是变阶和变步长容易处理。在 $k=1, \cdots, 6$ 时,Gear 方法的稳定区包含 $h\omega$(ω 为式(2.7.7)的本征值)平面中的负实轴,因此应用于次临界系统是绝对稳定的,即不管步长 h 取多大,当 $n \to \infty$ 时,$y_n \to 0$。这样,h 的选取完全由精度确定,不受稳定性的限制。因此,它比一般简单的隐式方法具有更高的精确阶数,比一般的线性多步法更加灵活。

Gear 方法的计算具体格式,从式(2.7.7)及对它两边逐次求导的结果出发,利用 $y(t_0)$ 的值,可以逐步求出 y 在初始时刻 t_0 的各级导数值。这些初值可以作为计算的出发点。

$$\boldsymbol{W}_j = \begin{bmatrix} N & C_1 & \cdots & C_n \\ hN' & hC'_1 & \cdots & hC'_m \\ \dfrac{h^2}{2!}N'' & \dfrac{h^2}{2!}C''_1 & \cdots & \dfrac{h^2}{2!}C''_m \\ \vdots & \vdots & & \vdots \\ \dfrac{h^k}{k!}N^k & \dfrac{h^k}{k!}C_1^k & \cdots & \dfrac{h^k}{k!}C_m^k \end{bmatrix}_{t=t_j(j=0,1,2,\cdots)} \tag{2.7.47}$$

这里 $t=t_j$ 为计算中所取的离散,$h=t_{j+1}-t_j$。从已算出的 $\boldsymbol{W}_j$ 再求 $\boldsymbol{W}_{j+1}$ 的过程,采取预估和校正的迭代过程,预估公式为

$$\boldsymbol{W}_{j+1}^{(0)} = \boldsymbol{A}\boldsymbol{W}_j \tag{2.7.48}$$

这里 $\boldsymbol{A}$ 是 $(k+1)\times(k+1)$ 的杨辉三角矩阵,即

$$\boldsymbol{A} = \begin{bmatrix} 1 & 1 & 1 & 1 & \cdots & 1 \\ & 1 & 2 & 3 & \cdots & k \\ & & 1 & 3 & \cdots & \\ & & & 1 & \cdots & \vdots \\ & & & & \ddots & \\ & & & & & 1 \end{bmatrix} \tag{2.7.49}$$

迭代校正公式为

$$\boldsymbol{W}_{j+1}^{(s+1)} = \boldsymbol{W}_{j+1}^{(s)} - \boldsymbol{L}\boldsymbol{G}\boldsymbol{W}_{j+1}^{(s)} \left[l_0 h\boldsymbol{F}^{\mathrm{T}} - l_1 \boldsymbol{I}\right]^{-1} \quad (s=0,1,2,\cdots) \tag{2.7.50}$$

式中,s 为迭代次数,一般迭代三次即可。$\boldsymbol{L}$ 为 $(k+1)\times1$ 的列矢量:

$$\boldsymbol{L} = (l_0, l_1, \cdots, l_k)^{\mathrm{T}}$$

其分量 l_j 的值,对于 $k=1, \cdots, 6$ 给出如表 2.3 所示。表中 $j=7,8,9$ 三行给出以下计算误差时需用的量 $l(j,k)$。

表 2.3　一至六阶 Gear 方法中的 l_j 常数

k j	1	2	3	4	5	6
0	1	2/3	6/11	24/50	120/274	720/1764
1	1	1	1	1	1	1
2		1/3	6/11	35/50	225/274	1624/1764
3			11/1	10/50	85/274	735/1764
4				1/50	15/274	175/1764
5					1/274	21/1764
6						1/1764
7	1	1	1/2	1/6	1/24	1/120
8	2	9/2	22/3	125/12	137/10	343/20
9	3	6	55/6	25/2	959/60	98/5

$G(W_{j+1}^{(s)})$ 为 $1 \times (M+1)$ 的行矢量：

$$G(W_{j+1}^{(s)}) = h(Fy_{j+1}^{(s)})^{\mathrm{T}} - h(y_{j+1}^{'(s)})^{\mathrm{T}} \qquad (2.7.52)$$

这里的 ${y_{j+1}^{(s)}}^{\mathrm{T}}$ 及 $h(y_{j+1}^{'(s)})^{\mathrm{T}}$ 分别是由矩阵 $W_{j+1}^{(s)}$ 中的第一行及第二行组成的行矢量。I 是单位矩阵，F 是方程（2.7.46）。计算过程中要求每步的相对误差小于预先给定的小量 ε（容许误差上界）。步长的选取与 ε 有关，在有关文献中有详细的阐述，这里不再赘述。

2.7.7　修正 5 阶龙格库塔法

如果将一阶微分方程写作

$$\dot{n}(t) = \alpha n(t) + R(n, t) \qquad (2.7.53)$$

式中，α 在时间步长内是常数；而 $R(n, t)$ 含有微分方程的其他项，包括 $n(t)$ 的任意非常数系数。即：如果 $n(t)$ 的系数是 $B(n, t)$，则 α 是 $\beta(n(0), 0)$，而 $R(n, t)$ 将有形式为 $\{\beta[n(t), t] - \beta[n(0), 0]\}n(t)$ 的项。给方程（2.7.53）乘以一个积分因子并积分，得到

$$n(t) = n(0)\mathrm{e}^{\alpha t} + \int_0^t \mathrm{e}^{\alpha(t-\lambda)} R(n, t)\mathrm{d}\lambda \qquad (2.7.54)$$

由于 $n(0)\mathrm{e}^{\alpha t} = n(0) + \int_0^t \mathrm{e}^{\alpha(t-\lambda)}\alpha n(0)\mathrm{d}\lambda$ ，因此

$$n(t) = n(0) + \int_0^t [\alpha n(0) + R(n, t)]\mathrm{e}^{\alpha(t-\lambda)}\mathrm{d}\lambda \qquad (2.7.55)$$

令 $\lambda = ut$ ，则 $\mathrm{d}\lambda = t\mathrm{d}u$ ，则

$$n(t) = n(0) + t\int_0^1 \left[\alpha n(0) + R(n,t)\right]\mathrm{e}^{\alpha t(1-u)}\mathrm{d}u \tag{2.7.56}$$

为了以下表达式的方便，定义下列函数：

$$C_m(x) = \int_0^1 u^{m-1}\mathrm{e}^{x(1-u)}\mathrm{d}u \tag{2.7.57}$$

第一步：假定 $R[n,0] = R_0$ ，并将 $n(0)$ 写成 n_0 ，然后计算 $n\big|_{\frac{h}{2}}$ 。

$$n_1 = n\big|_{\frac{h}{2}} = n_0 + \frac{h}{2}\left[\alpha n_0 + R_0\right]C_1\left(\alpha\frac{h}{2}\right) \tag{2.7.58}$$

第二步：假设 $R(n,\lambda)$ 在 R_0 到 $R_1 = R\left(n_1,\frac{h}{2}\right)$ 之间线性变化，并计算 $n\big|_{\frac{h}{2}}$ 。

$$R(n,\lambda) = R_0 + \frac{2[R_1 - R_0]\lambda}{h} \tag{2.7.59}$$

令 $\lambda = u\frac{h}{2}$ ，则

$$R(n,u) = R_0 + [R_1 - R_0]u \tag{2.7.60}$$

$$n_2 = n\big|_{\frac{h}{2}} = n_1 + \frac{h}{2}[R_1 - R_0]C_2\left(\alpha\frac{h}{2}\right) \tag{2.7.61}$$

第三步：假设 $R(n,\lambda)$ 在 R_0 和 $R_2 = R\left(n_2,\frac{h}{2}\right)$ 之间线性变化，并计算 $n\big|_h$ 。

$$R(n,\lambda) = R_0 + \frac{2[R_2 - R_0]\lambda}{h} \tag{2.7.62}$$

令 $\lambda = uh$ ，则

$$R(n,u) = R_0 + 2[R_2 - R_0]u \tag{2.7.63}$$

$$n_3 = n\big|_h = n_0 + h[\alpha n_0 + R_0]C_1(\alpha h) + 2h[R_2 - R_0]C_2(\alpha h) \tag{2.7.64}$$

第四步：假设 $R(n,\lambda)$ 通过点 R_0 ，R_2 和 $R_3 = R(n_3,h)$ 是二次函数，然后计算 $n\big|_h$ 。

$$R(n,u) = [2R_0 - 4R_2 + 2R_3]u^2 + [-3R_0 + 4R_2 - R_3]u + R_0 \tag{2.7.67}$$

$$n_4 = n\big|_h = n_3 + h[R_0 - 2R_2 + R_3][2C_3(\alpha h) - C_2(\alpha h)] \tag{2.7.66}$$

第五步：假设 $R(n,\lambda)$ 通过点 R_0 ，R_2 和 $R_4 = R(n_4,h)$ 是二次函数，然后计算 $n\big|_h$ 。

$$n_5 = n\big|_h = n_4 + h[R_4 - R_3][2C_3(\alpha h) - C_2(\alpha h)] \tag{2.7.67}$$

结束第三、四、五步计算可分别得到三、四、五阶近似值。

对函数 $C_1(x)$ 可以采取直接积分：

$$C_1(x) = \frac{\mathrm{e}^x - 1}{\mathrm{e}^x} \tag{2.7.68}$$

对 $C_m(x)$，采用分部积分法，其递推关系为

$$C_{m+1}(x) = \frac{mC_m(x) - 1}{x} \tag{2.7.69}$$

当 $x \leqslant 1$ 时计算机计算 $C_m(x)$ 函数会严重丢失有效数，在这个范围内

$$C_3(x) = 2 + \frac{1}{3!} + \frac{x}{4!} + \frac{x^2}{5!} + \frac{x^3}{6!} + \frac{x^4}{7!} + \frac{x^5}{8!} + \frac{x^6}{9!} + \frac{x^7}{10!} \tag{2.7.70}$$

2.7.8 端点浮动法

端点浮动法是一个克服点堆动力学方程刚性的有效方法。方程中的被积函数用高次多项式来近似，在决定高次多项式中各项系数时，仍采用端点浮动法，即系数不由前端点的值来确定，而由后端诸点的值来确定。随着近似多项式的次数的增加，截断误差将显著减少。高次端点浮动法，不但适用于刚性显著的情况，也可适用于刚性不显著、大反应性的情况。该方法的实施过程如下。

将点堆方程离散化，以 $h = t_{n+1} - t_n$ 表示从 t_{n+1} 到 t_n 的时间步长，并以下标表示此时间间隔两端的值：

$$\frac{1}{h}\frac{dN(\tau)}{d\tau} = \frac{\rho(\tau) - \beta}{\Lambda}N(\tau) + \sum_{i=1}^{6}\lambda_i C_i(\tau) \tag{2.7.71}$$

$$\frac{1}{h}\frac{dC_i(\tau)}{d\tau} = \frac{\beta_i}{\Lambda}N(\tau) - \lambda_i C_i(\tau); \quad i = 1, 2, \cdots, 6 \tag{2.7.72}$$

将式(2.7.72)代入到点堆方程并且在时间步长内积分，可得

$$\frac{N(t_{n+1}) - N(t_n)}{h} = \int_{t_n}^{t_{n+1}}\frac{\rho(\tau)N(\tau)}{\Lambda}d\tau - \frac{1}{h}\sum_{i=1}^{6}\left[C_i(t_{n+1}) - C_i(t_n)\right] \tag{2.7.73}$$

由式(2.7.72)可推导出 $C_i(t_n)$ 在 $t = t_{n+1}$ 处的解析式

$$C_i(t_{n+1}) = \exp(-\lambda_i h\tau)\left[C_i(t_n) + \frac{\beta_i}{\Lambda}h\int_{t_n}^{t_{n+1}}N(\tau)\exp(\lambda_i(\tau - t_n))d\tau\right]; i = 1, 2, \cdots, 6 \tag{2.7.74}$$

在一个时间步长内，被积函数 $n(\tau)$ 在 t_n 处用泰勒多项式展开：

$$N(\tau) = N(t_n) + N'(t_n)h\tau + N''(t_n)\frac{h^2}{2!}\tau^2 + \cdots + a_k\tau^k = \sum_{j=0}^{k}a_j\tau^j \tag{2.7.75}$$

其中，$a_0, a_1, \cdots, a_k$ 为待定系数。确定它们需要建立 $k+1$ 个方程。为此，按照端点浮动法的设想，选取浮动的末端点与中间点的值来确定这些系数，这些值既包括该点的中子密度，也包括该点中子密度的时间导数。

选取

$$\tau = \tau_1, \tau_2, \cdots, \tau_{\frac{k+\delta}{2}} \ (0 < \tau_1 < \tau_2 < \cdots < \tau_{\frac{k+\delta}{2}} \leqslant 1)$$

当 k 为奇数时，$\delta = 1$；当 k 为偶数时，$\delta = 0$。相应的 $N(\tau)$ 和 $\dfrac{\mathrm{d}N}{\mathrm{d}\tau}$ 满足方程

(2.7.63) 与方程 (2.7.65)。当 δ 为奇数时，另加一点 $\tau_{\frac{k+1}{2}}$，令其只满足方程 (2.7.

65)，这样，可由上面 $k+1$ 个已知条件建立 $k+1$ 个方程，以确定待定系数。

将方程 (2.7.75) 代入到方程 (2.7.71)、方程 (2.7.73)、方程 (2.7.74) 中，经整理后，可得下列方程组：

$$\sum_{j=0}^{k} \left[\frac{\tau^j}{h} - F_j(\tau) - \sum_{i=1}^{6} G_{j,i}(\tau) \right] a_j = \frac{1}{h} \left[N_n + \sum_{i=1}^{6} C_{i,1}(1 - \exp(-\lambda_i h \tau)) \right]$$

$$\tag{2.7.76}$$

$$\sum_{j=0}^{k} \left[\frac{j\tau^{j-1}}{h} - A(\tau)\tau^j - h \sum_{i=1}^{6} \lambda_i G_{j,i}(\tau) \right] a_j = \sum_{i=1}^{6} \lambda_i C_{i,1} \exp(-\lambda_i h \tau)$$

$$\tag{2.7.77}$$

其中

$$F_j(\tau) = \frac{1}{\Lambda} \int_0^\tau (\tau')^j \rho(\tau') \mathrm{d}\tau' \tag{2.7.78}$$

$$A(\tau) = \frac{\rho(\tau) - \beta}{\Lambda} \tag{2.7.79}$$

$$G_{j,i}(\tau) = \frac{\beta_i}{\Lambda} \exp(-\lambda_i h \tau) \int_0^\tau (\tau')^j \exp(\lambda_i h \tau') \mathrm{d}\tau' \tag{2.7.80}$$

$\rho(\tau)$ 一般为已知值，代入到方程 (2.7.78)、方程 (2.7.79) 可以得到 $k+1$ 个方程，解得 $N(\tau)$ 的各个系数值。在一个时间步长内，由前端 t_1 时刻的值解得后端点 t_2 时刻的值。

$$N_2 = N(t_2) = \sum_{j=0}^{k} a_j \tag{2.7.81}$$

$$C_{i2} = C_i(t_2) = C_{i1} = \exp(-\lambda_i h) + h \sum_{j=0}^{k} G_{j,i}(\tau) a_j \tag{2.7.82}$$

由此递推，可求得后续任何时刻 t 时的数值解。

2.7.9　小结

通过研究和对比分析，对各求解点堆动力学方程的数值方法，有如下结论：

Gear 方法是一个线性多步方法，对刚性方程的计算精度都比较平均，不论是强刚性和中等刚性的问题都能满足较高的计算精度要求，有很好的适应性。但在处理刚性不明显的方程时，其精度不是太理想。同时，由于 Gear 方法计算中要用到矩阵求逆，并且每步也要进行迭代求解，因此保持和其他算法精度相当时，Gear

方法的计算时间要明显比其他方法长,对线性反应性引入情况尤其如此。当引入较小的反应性时,Gear 程序出现不稳定性,这是因为高阶公式的稳定性区域包含虚轴的邻近部分比较小。因此,用于反应堆中子动力学控制的设计分析和仿真计算不是很理想。

三阶 Hermite 插值多项式法利用两端点的 $N(t)$ 值及其导数进行插值计算,该方法一般情况下较为精确。但在处理阶跃问题时,尤其是在负反应性的情况下,初始步长不能取很大,否则前几步结果的误差会很大。其主要原因是阶跃引入反应性时,初始点附近的中子密度梯度非常大,这时三阶 Hermite 插值方法对时间的三阶近似式的误差就比较大,因此时间步长不能取很大。这说明对中子密度梯度变化很大的情况,采用高阶多项式逼近是不合适的。

泰勒多项式法直接对步长时间内 $N(t)$ 进行泰勒展开,这样能够很好地控制计算结果的精度。在刚性显著的情况下,即使采用较大的时间步长,泰勒多项式法都能取得较精确的结果。在较大正反应性瞬发临界的情况下,方程的刚性已不显著,截断误差成为主要矛盾,用 Hermite 法则显示它的优越性,而一阶泰勒方法精度不高。

SCM 法中引入 $\omega(t)$ 函数是消除刚性的关键所在,但因引入了 $\omega(t)$,它要求 $\omega(t)\approx\rho/l$,故此法也有很大的局限性。在求解过程中,若反应性是时间的函数,需要数值积分来计算,增加了计算量,且对于最终计算结果的精度有影响。

去耦合法是一种计算量很小的方法,小的反应性引入计算效率高,精度尚可。但是,此法中做了一些近似,假设 $\beta-\rho(t)+\lambda_i\Delta$ 在数值上比 Δ 大一个数量级。因此,对于加入大的阶跃反应性,当 $\rho\approx\beta$ 时,其结果的误差较大且具有不稳定性。

高次多项式近似的端点浮动法不但具有克服方程刚性和灵活应用的优点,而且能够推广应用于刚性不显著或消失时的大反应性情况。由于近似多项式次数的提高、截断误差的减少,计算的精度有进一步的提高。

2.8　一维反应堆时空动力学方程的解法

前面将时间相关的扩散方程分离成两个表达式的方程,其中一个是幅度函数,另一个是关于形状的函数。求解的方法是逐次逼近求解这两组分离后的方程组。虽然方程的推导并未作任何近似,但方程求解过程还是利用了形状函数的时间变化率通常小于幅度函数的时间变化率这一假设。这个假设比直接解法节省计算时间。

反应堆动力学的基本计算如图 2.4 所示。

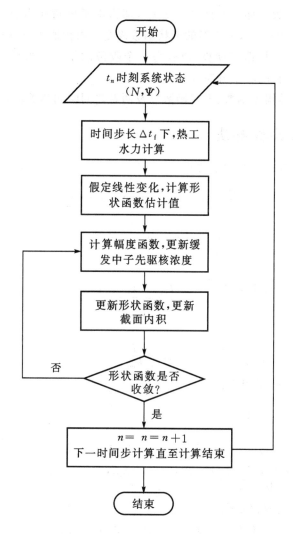

图 2.4　反应堆动力学基本计算流程

具体过程：首先假定系统状态（包括 $N(t)$ 和 $\psi(z,t)$）在 $t = t_0^n$ 时刻已经确定，接着计算一个热工水力时间步长 Δt_f，并将它送入中子程序。应注意，热工水力时间步长一般小于内积时间步长。假设在前两个时间步长中形状函数线性变化，由此得到该步长上形状函数的估计值。内积（$\frac{\rho}{\Lambda}$，$\frac{\beta_i}{\Lambda}$ 等）使用由反馈模型和形状函数更新后的截面来计算。然后获得幅度函数方程在 Δt_f 上的解。缓发中子先驱核密度利用新的 $N(t)$ 和外推的 $\psi(z,t)$ 来更新。一旦得到了新的 $N(t)$ 和先驱核密度,就更新形状函数。如果不计算 $\psi(z,t)$,那么中子更新在当前时间步长上已经完成。如果计算 $\psi(z,t)$,由于新的形状函数改变了内积值和 $N(t)$,所以在 $\psi(z,t)$ 和 $N(t)$ 之间需要进行迭代计算,以获得一个收敛的结果。当形状函数计算完毕后,最终计算堆芯新的功率分布。

下面各节推导幅度函数、形状函数以及两者之间时间相关耦合的数值方法。

2.8.1　幅度函数解法

点堆动力学方程的常规形式为

$$\begin{cases} \dfrac{\mathrm{d}N(t)}{\mathrm{d}t} = \left[\dfrac{\rho(t)-\beta}{\Lambda}\right]N(t) + \sum_i \lambda_i C_i \\ \dfrac{\mathrm{d}C_i(t)}{\mathrm{d}t} = -\lambda_i C_i(t) + \dfrac{\beta_i N(t)}{\Lambda} \end{cases} \tag{2.8.1}$$

我们再定义

$$\rho = \frac{k_{\mathrm{ex}}}{k_{\mathrm{eff}}} = \frac{k_{\mathrm{eff}}-1}{k_{\mathrm{eff}}} \tag{2.8.2}$$

和

$$\Lambda = \frac{l}{k_{\mathrm{eff}}} \tag{2.8.2}$$

这里:k_{ex}——过剩倍增因子;

　　l——寿期;

　　k_{eff}——有效倍增因子。

把式(2.8.2)和式(2.8.3)代入式(2.8.1)并重写成

$$\frac{\mathrm{d}N(t)}{\mathrm{d}t} = \frac{[(1-\beta)k_{\mathrm{ex}}(t)-\beta]N(t)}{l} + \sum_i \lambda_i C_i(t) \tag{2.8.4}$$

以类似方法简化先驱核方程

$$\frac{\mathrm{d}C_i(t)}{\mathrm{d}t} = \frac{\beta_i[1+k_{\mathrm{ex}}(t)]N(t)}{l} - \lambda_i C_i(t) \tag{2.8.5}$$

方程(2.8.4)和方程(2.8.5)可以写成另一种形式:

$$\frac{\mathrm{d}N(t)}{\mathrm{d}t} = \frac{k_{\mathrm{ex}}(t)N(t)}{l} - \sum_i \frac{\mathrm{d}C_i(t)}{\mathrm{d}t} \tag{2.8.6}$$

$$\frac{\mathrm{d}C_i(t)}{\mathrm{d}t} = \frac{\beta_i}{l}[1+k_{\mathrm{ex}}(t)]N(t) - \lambda_i C_i(t) \tag{2.8.7}$$

对方程(2.8.6)积分并将方程(2.8.7)的解来替换掉 $C_i(t)$ 的表达式,以此解出方程组。

方程(2.8.7)的解可以由拉普拉斯转换方法求出,它可以直接写成

$$C_i(t_{j+1}) = C_i(t_j)\mathrm{e}^{-\lambda_i t} + \frac{\beta_i}{l}\int_{t_j}^{t_{j+1}}[1 + k_{\mathrm{ex}}(\tau)]N(\tau)\mathrm{e}^{-\lambda_i(t-\tau)}\,\mathrm{d}\tau$$

或

$$C_i(t_{j+1}) - C_i(t_j) = C_i(t_j)(\mathrm{e}^{-\lambda_i t} - 1) + \frac{\beta_i}{l}\int_{t_j}^{t_{j+1}}[1 + k_{\mathrm{ex}}(\tau)]N(\tau)\mathrm{e}^{-\lambda_i(t-\tau)}\,\mathrm{d}\tau$$

$$(2.8.8)$$

这里，$\Delta t = t_{j+1} - t_j$，为 时间步长。

方程(2.8.6)可直接积分为

$$N(t_{j+1}) - N(t_j) = \int_{t_j}^{t_{j+1}}\frac{k_{\mathrm{ex}}(t)N(t)}{l} - \sum[C_i(t_{j+1}) - C_i(t_j)] + S\Delta t$$

$$(2.8.9)$$

将式(2.8.8)代入式(2.8.9)，有

$$N(t_{j+1}) - N(t_j) = \int_{t_j}^{t_{j+1}}\frac{k_{\mathrm{ex}}(t)N(t)\,\mathrm{d}t}{l} -$$

$$\sum\left\{C_i(t_j)(\mathrm{e}^{-\lambda_i t} - 1) + \frac{\beta_i}{l}\int_{t_j}^{t_{j+1}}[1 + k_{\mathrm{ex}}(\tau)]N(\tau)\mathrm{e}^{-\lambda_i(t-\tau)}\,\mathrm{d}\tau\right\} + S\Delta t$$

$$(2.8.10)$$

方程(2.8.10)表示了给定 k_{ex} 时，幅度函数 $N(t)$ 的变化情况。如果有 $N(t)$ 和 $k_{\mathrm{ex}}(t)$ 的解析表达式，问题就变得简单了。然而，它们的变化情况未知，特别是 $N(t)$ 正是需要求解的变量。

反应性和幅度函数随时间的变化可以取为简单的线性函数或较复杂的 Taylor 级数。以 RETRAN 程序为例，假设 N 和 k_{ex} 在时间间隔 $\Delta t = t_{j+1} - t_j$ 上是 t 的二次函数，那么

$$k_{\mathrm{ex}}(t_{j+1}) = k_{\mathrm{ex}}(t_j) + \frac{k_1 t}{\Delta t} + \frac{k_2 t^2}{(\Delta t)^2} \tag{2.8.11}$$

$$N(t_{j+1}) = N(t_j) + \frac{n_1 t}{\Delta t} + \frac{n_2 t^2}{(\Delta t)^2} \tag{2.8.12}$$

方程(2.8.11)和方程(2.8.12)中，t_j 是间隔开始时的值，而 t_{j+1} 是结束时的值，k_1, k_2, n_1, n_2 为需要确定的系数。

以上方程构成了求解方法的基础，即所谓配置法或子域加权残差法，这是待定系数法的一种。

至此，得到 $N(t)$ 和 $k_{\mathrm{ex}}(t)$ 的表达式，将它们代入方程(2.8.10)，得到

$$N(t_{j+1}) - N(t_j)$$

$$= \frac{n_1 t}{\Delta t} + \frac{n_2 t^2}{(\Delta t)^2}$$

$$= \frac{1}{l} \int_{t_j}^{t_{j+1}} \left(k_{ex_j} + \frac{k_1 t}{\Delta t} + \frac{k_2 t^2}{(\Delta t)^2} \right) \left(N_j + \frac{n_1 t}{\Delta t} + \frac{n_2 t^2}{(\Delta t)^2} \right) dt -$$

$$\sum_i \frac{\beta_i}{l} \int_{t_j}^{t_{j+1}} \left(N_j + \frac{n_1 \tau}{\Delta t} + \frac{n_2 \tau^2}{(\Delta t)^2} \right) \left(1 + k_{ex_j} + \frac{k_1 \tau}{\Delta \tau} + \frac{k_2 \tau^2}{(\Delta \tau)^2} \right) e^{-\lambda_i (t-\tau)} d\tau +$$

$$C_i(t_j) (e^{-\lambda_i t} - 1) + S \Delta t$$

$$(2.8.13)$$

展开方程(2.8.13),合并同类项,借助于定义式

$$I_{jm} = \frac{1}{(\Delta t_j)^{m+1}} \int_{t_j}^{t_{j+1}} e^{-\lambda_i (t-\tau)} \tau^m d\tau$$

并再重写方程(2.8.13)变为

$$\frac{n_1 t}{\Delta t} + \frac{n_2 t^2}{(\Delta t)^2} = \frac{\Delta t}{l} \times$$

$$\left\{ \left[k_{exj} + \frac{k_{exj} N_j}{2} + \frac{k_{exj} n_1}{3} + \frac{k_1 N_j}{2} + \frac{k_1 n_1}{3} + \frac{k_1 n_2}{4} + \frac{k_2 N_j}{3} + \frac{k_2 n_1}{4} + \frac{k_2 n_2}{5} \right] - \right.$$

$$\sum_i \beta_i \left[N_j k_1 I_{j_1} + N_j k_2 I_{j_2} + n_1 I_{j_1} + n_1 k_{exj} I_{j_1} + n_1 k_1 I_{j_2} + n_1 k_2 I_{j_3} + n_2 I_{j_2} + \right.$$

$$\left. n_2 k_{exj} I_{j_2} + n_2 k_2 I_{j_3} + n_2 k_2 I_{j_4} + l(\dot{C}_i(t_j) I_{j_0}) \right] \right\} + S \Delta t$$

$$(2.8.14)$$

这里

$$\dot{C}_i(t_j) = \lambda_i C_i(t_j) + N_j(1 + k_{exj})$$

系数 n_1 和 n_2 由配置法求得,这种方法将时间间隔划分成许多点,点数与可调系数的个数相同。对系数进行调整,直到在这些时间点上,方程(2.8.14)的残差消失。实践中,采用一个事先定好的误差准则来定义计算残差大小。

在这种情况下,有两个系数需要进行调整。这样,我们给方程(2.8.14)加入两个条件:在时间步长中点($\Delta t/2$)和时间步长终点(Δt)时方程的残差消失。

重新改写后,方程(2.8.14)变成带有两个未知数的两个方程:

当 $t = \Delta t$ 时,有

$$\left\{1-\frac{\Delta t}{l}\left\{\frac{k_{\mathrm{exj}}}{2}-(1+k_{\mathrm{exj}})\sum_i\beta_iI_{i1}(\Delta t)+k_1\left[\frac{1}{3}-\sum_i\beta_iI_{i2}(\Delta t)\right]+\right.\right.$$

$$\left.\left.k_2\left[\frac{1}{4}-\sum_i\beta_iI_{i3}(\Delta t)\right]\right\}\right\}n_1+$$

$$\left\{1-\frac{\Delta t}{l}\left\{\frac{k_{\mathrm{ex}_j}}{3}-(1+k_{\mathrm{exj}})\sum_i\beta_iI_{i2}(\Delta t)+k_1\left[\frac{1}{4}-\sum_i\beta_iI_{i3}(\Delta t)\right]+\right.\right.$$

$$\left.\left.k_2\left[\frac{1}{5}-\sum_i\beta_iI_{i4}(\Delta t)\right]\right\}\right\}n_2$$

$$=\frac{\Delta t}{l}\left\{n_j\left[k_{\mathrm{exj}}+k_1\left(\frac{1}{2}-\sum_i\beta_iI_{i1}(\Delta t)\right)+k_2\left(\frac{1}{3}-\sum_i\beta_iI_{i2}(\Delta t)\right)\right]-\right.$$

$$\left.\sum_i l\dot{C}(t_j)I_{i0}(\Delta t)\right\}+S\Delta t$$

$$(2.8.15)$$

而当 $t=\Delta t/2$ 时，另一个方程变为

$$\left\{\frac{1}{2}-\frac{\Delta t}{l}\left\{\frac{k_{\mathrm{exj}}}{8}-\left(\frac{1+k_{\mathrm{exj}}}{4}\right)\sum_i\beta_iI_{i1}\left(\frac{\Delta t}{2}\right)+k_1\left[\frac{1}{24}-\frac{1}{8}\sum_i\beta_iI_{i2}\left(\frac{\Delta t}{2}\right)\right]+\right.\right.$$

$$\left.\left.k_2\left[\frac{1}{64}-\frac{1}{16}\sum_i\beta_iI_{i3}\left(\frac{\Delta t}{2}\right)\right]\right\}\right\}n_1+$$

$$\left\{\frac{1}{4}-\frac{\Delta t}{l}\left\{\frac{k_{\mathrm{ex}_j}}{24}-\left(\frac{1+k_{\mathrm{exj}}}{8}\right)\sum_i\beta_iI_{i2}\left(\frac{\Delta t}{2}\right)+k_1\left[\frac{1}{64}-\frac{1}{16}\sum_i\beta_iI_{i3}\left(\frac{\Delta t}{2}\right)\right]+\right.\right.$$

$$\left.\left.k_2\left[\frac{1}{160}-\frac{1}{32}\sum_i\beta_iI_{i4}\left(\frac{\Delta t}{2}\right)\right]\right\}\right\}n_2$$

$$=\frac{\Delta t}{l}\left\{N_j\left[\frac{k_{\mathrm{exj}}}{2}+k_1\left(\frac{1}{8}-\frac{1}{4}\sum_i\beta_iI_{i1}\left(\frac{\Delta t}{2}\right)\right)+k_2\left(\frac{1}{24}-\frac{1}{8}\sum_i\beta_iI_{i2}\left(\frac{\Delta t}{2}\right)\right)\right]-\right.$$

$$\left.\frac{1}{2}\sum_i l\dot{C}_i(t_j)I_{i0}\left(\frac{\Delta t}{2}\right)\right\}+S\left(\frac{\Delta t}{2}\right)$$

$$(2.8.16)$$

方程(2.8.15)和方程(2.8.16)是计算 n_1 和 n_2 系数的 Kaganeve 方程，它们组成了 $n(t)$ 的二次表达式。

2.8.2　形状函数的解法

形状函数的方程是

$$\mathbf{V}^{-1}\frac{\partial\boldsymbol{\psi}}{\partial t}=\left(-\mathbf{M}+\mathbf{F}^{\mathrm{P}}-\mathbf{V}^{-1}\frac{\dot{N}}{N}\right)\boldsymbol{\psi}+\frac{1}{N}\sum_{i=1}^{6}\lambda_i\boldsymbol{\chi}_i^{\mathrm{d}}C_i \qquad (2.8.17)$$

这里

$$\boldsymbol{V}^{-1} = \begin{bmatrix} \boldsymbol{V}_1^{-1} & \boldsymbol{0} \\ \boldsymbol{0} & \boldsymbol{V}_2^{-1} \end{bmatrix}$$

$$\boldsymbol{M} = \begin{bmatrix} -\nabla \cdot D_1 \nabla + \Sigma_t^1 & 0 \\ -\Sigma_s^{1-2} & -\nabla \cdot D_2 \nabla + \Sigma_t^2 \end{bmatrix}$$

$$\boldsymbol{F}^{\mathrm{P}} = \begin{bmatrix} \chi_1^{\mathrm{P}} \nu_1^{\mathrm{P}} \Sigma_f^1 & \chi_1^{\mathrm{P}} \nu_2^{\mathrm{P}} \Sigma_f^2 \\ \chi_2^{\mathrm{P}} \nu_1^{\mathrm{P}} \Sigma_f^1 & \chi_2^{\mathrm{P}} \nu_2^{\mathrm{P}} \Sigma_f^2 \end{bmatrix}$$

$$\boldsymbol{\psi} = \begin{bmatrix} \psi_1 \\ \psi_2 \end{bmatrix}$$

$$\boldsymbol{\chi}_i^{\mathrm{d}} = \begin{bmatrix} \chi_{i1}^{\mathrm{d}} \\ \chi_{i2}^{\mathrm{d}} \end{bmatrix}$$

形状函数方程的稳态形式为

$$-\boldsymbol{M}\boldsymbol{\psi} + \frac{1}{k}\boldsymbol{F}^{\mathrm{P}}\boldsymbol{\psi} + \sum_i^6 \lambda_i \boldsymbol{\chi}_i^{\mathrm{d}} C_i = \boldsymbol{0} \tag{2.8.18}$$

这里，k 为系统的本征值。

方程的边界条件是外边界上零流量或者零通量，即

$$A_0 \psi(0) + B_0 (\bar{J}_0 \cdot \bar{N}) = C_0$$
$$A_1 \psi(L) + B_1 (\bar{J}_L \cdot \bar{N}) = C_1 \tag{2.8.19}$$

这里，$J = D \nabla \psi = $ 通量

此外，与时间相关的解将形状函数归一化的附加约束条件为

$$\langle \boldsymbol{\psi}^*, \boldsymbol{V}^{-1} \boldsymbol{\psi} \rangle = 1 \tag{2.8.20}$$

形状函数平衡方程的有限差分形式是在每个材料区域上的网络上定义的。在每个这样的区域里，网格间距是常数，而截面假定是均匀的。网格间距和区域的关系显示如下：

$$
\begin{array}{ccccc}
& 1 & 2 & m & M \\
\bullet\!-\!\bullet\!-\!\bullet\!-\!\bullet\!-\!\bullet & \cdots\cdots & \bullet\!-\!\bullet\!-\!\bullet & \cdots\cdots & \bullet\!-\!\bullet\!-\!\bullet \\
0 & 1\ 2 & j & & J
\end{array}
$$

网格数 $j = 0, \cdots, J$；材料区域则为 $m = 1, \cdots, M$。

在各种材料间的内部边界上，中子流的连续性由下式实现：

$$D_m \nabla\psi_{jm-} = D_{m+1} \nabla\psi_{jm+} \tag{2.8.21}$$

这里，$\nabla\psi_{jm-}$ 和 $\nabla\psi_{jm+}$ 是边界两侧梯度。边界网格点上的平均截面和源项定义如下：

$$\bar{\Sigma}_{t_{jm}} = \frac{\nabla S_{jm} \Sigma_t^m + \nabla X_{m+1} \Sigma_t^{m+1}}{2 \nabla X_m} \tag{2.8.22}$$

$$\Delta X_m = \frac{\nabla X_m + \nabla S_{m+1}}{2} \tag{2.8.23}$$

$$\bar{S}_{jm} = \frac{\nabla X_{jm} S_i + \nabla X_{m+1} SB_m}{2 \, \nabla S_m} \tag{2.8.24}$$

$$S_j = \sum_i \chi_{im}^d \lambda_i C_{ij} + \sum_{\substack{sm \\ g \neq 1}}^{1-2} \psi_j + F_{jm} \chi_m^p \tag{2.8.25}$$

$$SB_m = \sum_i \chi_{im+1}^d \lambda_i CB_{im} + \sum_{sm+1}^{1-2} \psi_j + FB_m \chi_{m+1}^p \tag{2.8.26}$$

$$F_j = \frac{1}{k} \sum_{g=1}^{NOG} \nu \Sigma_{im}^g \psi_j^g \tag{2.8.27}$$

$$FB_m = \frac{1}{k} \sum_{g=1}^{NOG} \nu \Sigma_{f,m+1}^g \psi_j^g \tag{2.8.28}$$

不在材料边界网格点上的有限差分方程为

$$-\frac{D_m \psi_{j-1}}{\nabla X_m^2} + \left(\frac{2D_m}{\nabla X_m^2} + \Sigma_{tm}\right)\psi_j - \frac{D_m \psi_{j+1}}{\nabla X_m^2} = S_j \tag{2.8.29}$$

在材料边界上,有限差分方程为

$$-\frac{D_m \psi_{j-1}}{\nabla X_m \, \nabla \bar{X}_m} + \left(\frac{D_m}{\nabla X_m \, \nabla \bar{X}_m} + \frac{D_{m+1}}{\nabla X_{m+1} \, \nabla \bar{X}_m} + \bar{\Sigma}_{tm}\right)\psi_j - \frac{D_{m+1} \psi_{j+1}}{\nabla X_{m+1} \, \nabla \bar{X}_m} = \bar{S}_{jm}$$

$$\tag{2.8.30}$$

对每个群,这些方程构成一个三对角矩阵:

$$\begin{bmatrix} b_0 & -a_0 & & & \\ -a_0 & b_1 & -a_1 & & \\ & -a_1 & b_2 & -a_2 & \\ & & \vdots & \vdots & \vdots \\ & & & -a_{n-1} & b_n \end{bmatrix} \begin{bmatrix} y_0 \\ y_1 \\ y_2 \\ \vdots \\ y_n \end{bmatrix} = \begin{bmatrix} d_0 \\ d_1 \\ d_2 \\ \vdots \\ d_n \end{bmatrix} \tag{2.8.31}$$

可以采用通用追赶法进行三对角方程组的求解。

$$U_0 = \frac{a_0}{b_0}, \quad V_0 = \frac{d_0}{b_0}$$

$$U_j = \frac{a_j}{(b_j - a_{j-1} U_{j-1})}, \quad V_j = \frac{a_{j-1} V_{j-1} + d_j}{(b_j - a_{j-1} U_{j-1})}, j = 1, \cdots, n \tag{2.8.32}$$

和

$$y_n = V_n$$

$$y_k = V_k + U_k y_{k+1}, \quad k = n-1, 1$$

这里,NOR 为区域编号,NOG 为群编号。

满足下列二式,就达到收敛。

$$\left|\frac{k^l - k^{l-1}}{k^l}\right| < \varepsilon \tag{2.8.33}$$

$$\left| \frac{U_n^{\max} - U_n^{\min}}{U_n^{\max}} \right| < \varepsilon \tag{2.8.34}$$

式中：l——迭代次数；

n——网格编号；

$U_n = \dfrac{S_n^{pl}}{S_n^{pl-1}}$——瞬态裂变源；

$U_n^{\max/\min}$——编号为 n 的网格上 U_n 最大值或者最小值。

本征值和功率迭代进行了三次之后作第一次收敛检验，然后对源项进行切比雪夫外推。

在外推的过程中，源项迭代作为切比雪夫多项式的独立变量来进行下一次迭代。

瞬态方程的求解与稳态方程类似。时间微分项近似为

$$\overline{\boldsymbol{V}}^{-1} \frac{\partial \boldsymbol{\psi}}{\partial t} = \frac{\overline{\boldsymbol{\psi}}(t_i)}{\overline{\boldsymbol{V}} \Delta t} - \frac{\overline{\boldsymbol{\psi}}(t_0)}{\overline{\boldsymbol{V}} \Delta t}$$

式中，t_0 时刻的项作为源项，t_i 时刻的项则包含在扩散项中。系统的特征值则是限制条件，即

$$\nu = \langle \boldsymbol{\psi} * , \boldsymbol{V}^{-1} \boldsymbol{\psi} \rangle$$

根据该式，瞬态方程就可以处理成稳态方程的形式和解法。

瞬态方程涉及的项为

$$S_j = \frac{1}{N} \sum_i \chi_{im}^{d} \lambda_i C_{ij} + \Sigma_{sm}^{1-2} \psi_j + F_{jm} \chi_m^{p} + \frac{\psi_j(t_{k-1})}{V_m \Delta t_k}$$

$$SB_m = \frac{1}{N} \sum_i \chi_{im+1}^{d} \lambda_i CB_{im} + \Sigma_{sm+1}^{1-2} \psi_j + FB_m \chi_{m+1}^{p} + \frac{\psi_j(t_{k-1})}{V_m \Delta t_k}$$

$$\overline{\Sigma}_{tm} = \overline{\Sigma}_t^{m} + \frac{\dot{N}}{N V_m} + \frac{1}{V_m \Delta t_k}$$

习题

(1)解释扩散方程的局限性。

(2)解释点堆动力学方程的应用范围。

(3)已知一热堆的动力学参数如下：

i	1	2	3	4	5	6
β_i	0.266×10^{-3}	1.491×10^{-3}	1.316×10^{-3}	2.849×10^{-3}	0.896×10^{-3}	0.182×10^{-3}
λ_i	0.0127	0.0317	0.155	0.311	1.40	3.87

Λ 为 0.00002，β 为 0.007，$N(0) = 1.0$ cm^{-3}。分别引入阶跃正反应性（$\rho = 0.003$）、阶跃负反应性（$\rho = -0.007$）、大反应性（$\rho = 0.003$）和线性反应性（$\rho = 0.007t$），利用 2.7 讲述的点堆动力学求解方法，求 $N(t)$ 随时间的变化，并通过与精确解进行比较，得出不同方法的优缺点。

参考文献

[1]谢仲生. 核反应堆物理分析（修订本）[M]. 西安：西安交通大学出版社，北京：原子能出版社，2004.

[2]张建民. 核反应堆控制[M]. 北京：原子能出版社，2009.

[3]李乃成，梅立泉. 数值分析[M]. 北京：科学出版社，2011.

[4]McFadden J H, et al. RETRAN – 02：a program for transient thermal hydraulic analysis of complex fluid flow systems, volume 1：equations and numerics[R]// EPRI report，1981.

[5]RELAP5 – 3D code development team. RELAP5 – 3D code manual volume I：code structure, system models and solution methods[R]// Idaho National Laboratory report，2012.

[6]胡大璞. 克服点堆中子动力学方程刚性的新方法——端点浮动法[J]. 核动力工程，1993，14(2)：122 – 128.

[7]袁红球，胡大璞. 高次端点浮动法——解点堆中子动力学方程[J]. 核动力工程，1995，16(2)：124 – 128.

[8]蔡章生，蔡志明，蔡琦. 点堆中子动力学方程的刚性研究[J]. 海军工程大学学报，2001，6：003.

[9]于淼. 中试厂溶液系统临界事故分析程序研制[D]. 北京：中国核电工程公司，2014.

第3章 三维时空动力学模型及其求解

反应堆安全事故分析往往需要求解多维多群时空中子扩散动力学方程组,以确定堆内瞬态中子通量密度分布。稳态中子扩散的数值求解是瞬态三维时空动力学分析的基础,也是反应堆物理计算的一个重要内容。早期,中子扩散方程的数值求解广泛采用有限差分方法,但其需要消耗巨大的计算资源,即使在今天,仍然是非常不经济的。在近十多年,随着计算机软硬件技术的发展,国际上广泛开展了多维多群时空中子扩散动力学方程组的数值计算方法的研究,各种空间变量离散方法和时间变量离散方法被广泛用于时空动力学方程组的计算中,特别是求解稳态中子扩散方程的现代粗网节块法在动力学方程组数值求解中的应用。如节块展开法(NEM)、格林函数法(NGFM)、解析节块法(ANM)、粗网通量展开法(Coarse-Mesh Flux-Expansion Method)等方法均已被应用于求解时空中子扩散动力学方程组。相对于有限差分方法,这些方法都显著地提高了计算效率。为了进一步提高现代节块方法的计算效率,上世纪 80 年代末,K. S. Smith 等人提出了求解节块方法的非线性迭代方法。该方法的基本思想是在低阶方法(如有限差分方法)中通过节块耦合修正因子引入新的自由度,并利用非线性迭代过程更新节块耦合修正因子,使得所建立的求解方法具有高阶节块方法的计算精度。目前,非线性迭代节块方法已得到广泛的应用,如 SIMULATE - 3,SKECH - N,SPANDEX 和 NESTLE 等计算程序。

3.1 带耦合修正因子的粗网有限差分方程(CFMD)

在非线性迭代半解析节块方法中,当处理全堆计算时,把中子扩散方程离散成粗网有限差分方程形式,但在其系数中包含一项耦合修正因子。然后在局部利用半解析节块法求解界面相邻的两节块问题,得到两节块交界面上的净中子流,并用之求出耦合修正因子。这样通过非线性迭代不断更新耦合修正因子,从而使得粗网有限差分方程的解收敛于高阶节块方法的解。

非线性迭代方法的特点是:全堆耦合计算采用粗网有限差分方程;而在局部求解两节块问题时,通过非线性迭代过程更新粗网有限差分方程的耦合修正因子。

即:把常规节块方法的中子流全堆耦合求解变为逐个求解每个方向上每个界面的净中子流,该净中子流通过每个界面上相邻两节块耦合求解,最后只需求解非常简单的类似于粗网有限差分方程(CMFD)形式的方程。与传统节块法相比,当采用非线性迭代方法时,不需要保存中子通量展开系数,大大减少未知量和所需内存,同时能有效地提高计算速度,并且可以直接移植利用有限差分求解方法。

非线性迭代方法是一种先进的现代节块方法,任何一种以节块平均通量和表面流为未知求解量的节块方法,均可以采用非线性迭代方法,如在 NESTLE 中已经成功地使用了在 NEM 方法中应用的非线性迭代方法。

3.1.1　节块中子平衡方程

一般的,笛卡尔坐标系下的稳态多维多群中子扩散方程为

$$-\nabla \cdot D_g(r)\nabla\Phi_g(r) + \Sigma_{tg}(r)\Phi_g(r) = \sum_{g'=1}^{G}\left[\Sigma_{g'g}(r) + \frac{\chi_g}{k_{eff}}\nu\Sigma_{fg'}(r)\right]\Phi_{g'}(r)$$

$$(3.1.1)$$

式中:g——$1,2,\cdots,G$;

　　D_g——g 能群扩散系数(1/cm);

　　Φ_g——g 能群中子通量(1/cm^2 · s);

　　Σ_{tg}——g 能群宏观总截面(1/cm);

　　$\Sigma_{g'g}$——从 g 能群散射到 g 能群宏观散射转移截面(1/cm);

　　χ_g——g 能群中子裂变份额;

　　$\nu\Sigma_{fg}$——g 能群宏观 ν-裂变截面(1/cm);

　　k_{eff}——反应堆有效增殖系数。

将反应堆划分为 N 个节块,局部坐标系原点设置在节块的几何中心点,则节块 k 就可以描述为

$$\Omega^k = [-\Delta x_k/2, \Delta x_k/2] \times [-\Delta y_k/2, \Delta y_k/2] \times [-\Delta z_k/2, \Delta z_k/2]$$

$$(3.1.2)$$

其中 Δx_k,Δy_k,Δy_k 是节块 k 在相应坐标方向上的宽度。

假定在每个节块内具有均匀化参数,则节块 k 的中子扩散方程可写为

$$-D_g^k \nabla^2\Phi_g^k(r) + \Sigma_{tg}^k\Phi_g^k(r) = \sum_{g'=1}^{G}\left[\Sigma_{g'g}^k + \frac{\chi_g}{k_{eff}}\nu\Sigma_{fg'}^k\right]\Phi_g^k(r) \qquad (3.1.3)$$

$$(x,y,z) \in \Omega^k, \ g = 1,2,3,\cdots,G$$

其中,D_g^k,Σ_{tg}^k,$\Sigma_{g'g}^k$,$\nu\Sigma_{fg}^k$ 为均匀化节块宏观界面。

根据 Fick 定律,有

$$J_{gu}^k(r) = -D_g^k \frac{\partial \Phi_g^k(r)}{\partial u} \tag{3.1.4}$$

式中：$J_{gu}^k(r)$ 为净中子流在 u 方向上的分中子流，$u \in \{x,y,z\}$。

在节块 k 上对方程(3.1.3)进行体积积分，则得到均匀化节块 k 的节块中子平衡方程

$$\sum_{u=x,y,z} \frac{1}{\Delta u_k}(J_{gu+}^k - J_{gu-}^k) + \Sigma_{tg}^k \overline{\Phi}_g^k = \sum_{g'=1}^{G}(\Sigma_{g'g}^k + \frac{\chi_g}{k_{\text{eff}}}\nu\Sigma_{fg'}^k)\overline{\Phi}_{g'}^k \tag{3.1.5}$$

式中：$\overline{\Phi}_g^k = \dfrac{1}{V_k}\displaystyle\int_{-\frac{\Delta z_k}{2}}^{\frac{\Delta z_k}{2}}\int_{-\frac{\Delta y_k}{2}}^{\frac{\Delta y_k}{2}}\int_{-\frac{\Delta x_k}{2}}^{\frac{\Delta x_k}{2}}\Phi_g^k(r)\mathrm{d}x\mathrm{d}y\mathrm{d}z$ ——节块 k 的体积平均中子通量；

$$\frac{1}{\Delta u_k}(J_{gu+}^k - J_{gu-}^k) = \frac{1}{V_k}\int_{-\frac{\Delta w_k}{2}}^{\frac{\Delta w_k}{2}}\int_{-\frac{\Delta v_k}{2}}^{\frac{\Delta v_k}{2}}\int_{-\frac{\Delta u_k}{2}}^{\frac{\Delta u_k}{2}} -D_g^k\frac{\partial^2\Phi_g^k(r)}{\partial u^2}\mathrm{d}u\mathrm{d}v\mathrm{d}w$$

$$= \frac{1}{V_k}\int_{-\frac{\Delta w_k}{2}}^{\frac{\Delta w_k}{2}}\int_{-\frac{\Delta v_k}{2}}^{\frac{\Delta v_k}{2}}\int_{-\frac{\Delta u_k}{2}}^{\frac{\Delta u_k}{2}} \frac{\partial J_{gu}^k(r)}{\partial u}\mathrm{d}u\mathrm{d}v\mathrm{d}w$$

$u \in \{x,y,z\}$，$v \in \{x,y,z\}$，$w \in \{x,y,z\}$，$u \neq v \neq w$；

$J_{gu\pm}^k = J_{gu}^k(\pm\frac{\Delta u_k}{2}) = -D_g^k \dfrac{\mathrm{d}\varphi_g^k(u)}{\mathrm{d}u}\Big|_{u=\pm\frac{\Delta u_k}{2}}$ ——节块 k 在 u 坐标方向 $\pm\Delta u_k/2$

处的面平均净中子流，$u \in \{x,y,z\}$；

$\varphi_g^k(u) = \dfrac{1}{\Delta v_k \Delta w_k}\displaystyle\int_{-\frac{\Delta v_k}{2}}^{\frac{\Delta v_k}{2}}\int_{-\frac{\Delta w_k}{2}}^{\frac{\Delta w_k}{2}}\Phi_g^k(r)\mathrm{d}w\mathrm{d}v$ ——横向积分偏中子通量；

$V_k = \Delta x_k \Delta y_k \Delta z_k$ ——节块 k 的体积。

3.1.2　耦合修正关系式

节块法的基本目的是解出本征值和节块平均通量，从节块中子平衡方程(3.1.5)可以看出相邻节块是通过节块表面中子流相互联系的，所以为了从节块中子平衡方程式(3.1.5)中求出节块平均通量和本征值 k_{eff}，必须建立表面中子流和节块平均通量之间的关系。常用的是采用横向积分方法，通过横向积分一维扩散方程来建立全堆耦合的表面中子流方程，这种方法需要在每次迭代中解表面中子流方程，要消耗大部分计算时间，并需存储大量辅助变量。而在非线性迭代方法中，将节块表面净中子流通过标准的有限差分近似表示成相邻两节块平均通量的线性关系，并在差分近似的基础上增加一个具有可调耦合修正因子的修正项来建立表面净中子流和节块平均通量之间的关系。

为方便说明，除特别声明外，在本节的以后部分将用通用坐标轴 u 来表示坐标轴 x,y,z，即 $u \in \{x,y,z\}$。

利用节块表面中子流连续条件

$$J_{gu+}^k = J_{gu-}^{k+1} \tag{3.1.6}$$

对表面净中子流作差分近似：

$$J_{gu+}^k = J_{gu-}^{k+1} = -D_g^k \frac{\mathrm{d}\varphi_g^k(u)}{\mathrm{d}u}\bigg|_{\frac{\Delta u_k}{2}} = -D_g^{k+1} \frac{\mathrm{d}\varphi_g^{k+1}(u)}{\mathrm{d}u}\bigg|_{-\frac{\Delta u_{k+1}}{2}}$$

$$= -D_g^k \frac{\overline{\varphi}_{gu+}^k - \overline{\Phi}_g^k}{\Delta u_k/2} = -D_g^{k+1} \frac{\overline{\Phi}_g^{k+1} - \overline{\varphi}_{gu-}^{k+1}}{\Delta u_{k+1}/2} \tag{3.1.7}$$

式中：$k+1$——节块 k 在 u 正方向上的相邻节块；

$$\overline{\varphi}_{gu\pm}^k = \varphi_g^k(\pm \frac{\Delta u_k}{2})$$——节块 k 在 $\pm u$ 方向上的表面平均通量。

又根据现代先进节块均匀化理论，节块表面平均通量连续条件为

$$f_{gu+}^k \overline{\varphi}_{gu+}^k = f_{gu-}^{k+1} \overline{\varphi}_{gu-}^{k+1} \tag{3.1.8}$$

式中：$f_{gu\pm}^k$ 为节块 k 在 $\pm u$ 方向的不连续因子（ADFs），由应用了现代先进节块均匀化理论的组件计算程序给出。

由式（3.1.7）和式（3.1.8）可以得到

$$\overline{\varphi}_{gu+}^k = \frac{f_{gu-}^{k+1}(D_g^{k+1}\Delta u_k \overline{\Phi}_g^{k+1} + D_g^k \Delta u_{k+1} \overline{\Phi}_g^k)}{f_{gu-}^{k+1} D_g^k \Delta u_{k+1} + f_{gu+}^k D_g^{k+1} \Delta u_k} \tag{3.1.9}$$

由此可以得到节块表面净中子流和节块平均通量的差分关系式

$$J_{gu+}^k = -D_{gu+}^{k,\mathrm{FDM}}(f_{gu-}^{k+1}\overline{\Phi}_g^{k+1} - f_{gu+}^k \overline{\Phi}_g^k)$$

$$= -D_{gu-}^{k+1,\mathrm{FDM}}(f_{gu-}^{k+1}\overline{\Phi}_g^{k+1} - f_{gu+}^k \overline{\Phi}_g^k) \tag{3.1.10}$$

式中

$$D_{gu+}^{k,\mathrm{FDM}} = D_{gu-}^{k+1,\mathrm{FDM}} = \frac{2D_g^k D_g^{k+1}}{D_g^k \Delta u_{k+1} + D_g^{k+1} \Delta u_k}$$

在进行粗网计算时，直接使用式（3.1.10）进行计算会带来很大的误差，为此借用现代先进节块均匀化理论引入不连续因子的思想，在式（3.1.10）中引入一个具有可调耦合修正因子的修正项，则表面净中子流方程为

$$J_{gu+}^k = -D_{gu+}^{k,\mathrm{FDM}}(f_{gu-}^{k+1}\overline{\Phi}_g^{k+1} - f_{gu+}^k \overline{\Phi}_g^k) - D_{gu+}^{k,\mathrm{NOD}}(f_{gu-}^{k+1}\overline{\Phi}_g^{k+1} + f_{gu+}^k \overline{\Phi}_g^k)$$

$$\tag{3.1.11}$$

式中，$D_{gu+}^{k,\mathrm{NOD}} = D_{gu-}^{k+1,\mathrm{NOD}}$，为非线性迭代节块耦合修正因子。

如果能够用精确的方法求得 $J_{gu\pm}^k$，就可以得到节块耦合修正因子

$$D_{gu+}^{k,\mathrm{NOD}} = -\frac{D_{gu+}^{k,\mathrm{FDM}}(f_{gu-}^{k+1}\overline{\Phi}_g^{k+1} - f_{gu+}^k \overline{\Phi}_g^k) + J_{gu+}^{k,\mathrm{NOD}}}{f_{gu-}^{k+1}\overline{\Phi}_g^{k+1} + f_{gu+}^k \overline{\Phi}_g^k} \tag{3.1.12}$$

式中，$J_{gu+}^{k,\mathrm{NOD}}$ 是由节块法解出的节块表面净中子流，在非线性迭代中是通过所谓的"两节块问题"来求解的，其具体求解方法将在本章的第 3.2.1.4 节予以讨论。

3.1.3 粗网有限差分方程(CFMD)

节块平均通量应满足节块中子平衡方程(3.1.5),将经过修正的节块表面净中子流方程(3.1.11)代入节块中子平衡方程,得到关于节块平均通量的七点式粗网有限差分方程(CFMD)。该方程的一般形式为

$$\sum_{u=x,y,z} \frac{1}{\Delta u_k} [-(D_{gu-}^{k,\text{FDM}} - D_{gu-}^{k,\text{NOD}}) f_{gu+}^{ku-} \overline{\Phi}_g^{ku-} - (D_{gu+}^{k,\text{FDM}} + D_{gu+}^{k,\text{NOD}}) f_{gu+}^{ku+} \overline{\Phi}_g^{ku+} +$$

$$(D_{gu+}^{k,\text{FDM}} - D_{gu+}^{k,\text{NOD}}) f_{gu+}^{k} \overline{\Phi}_g^{k} + (D_{gu-}^{k,\text{FDM}} + D_{gu-}^{k,\text{NOD}}) f_{gu-}^{k} \overline{\Phi}_g^{k}] + \Sigma_{tg}^{k} \overline{\Phi}^{k}$$

$$= \sum_{g'=1}^{G} (\Sigma_{g'g}^{k} + \frac{\chi_g}{k_{\text{eff}}} \nu \Sigma_{fg'}^{k}) \overline{\Phi}_{g'}^{k}$$

$$k = 1, 2, \cdots, N; \quad g = 1, 2, \cdots, G$$

$$(3.1.13)$$

式中:$ku\pm$($u \in \{x,y,z\}$)——节块 k 在 $\pm u$ 方向上的相邻节块;

N——总的节块数;

G——总的能群数目。

方程(3.1.13)是一个 GN 阶的线性方程组,是一个本征值方程,展开后为

$$\alpha_g^k \overline{\Phi}_g^{kz-} + \beta_g^k \overline{\Phi}_g^{ky-} + \gamma_g^k \overline{\Phi}_g^{kx-} + \eta_g^k \overline{\Phi}_g^{k} + \rho_g^k \overline{\Phi}_g^{kx+} + \xi_g^k \overline{\Phi}_g^{ky+} + \zeta_g^k \overline{\Phi}_g^{kz+} = S_g^k$$

$$(3.1.14)$$

$$S_g^k = \sum_{\substack{g'=1 \\ g' \neq g}}^{G} \Sigma_{g'g}^{k} \overline{\Phi}_g^{k} + \frac{\chi_g}{k_{\text{eff}}} \sum_{g'=1}^{G} \nu \Sigma_{fg'}^{k} \overline{\Phi}_{g'}^{k} \qquad (3.1.15)$$

α_g^k, β_g^k, γ_g^k, η_g^k, ρ_g^k, ξ_g^k, ζ_g^k 为方程的系数,这些系数分别与节块 k 的相邻节块有关:

$$\alpha_g^k = -\frac{1}{\Delta z_k} (D_{gz-}^{k,\text{FDM}} - D_{gz-}^{k,\text{NOD}}) \qquad (3.1.16)$$

$$\beta_g^k = -\frac{1}{\Delta y_k} (D_{gy-}^{k,\text{FDM}} - D_{gy-}^{k,\text{NOD}}) \qquad (3.1.16)$$

$$\gamma_g^k = -\frac{1}{\Delta x_k} (D_{gx-}^{k,\text{FDM}} - D_{gx-}^{k,\text{NOD}}) \qquad (3.1.16)$$

$$\rho_g^k = -\frac{1}{\Delta x_k} (D_{gx+}^{k,\text{FDM}} + D_{gx+}^{k,\text{NOD}}) \qquad (3.1.16)$$

$$\xi_g^k = -\frac{1}{\Delta y_k} (D_{gy+}^{k,\text{FDM}} + D_{gy+}^{k,\text{NOD}}) \qquad (3.1.16)$$

$$\zeta_g^k = -\frac{1}{\Delta z_k}(D_{gz+}^{k,\mathrm{FDM}} + D_{gz+}^{k,\mathrm{NOD}}) \tag{3.1.16}$$

$$\eta_g^k = \Sigma_{rg}^k - \alpha_g^{kzz+} - \beta_g^{ky+} - \gamma_g^{kx+} - \rho_g^{kx-} - \xi_g^{ky-} - \zeta_g^{kz-} \tag{3.1.16}$$

其中:$\Sigma_{rg}^k = \Sigma_{tg}^k - \Sigma_{g'g}^k = \Sigma_{ag}^k + \sum\limits_{\substack{g'=1\\g'\neq g}}^{G}\Sigma_{g'g}^k$ ——g 能群的宏观移出截面(1/cm);

$\quad\Sigma_{ag}^k$ ——g 能群的宏观吸收截面(1/cm)。

将所有节块按逐层(z 坐标轴方向)逐行(y 坐标轴方向)逐列(x 坐标轴方向)的顺序编号,由于每一个节块只与周围相邻的节块有直接耦合关系,因此对于三维问题,式(3.1.14)是一个七对角矩阵方程,表示为矩阵形式为

$$M\Phi = \frac{1}{k_{\mathrm{eff}}}F\Phi \tag{3.1.23}$$

式中

$M = A - A_s$

$A = \mathrm{diag}(A_1, A_2, A_3, \cdots, A_g, \cdots, A_G)$

$$A_g = \begin{bmatrix} \eta_g^1 & \rho_g^1 & \cdots & \xi_g^1 & & \zeta_g^1 & & \\ \gamma_g^2 & \eta_g^2 & \rho_g^2 & \cdots & \xi_g^2 & \cdots & \zeta_g^2 & \\ & \gamma_g^3 & \eta_g^3 & \rho_g^3 & \cdots & \xi_g^3 & \cdots & \zeta_g^3 \\ \cdots & \cdots & \cdots & & & & & \\ & \alpha_g^k & \cdots & \beta_g^k & \cdots & \gamma_g^k & \eta_g^k & \rho_g^k & \cdots & \xi_g^k & \cdots & \zeta_g^k \\ \cdots & \cdots & \cdots & & & & & \\ & & & & \alpha_g^N & \cdots & \beta_g^N & \cdots & \gamma_g^N & \eta_g^N \end{bmatrix}$$

$$A_s = \begin{bmatrix} 0 & A_{21}^s & A_{31}^s & \cdots & A_{G1}^s \\ A_{12}^s & 0 & A_{32}^s & \cdots & A_{G2}^s \\ A_{13}^s & A_{23}^s & 0 & \cdots & A_{G3}^s \\ \vdots & \vdots & \vdots & & \vdots \\ A_{1G}^s & A_{2G}^s & A_{3G}^s & \cdots & 0 \end{bmatrix}$$

$A_{g'g}^s = \mathrm{diag}(\Sigma_{g'g}^1, \Sigma_{g'g}^2, \Sigma_{g'g}^3, \cdots, \Sigma_{g'g}^k, \cdots, \Sigma_{g'g}^N)$

$$F = \begin{bmatrix} F_{11} & F_{21} & \cdots & F_{G1} \\ F_{12} & F_{22} & \cdots & F_{G2} \\ \vdots & \vdots & & \vdots \\ F_{1G} & F_{2G} & \cdots & F_{GG} \end{bmatrix}$$

$F_{g'g} = \mathrm{diag}(\chi_g \nu\Sigma_{fg'}^1, \chi_g \nu\Sigma_{fg'}^2, \cdots, \chi_g \nu\Sigma_{fg'}^k, \cdots, \chi_g \nu\Sigma_{fg'}^N)$

$\Phi = \mathrm{col}(\Phi_1, \Phi_2, \cdots, \Phi_g, \cdots, \Phi_G)$

$$\boldsymbol{\Phi}_g = \mathrm{col}(\overline{\boldsymbol{\Phi}}_g^1, \overline{\boldsymbol{\Phi}}_g^2, \cdots, \overline{\boldsymbol{\Phi}}_g^k, \cdots, \overline{\boldsymbol{\Phi}}_g^N)$$

CFMD 方程(3.1.23)的本征值 k_{eff} 和对应节块平均通量 $\boldsymbol{\Phi}$ 可以通过裂变源迭代求解,对于中子能群无向上散射的情况,子矩阵 $\boldsymbol{A}_{g'g}^s = \boldsymbol{0}, (g' > g)$,意味着在进行内迭代计算时,可由高能群像低能群逐次求解各能群方程。为了提高计算精度,在迭代过程中需要利用高阶节块方法来确定耦合修正因子。但是,由于耦合因子的计算要利用到最新计算出来的节块平均通量和本征值,因此迭代过程是非线性的。

3.1.4　边界条件的处理

当节块的表面恰好处在堆芯的边界时,需要给出边界表面的净中子流表达式。分以下几种情况予以讨论。

3.1.4.1　左边界

1)节块边界反射对称边界条件

此时节块左表面净中子流为零,即

$$J_{gu-}^k = 0 \tag{3.1.24}$$

2)节块中心反射对称边界条件

此时节块左、右表面净中子流大小相等,方向相反,即

$$J_{gu-}^k = -J_{gu+}^k \tag{3.1.25}$$

3)节块边界旋转对称边界条件

这里只考虑 1/4 堆芯旋转对称的情况,如图 3.1 所示。

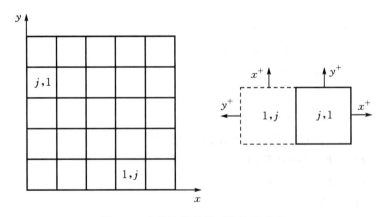

图 3.1　节块边界旋转对称边界条件

$$J_{gx-}^{j,1} = -J_{gy-}^{1,j} \tag{3.1.26}$$

4）节块中心旋转对称边界条件

这里只考虑 1/4 堆芯旋转对称的情况，如图 3.2 所示。

$$J_{gu-}^{j,1} = J_{gu+}^{1,j} = J_{gu-}^{2,j} \tag{3.1.27}$$

$$J_{gu+}^{j,1} = J_{gu-}^{1,j} \tag{3.1.28}$$

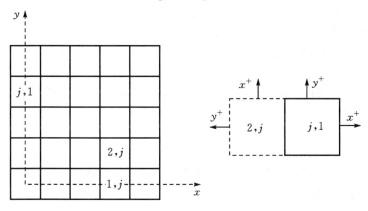

图 3.2　节块中心旋转对称边界条件

5）真空边界条件

此时节块左表面的入射流为零，即

$$J_{gu-}^{k,\text{in}} = 0 \tag{3.1.29}$$

又偏中子流与面平均通量及净中子流有如下的关系式：

$$J_{gu-}^{k,\text{out}} + J_{gu-}^{k,\text{in}} = \frac{1}{2} \bar{\varphi}_{gu-}^{k} \tag{3.1.30}$$

$$J_{gu-}^{k,\text{in}} - J_{gu-}^{k,\text{out}} = J_{gu-}^{k} \tag{3.1.31}$$

式中，out 和 in 分别表示节块表面平均出射偏流和入射偏流。

根据 Fick 定律，有

$$J_{gu-}^{k} = -D_g^k \left.\frac{\mathrm{d}\varphi_g^k(u)}{\mathrm{d}u}\right|_{-\frac{\Delta u_k}{2}} = -D_g^k \frac{\bar{\Phi}_g^k - \bar{\varphi}_{gu-}^{k}}{\Delta u_k/2} \tag{3.1.32}$$

式（3.2.29）～式（3.2.32）联立，解得

$$J_{gu-}^{k} = -D_{gu-}^{k,\text{FDM}'} \bar{\Phi}_g^k \tag{3.1.33}$$

式中

$$D_{gu-}^{k,\text{FDM}'} = \frac{2D_g^k}{\Delta u_k + 4D_g^k}$$

在该表面定义耦合修正因子 $D_{gu-}^{k,\text{NOD}}$ 并使用下面的关系式对净中子流表达式进行修正：

$$J_{gu-}^{k} = -(D_{gu-}^{k,\text{FDM}'} + D_{gu-}^{k,\text{NOD}})f_{gu-}^{k} \bar{\Phi}_g^k \tag{3.1.34}$$

如果能够用精确的方法求得左边界面上的净中子流 J_{gu-}^{k}，就可以得到耦合修

正因子:

$$D_{gu-}^{k,\mathrm{NOD}} = -\frac{J_{gu-}^{k,\mathrm{NOD}}}{f_{gu-}^{k}\,\overline{\Phi}_{g}^{k}} - D_{gu-}^{k,\mathrm{FDM}'} \tag{3.1.35}$$

式中,$J_{gu-}^{k,\mathrm{NOD}}$ 是由节块法解出的节块左边界面上的表面净中子流,其具体求解方法将在 3.2.1.4 节予以讨论。

6)节块左表面通量为零边界条件

此时节块左表面的面平均通量为零,即

$$\overline{\varphi}_{gu-}^{k} = 0 \tag{3.1.36}$$

同真空边界条件一样,此时的左表面净中子流的差分形式可以用式(3.1.33)表示,只是此时 $D_{gu-}^{k,\mathrm{FDM}'}$ 为

$$D_{gu-}^{k,\mathrm{FDM}'} = \frac{2D_{g}^{k}}{\Delta u_{k}}$$

其非线性耦合修正同真空边界条件一样由式(3.1.34)和式(3.2.35)决定。

3.1.4.2　右边界

1)真空边界条件

此时节块右表面的入射流为零,即

$$J_{gu+}^{k,\mathrm{in}} = 0 \tag{3.1.37}$$

同左边界真空边界条件一样,有如下的关系式:

$$J_{gu+}^{k,\mathrm{out}} + J_{gu+}^{k,\mathrm{in}} = \frac{1}{2}\overline{\varphi}_{gu+}^{k} \tag{3.1.38}$$

$$J_{gu+}^{k,\mathrm{out}} - J_{gu+}^{k,\mathrm{in}} = J_{gu+}^{k} \tag{3.1.39}$$

$$J_{gu+}^{k} = -D_{g}^{k}\frac{\mathrm{d}\varphi_{g}^{k}(u)}{\mathrm{d}u}\bigg|_{\frac{\Delta u_{k}}{2}} = -D_{g}^{k}\frac{\overline{\varphi}_{gu+}^{k} - \overline{\Phi}_{g}^{k}}{\Delta u_{k}/2} \tag{3.1.40}$$

式(3.1.37)~式(3.1.40)联立,解得

$$J_{gu+}^{k} = -D_{gu+}^{k,\mathrm{FDM}'}\overline{\Phi}_{g}^{k} \tag{3.1.41}$$

式中

$$D_{gu+}^{k,\mathrm{FDM}'} = -\frac{2D_{g}^{k}}{\Delta u_{k} + 4D_{g}^{k}}$$

在该表面定义耦合修正因子 $D_{gu+}^{k,\mathrm{NOD}}$ 并使用下面的关系式对净中子流表达式进行修正:

$$J_{gu-}^{k} = -(D_{gu+}^{k,\mathrm{FDM}'} + D_{gu+}^{k,\mathrm{NOD}})f_{gu+}^{k}\overline{\Phi}_{g}^{k} \tag{3.1.42}$$

如果能够用精确的方法求得右边界面上的净中子流 J_{gu+}^{k},就可以得到耦合修正因子:

$$D_{gu+}^{k,\mathrm{NOD}} = -\frac{J_{gu+}^{k,\mathrm{NOD}}}{f_{gu+}^{k}\,\overline{\Phi}_{g}^{k}} - D_{gu+}^{k,\mathrm{FDM}'} \tag{3.1.43}$$

式中，$J_{gu+}^{k,\mathrm{NOD}}$ 是由节块法解出的节块右边界面上的表面净中子流，其具体求解方法将在 3.2.1.4 节予以讨论。

2）节块右表面通量为零边界条件

此时节块右表面的面平均通量为零，即

$$\bar{\varphi}_{gu+}^{k} = 0 \tag{3.1.44}$$

同真空边界条件一样，此时的右表面净中子流的差分形式可以用式（3.1.40）表示，只是此时 $D_{gu+}^{k,\mathrm{FDM'}}$ 为

$$D_{gu+}^{k,\mathrm{FDM'}} = -\frac{2D_g^k}{\Delta u_k}$$

其非线性耦合修正同真空边界条件一样由式（3.1.42）和式（3.1.43）决定。

3.2　耦合修正因子的计算方法

为了使粗网有限差分方程的解收敛于高阶节块方法的解，必须反复地计算耦合修正因子，以迫使粗网差分近似得到的节块表面净中子流与高阶节块方法解得的节块表面净中子流相同，这必然要涉及到使用高阶节块方法解节块表面净中子流的问题。在非线性迭代方法中是通过求解局部两节块问题（two-node problem）来求解节块表面净中子流的。其目的是利用从粗网有限差分方程最新解得的节块平均通量和本征值，通过高阶节块方法计算节块表面上的净中子流。

3.2.1　求解两节块问题的半解析节块方法（SANM）

两节块问题的出发点仍然是横向积分一维扩散方程，其基本思想是利用从 CMFD 方程最新计算出的节块平均通量和本征值，通过高阶节块方法求解局部两节块问题，得到相邻两节块交界面上的表面平均净流，并通过调整耦合修正因子来迫使 CMFD 近似得到的表面平均净流与之相等，从而迭代的更新耦合修正因子，使得 CMFD 方程的解最终收敛于高阶节块方法的解。本文采用半解析节块法（SANM）求解两节块问题。

3.2.1.1　横向积分方程

在现代先进节块法中广泛采用横向积分界面流技术，通过对中子扩散方程进行横向积分处理，三维问题的求解就变成联立求解三个一维问题。

一般的，节块 k 的 u 坐标轴方向的横向积分方程是对中子扩散方程（3.1.3）在 v 和 w 坐标轴方向进行积分得到的：

$$-D_g^k \frac{\mathrm{d}^2 \varphi_{gu}^k(u)}{\mathrm{d}u^2} + \Sigma_{tg}^k \varphi_{gu}^k(u) = \sum_{g'=1}^{G} \left(\Sigma_{g'g}^k + \frac{\chi_g}{k_{\text{eff}}} \nu \Sigma_{fg'}^k\right) \varphi_{g'u}^k(u) - L_{gu}^k(u)$$

$$(3.2.1)$$

$$u \in \{x,y,z\}, \ v \in \{x,y,z\}, \ w \in \{x,y,z\}, \ u \neq v \neq w$$

其中横向积分偏中子通量

$$\varphi_g^k(u) = \frac{1}{\Delta v_k \Delta w_k} \int_{-\frac{\Delta v_k}{2}}^{\frac{\Delta v_k}{2}} \int_{-\frac{\Delta w_k}{2}}^{\frac{\Delta w_k}{2}} \Phi_g^k(r) \mathrm{d}w \mathrm{d}v \qquad (3.2.2)$$

横向泄漏项

$$L_{gu}^k(u) = -\frac{1}{\Delta v_k \Delta w_k} \int_{-\frac{\Delta v_k}{2}}^{\frac{\Delta v_k}{2}} \int_{-\frac{\Delta w_k}{2}}^{\frac{\Delta w_k}{2}} D_g^k \left(\frac{\partial^2}{\partial v^2} + \frac{\partial^2}{\partial w^2}\right) \Phi_g^k(r) \mathrm{d}w \mathrm{d}v \qquad (3.2.3)$$

3.2.1.2　横向积分偏中子通量及横向泄漏项的空间近似

横向积分方程(3.2.1)可以用节点展开法(NEM)、解析节块法(ANM)、格林函数法(NGFM)等多种方法求解。下面以半解节块法(SANM)为例,对横向积分通量进行高阶(4 阶)展开:

$$\varphi_{gu}^k(u) = \overline{\Phi}_g^k + \sum_{i=1}^{4} a_{gui}^k p_i\left(\frac{2u}{\Delta u_k}\right) \qquad (3.2.4)$$

式中:a_{gui}^k ——横向积分通量的展开系数;

　　　$p_i(2u/\Delta u_k)$ ——展开基函数:

$$p_0(t) = 1$$

$$p_1(t) = t$$

$$p_2(t) = \frac{1}{2}(3t^2 - 1)$$

$$(3.2.5)$$

$$p_3(t) = \frac{\sinh(\alpha_{gu}^k t) - m_{gu1}^k(\sinh) p_1(t)}{\sinh(\alpha_{gu}^k) - m_{gu1}^k(\sinh)}$$

$$p_4(t) = \frac{\cosh(\alpha_{gu}^k t) - m_{gu0}^k(\cosh) p_0(t) - m_{gu2}^k(\cosh) p_2(t)}{\cosh(\alpha_{gu}^k) - m_{gu0}^k(\cosh) - m_{gu2}^k(\cosh)}$$

式中

$$t = 2u/\Delta u_k$$

$$\alpha_{gu}^k = \sqrt{\frac{\Sigma_{tg}^k}{D_g^k}} \frac{\Delta u_k}{2}$$

$$m_{gu1}^k(\sinh) = \frac{1}{N_1} \int_{-1}^{1} \sinh(\alpha_{gu}^k t) p_1(t) \mathrm{d}t$$

$$m_{gui}^k(\cosh) = \frac{1}{N_i} \int_{-1}^{1} \cosh(\alpha_{gu}^k t) p_i(t) \mathrm{d}t \qquad (i = 0,2)$$

$$N_i = 2/(2i+1) \qquad (i = 0,1,2)$$

基函数系 $\{p_i(t)\}$ 有如下的性质：

$$\int_{-1}^{1} p_i(t) p_j(t) \mathrm{d}t = 0 \qquad (i \neq j) \qquad (3.2.6)$$

$$p_i(1) = 1 \qquad (i = 1,2,3,4) \qquad (3.2.7)$$

基函数系的这些性质将最终导致一个有效的两节块问题求解算法。

在三维笛卡尔坐标系中，对每个节块每个能群每个方向而言，偏中子通量的四阶近似式(3.2.4)有四个展开系数需要确定，因而需要四个方程，其中由节块左、右表面平均通量得到二个方程

$$\overline{\varphi}_{gu+}^k = \overline{\varphi}_{gu}^k \left(\frac{\Delta u_k}{2}\right) = \overline{\Phi}_g^k + a_{gu1}^k + a_{gu2}^k + a_{gu3}^k + a_{gu4}^k \qquad (3.2.8)$$

$$\overline{\varphi}_{gu-}^k = \overline{\varphi}_{gu}^k \left(-\frac{\Delta u_k}{2}\right) = \overline{\Phi}_g^k - a_{gu1}^k + a_{gu2}^k - a_{gu3}^k + a_{gu4}^k \qquad (3.2.9)$$

通常由剩余权重方法来得到另两个方程，常用的剩余权重方法有矩权重和伽略金权重。Finnemann 的研究表明矩权重比伽略金权重具有更高的精度，所以本书采用矩权重方法。矩权重方程的一般形式为

$$< \omega_n(u) \; , \; -D_g^k \frac{\mathrm{d}^2 \varphi_{gu}^k(u)}{\mathrm{d}u^2} + \Sigma_{tg}^k \varphi_{gu}^k(u) -$$

$$\sum_{g'=1}^{G} \left(\Sigma_{g'g}^k + \frac{\chi_g}{k_{\text{eff}}} \nu \Sigma_{fg'}^k\right) \varphi_{g'u}^k(u) + L_{gu}^k(u) >= 0 \quad (n = 1,2)$$

$$(3.2.10)$$

其中 $\omega_n(u)$ 为权重函数，对于矩权重，$\omega_n(u)$ 为

$$\omega_1(u) = p_1(t) = t$$

$$\omega_2(u) = p_2(t) = \frac{1}{2}(3t^2 - 1) \qquad (3.2.11)$$

对于矩权重方程(3.2.10)，横向泄漏项不能直接从一维横向积分方程中精确得到，因而只有采用近似的方法。在节块方法的发展初期，曾经采用过曲率近似和平坦近似，但这两种方法的误差较大，难以满足工程计算要求。目前的先进节块方法大都采用了二次近似方法，对横向泄漏项作二次近似展开：

$$L_{gu}^k(u) = \overline{L}_{gu}^k + \sum_{i=1}^{2} \rho_{gui}^k p_i\left(\frac{2u}{\Delta u_k}\right) \qquad (3.2.12)$$

其中：$\overline{L}_{gu}^k$——平均横向泄漏；

ρ_{gui}^k——横向泄漏展开系数，展开函数由式(3.2.5)定义。

由式(3.2.4)、式(3.2.10)~式(3.2.12)将可以得到最终的矩权重方程。

3.2.1.3　横向泄漏项的处理

在横向泄漏项的二次近似展开式(3.2.12)中，对每个节块每个能群每个方向

而言,有两个展开系数需要确定,现利用 u 坐标轴方向上的三个相邻节块的平均横向泄漏来计算展开系数。令节块 k 的横向泄漏项 $L_{gu}^k(u)$ 满足下面三个方程:

$$\frac{1}{\Delta u_{ku-}} \int_{-\frac{\Delta u_k}{2}-\Delta u_{ku-}}^{-\frac{\Delta u_k}{2}} L_{gu}^k(u)\mathrm{d}u = \overline{L}_{gu}^{ku-} \tag{3.2.13}$$

$$\frac{1}{\Delta u_k} \int_{-\frac{\Delta u_k}{2}}^{\frac{\Delta u_k}{2}} L_{gu}^k(u)\mathrm{d}u = \overline{L}_{gu}^{k} \tag{3.2.14}$$

$$\frac{1}{\Delta u_{ku+}} \int_{\frac{\Delta u_k}{2}}^{\frac{\Delta u_k}{2}+\Delta u_{ku+}} L_{gu}^k(u)\mathrm{d}u = \overline{L}_{gu}^{ku+} \tag{3.2.15}$$

式中,$ku\pm$ 表示节块 k 在 $\pm u$ 坐标轴方向上的相邻节块。

节块的平均横向泄漏为

$$\overline{L}_{gu}^k = \frac{1}{\Delta u_k} \int_{-\frac{\Delta u_k}{2}}^{\frac{\Delta u_k}{2}} L_{gu}^k(u)\mathrm{d}u = \frac{1}{\Delta v_k}(J_{gv+}^k - J_{gv-}^k) + \frac{1}{\Delta w_k}(J_{gw+}^k - J_{gw-}^k)$$
$$\tag{3.2.16}$$

$$u \in \{x,y,z\}, v \in \{x,y,z\}, w \in \{x,y,z\}, u \neq v \neq w$$

由式(3.2.12)、式(3.2.13)～式(3.2.16)就可以解出节块 k 的横向泄漏展开系数:

$$\rho_{gu1}^k = \mu \cdot (\Delta u_k)[(\Delta u_k + \Delta u_{ku+})(\Delta u_k + 2\Delta u_{ku+})(\overline{L}_{gu}^k - \overline{L}_{gu}^{ku-}) +$$
$$(\Delta u_k + \Delta u_{ku-})(\Delta u_k + 2\Delta u_{ku-})(\overline{L}_{gu}^{ku+} - \overline{L}_{gu}^k)$$
$$\tag{3.2.17}$$

$$\rho_{gu2}^k = \mu \cdot (\Delta u_k)^2[(\Delta u_k + \Delta u_{ku-})(\overline{L}_{gu}^{ku+} - \overline{L}_{gu}^k) + (\Delta u_k + \Delta u_{ku+})(\overline{L}_{gu}^{ku-} - \overline{L}_{gu}^k)]$$
$$\tag{3.2.18}$$

式中

$$\mu = [2(\Delta u_k + \Delta u_{ku-})(\Delta u_k + \Delta u_{ku+})(\Delta u_k + \Delta u_{ku-} + \Delta u_{ku+})]^{-1}$$

当节块为边界节块时,需要根据边界条件来确定横向泄漏展开系数。

1)左边界

当边界条件为节块边界对称边界条件时,在式(3.2.13)～式(3.2.15)中令

$$\overline{L}_{gu}^{ku-} = \overline{L}_{gu}^{k} \tag{3.2.19}$$
$$\Delta u_{ku-} = \Delta u_k$$

当边界条件为节块中心对称边界条件时,式(3.2.13)～式(3.2.15)中令

$$\overline{L}_{gu}^{ku-} = \overline{L}_{gu}^{ku+} \tag{3.2.20}$$
$$\Delta u_{ku-} = \Delta u_{ku+}$$

当边界条件为零通量和真空边界条件时,在式(3.2.13)~式(3.2.15)中令

$$\bar{L}_{gu}^{ku-} = 0 \qquad (3.2.21)$$

$$\Delta u_{ku-} = 0$$

2)右边界

当边界条件为零通量和真空边界条件时,在式(3.2.13)~式(3.2.15)中令

$$\bar{L}_{gu}^{ku+} = 0 \qquad (3.2.22)$$

$$\Delta u_{ku+} = 0$$

3.2.1.4　两节块方程

在每次非线性迭代更新耦合修正因子时,节块平均通量、横向泄漏展开系数、有效增殖系数可以从 CMFD 方程的迭代计算结果中得到。为求出新的耦合修正因子,通量展开系数必须求得。考虑 u 方向上的两相邻节块 k 和 $k+1$ 构成的两节块问题(见图 3.3),共有 $8G$ 个通量展开系数未知,这些系数可以由表 3.1 给出的 $8G$ 个方程求解。在下面将看到,由于偏中子通量展开系数的正交性,求解两节块问题的 $8G$ 个方程被简化成一个 $1G$ 方程和一个 $2G$ 方程。

图 3.3　两节块问题

表 3.1　求解通量展开系数所需要的方程

	节块 k	节块 $k+1$
矩方程	节块中子平衡方程(零次矩方程)	节块中子平衡方程(零次矩方程)
	一次矩方程	一次矩方程
	二次矩方程	二次矩方程
连续条件	节块表面净中子流连续条件	
	节块表面偏中子通量连续条件:$f_{gu+}^{k}\,\bar{\varphi}_{gu+}^{k} = f_{gu-}^{k+1}\,\bar{\varphi}_{gu-}^{k+1}$	

1)节块 k 的矩方程

(1)节块中子平衡方程(零次矩方程)。在式(3.2.10)中用权函数 $\omega_0(u) = p_0(t) = 1$,就得到节块中子平衡方程

$$-\frac{4D_g^k}{(\Delta u_k)^2}(3a_{gu2}^k + G_{gu}^k a_{gu4}^k) + \sum_{g'=1}^{G} B_{g'g}^k \,\overline{\varPhi}_{g'}^k + \bar{L}_{gu}^k = 0 \qquad (3.2.23)$$

式中

$$B_{g'g}^k = \Sigma_{tg}^k \delta_{g'g} - \Sigma_{g'g}^k - \frac{\chi_g}{k_{eff}} \nu \Sigma_{fg'}^k$$

$$\delta_{g'g} = \begin{cases} 1, & g = g' \\ 0, & g \neq g' \end{cases}$$

$$G_{gu}^k = \frac{\alpha_{gu}^k \sinh(\alpha_{gu}^k) - 3m_{gu2}^k (\cosh)}{\cosh(\alpha_{gu}^k) - m_{gu0}^k (\cosh) - m_{gu2}^k (\cosh)}$$

(2)一次矩方程。在式(3.2.10)中用权函数 $\omega_1(u)$，就得到一次矩方程

$$a_{gu3}^k = A_{gu}^k \left(\sum_{g'=1}^{G} B_{g'g}^k a_{g'u1}^k + \rho_{gu1}^k \right) \tag{3.2.24}$$

式中

$$A_{gu}^k = \frac{\sinh(\alpha_{gu}^k) - m_{gu1}^k (\sinh)}{\Sigma_{tg}^k m_{gu1}^k (\sinh)}$$

(3)二次矩方程。在式(3.2.10)中用权函数 $\omega_2(u)$，就得到一次矩方程

$$a_{gu4}^k = C_{gu}^k \left(\sum_{g'=1}^{G} B_{g'g}^k a_{g'u2}^k + \rho_{gu2}^k \right) \tag{3.2.25}$$

式中

$$C_{gu}^k = \frac{\cosh(\alpha_{gu}^k) - m_{gu0}^k (\cosh) - m_{gu2}^k (\cosh)}{\Sigma_{tg}^k m_{gu2}^k (\cosh)}$$

节块 $k+1$ 的矩方程可以同样得到，为了避免重复，不再列出，把节块 k 的矩方程中的上标改为 $k+1$，就得到节块 $k+1$ 的矩方程。

2)连续条件

(1)节块 k 和 $k+1$ 交界面上的净中子流连续条件

$$J_{gu+}^{k,\text{NOD}} = J_{gu-}^{k+1,\text{NOD}} \tag{3.2.26}$$

由式(3.2.4)可以得到

$$J_{gu+}^{k,\text{NOD}} = -D_g^k \frac{\partial \varphi_{gu}^k(u)}{\partial u} \bigg|_{u=\frac{\Delta u_k}{2}}$$

$$= -\frac{2D_g^k}{\Delta u_k} (a_{gu1}^k + 3a_{gu2}^k + H_{gu}^k a_{gu3}^k + G_{gu}^k a_{gu4}^k) \tag{3.2.27}$$

$$J_{gu-}^{k+1,\text{NOD}} = -D_g^{k+1} \frac{\partial \varphi_{gu}^{k+1}(u)}{\partial u} \bigg|_{u=-\frac{\Delta u_{k+1}}{2}}$$

$$= -\frac{2D_g^{k+1}}{\Delta u_{k+1}} (a_{gu1}^{k+1} - 3a_{gu2}^{k+1} + H_{gu}^{k+1} a_{gu3}^{k+1} - G_{gu}^{k+1} a_{gu4}^{k+1}) \tag{3.2.27}$$

式中

$$H_{gu}^k = \frac{\alpha_{gu}^k \cosh(\alpha_{gu}^k) - m_{gu1}^k (\sinh)}{\sinh(\alpha_{gu}^k) - m_{gu1}^k (\sinh)}$$

将式(3.2.27)和式(3.2.28)代入净中子流连续条件式(3.2.26)，到净中子流

连续方程

$$-\frac{2D_g^k}{\Delta u_k}(a_{gu1}^k + 3a_{gu2}^k + H_{gu}^k a_{gu3}^k + G_{gu}^k a_{gu4}^k)$$

$$= -\frac{2D_g^{k+1}}{\Delta u_{k+1}}(a_{gu1}^{k+1} - 3a_{gu2}^{k+1} + H_{gu}^{k+1} a_{gu3}^{k+1} - G_{gu}^{k+1} a_{gu4}^{k+1}) \tag{3.2.29}$$

（2）节块 k 和 $k+1$ 交界面上的偏中子通量连续条件

$$f_{gu+}^k \, \overline{\varphi}_{gu+}^k = f_{gu-}^{k+1} \, \overline{\varphi}_{gu-}^{k+1} \tag{3.2.30}$$

由式（3.2.8）和式（3.2.9）得

$$f_{gu+}^k(\overline{\Phi}_g^k + a_{gu1}^k + a_{gu2}^k + a_{gu3}^k + a_{gu4}^k) = f_{gu-}^{k+1}(\overline{\Phi}_g^{k+1} - a_{gu1}^{k+1} + a_{gu2}^{k+1} - a_{gu3}^{k+1} + a_{gu4}^{k+1}) \tag{3.2.31}$$

这样就得到了求解两节块 $(k,k+1)$ 通量展开系数的 $8G$ 个方程，通过观察可以发现奇项展开系数和偶项展开系数可以分开求解，并且每个节块的偶项通量展开系数可以独立求解。

（1）节块 k 和节块 $k+1$ 的偶项通量展开系数方程组。将式（3.2.25）代入式（3.2.23），得到节块的偶项通量展开系数

$$\sum_{g'=1}^{G}\Big[\frac{12D_g^k}{(\Delta u_k)^2}\delta_{g'g} + E_{gu}^k B_{g'g}^k\Big]a_{g'u2}^k = \sum_{g'=1}^{G} B_{g'g}^k \, \overline{\Phi}_{g'}^k + \overline{L}_{gu}^k - E_{gu}^k \rho_{gu2}^k \tag{3.2.32}$$

式中

$$E_{gu}^k = \frac{m_{gu0}^k(\cosh)}{m_{gu2}^k(\cosh)} - \frac{3}{(\alpha_{gu}^k)^2}$$

方程（3.2.32）是个 $1G$ 阶线性方程组，可以从中解出节块 k 的中子通量展开系数 a_{gu2}^k，将之代入式（3.2.25），就得到节块 k 的中子通量展开系数 a_{gu4}^k。

对于节块 $k+1$ 的可以得到同样的方程，把节块 k 的方程（3.2.32）的上标改为 $k+1$ 即可。

（2）节块 k 和节块 $k+1$ 的奇项通量展开系数方程组。将式（3.2.24）分别代入式（3.2.29）和式（3.2.31），得到节块的偶项通量展开系数

$$-d_{gu}^k \sum_{g'=1}^{G}(\delta_{g'g} + F_{gu}^k B_{g'g}^k)a_{g'u1}^k + d_{gu}^{k+1} \sum_{g'=1}^{G}(\delta_{g'g} + F_{gu}^{k+1} B_{g'g}^{k+1})a_{g'u1}^{k+1}$$

$$= d_{gu}^k(3a_{gu2}^k + G_{gu}^k a_{gu4}^k + F_{gu}^k \rho_{gu1}^k) + d_{gu}^{k+1}(3a_{gu2}^{k+1} + G_{gu}^{k+1} a_{gu4}^{k+1} - F_{gu}^{k+1} \rho_{gu1}^{k+1}) \tag{3.2.33}$$

$$f_{gu+}^k \sum_{g'=1}^{G}(\delta_{g'g} + A_{gu}^k B_{g'g}^k)a_{g'u1}^k + f_{gu-}^{k+1} \sum_{g'=1}^{G}(\delta_{g'g} + A_{gu}^{k+1} B_{g'g}^{k+1})a_{g'u1}^{k+1}$$

$$= -f_{gu+}^k(\overline{\Phi}_g^k + a_{gu2}^k + a_{gu4}^k + A_{gu}^k \rho_{gu1}^k) + f_{gu-}^{k+1}(\overline{\Phi}_g^k + a_{gu2}^{k+1} + a_{gu4}^{k+1} - A_{gu}^{k+1} \rho_{gu1}^{k+1}) \tag{3.2.34}$$

式中

$$d_{gu}^k = \frac{2D_g^k}{\Delta u_k}$$

$$F_{gu}^k = \frac{\alpha_{gu}^k \cosh(\alpha_{gu}^k) - m_{gu1}^k(\sinh)}{\Sigma_{rg}^k m_{gu1}^k(\sinh)}$$

方程(3.2.33)和(3.2.34)是一个 $2G$ 阶线性方程组,可以从中解出节块 k 和节块 $k+1$ 的横向积分中子通量的奇项展开系数。

从式(3.2.32)至式(3.2.34)可以看出,求解两节块问题的 $8G$ 方程被化简成求解一个 $1G$ 方程(对节块 $k+1$)和一个 $2G$ 方程(对节块 k 和 $k+1$),节块 k 的偶项系数在求解两节块问题$(k-1,k)$时得到,这将极大提高计算时间。通量展开系数求出后,就可以由式(3.2.27)和式(3.2.28)解出节块表面的净中子流,然后由式(3.1.12)解出耦合修正因子。

3.2.2　边界条件下的耦合修正因子计算

对于边界节块,由于在边界外没有相邻的节块,不能直接构成两节块问题,因此需要单独处理边界节块的横向积分通量展开系数。设节块 k 为 u 坐标轴方向的边界节块,共有 $4G$ 个未知的通量展开系数,这些系数可以由节块 k 的矩方程($3G$ 个)和其外表面上的边界条件($1G$ 个)求解。

因为边界节块 k 的矩方程同其他两节块方程的矩方程是一样的,即式(3.2.24)、式(3.2.25)和式(3.2.32)三个方程,这里不再赘述。由于根据非线性迭代版解析节块法中边界条件的讨论,对于反射对称边界条件及节块中心旋转对称边界条件,边界表面的净中子流可由边界条件直接确定或等于内部节块交界面上的净中子流,所以下面只讨论节块边界旋转对称边界条件、真空边界条件和零通量边界条件。

3.2.2.1　左边界

1)节块边界旋转对称边界条件

参见图 3.1,此时由节块$(j,1)$和$(1,j)$构成一个两节块问题,由式(3.1.26)、式(3.2.24)和式(3.2.28)可以得到流连续条件

$$d_{gx}^{1,j} \sum_{g'=1}^{G} (\delta_{g'g} + F_{gx}^{1,j} B_{g'g}^{1,j}) a_{g'x1}^{1,j} + d_{gy}^{j,1} \sum_{g'=1}^{G} (\delta_{g'g} + F_{gy}^{j,1} B_{g'g}^{j,1}) a_{g'y1}^{j,1}$$

$$= d_{gx}^{1,j} (3a_{gx2}^{1,j} + G_{gx}^{1,j} a_{gx4}^{1,j} - F_{gx}^{1,j} \rho_{gx1}^{1,j}) + d_{gy}^{j,1} (3a_{gy2}^{j,1} + G_{gy}^{j,1} a_{gy4}^{j,1} - F_{gy}^{j,1} \rho_{gy1}^{j,1})$$

$$(3.2.35)$$

由式(3.2.9)可以得到表面偏中子通量连续条件

$$f_{gx-}^{1,j} \sum_{g'=1}^{G} (\delta_{g'g} + A_{gx}^{1,j} B_{g'g}^{1,j}) a_{g'x1}^{1,j} - f_{gy-}^{j,1} \sum_{g'=1}^{G} (\delta_{g'g} + A_{gy}^{j,1} B_{g'g}^{j,1}) a_{g'y1}^{j,1}$$

$$= f_{gx-}^{1,j} (\overline{\Phi}_{g}^{1,j} + a_{gx2}^{1,j} + a_{gx4}^{1,j} - A_{gx}^{1,j} \rho_{gx1}^{1,j}) - f_{gy-}^{j,1} (\overline{\Phi}_{g}^{j,1} + a_{gy2}^{j,1} + a_{gy4}^{j,1} - A_{gy}^{j,1} \rho_{gy1}^{j,1})$$

$$\tag{3.2.36}$$

2)真空边界条件

由式(3.1.29)、式(3.1.30)、式(3.1.31)、式(3.2.9)、式(3.2.24)和式(3.2.28),可以得到由边界条件确定的节块方程

$$\sum_{g'=1}^{G} [(2d_{gu}^{k} + 1)\delta_{g'g} + (A_{gu}^{k} + 2d_{gu}^{k} F_{gu}^{k}) B_{g'g}^{k}] a_{g'u1}^{k}$$

$$= \overline{\Phi}_{g}^{k} + (1 + 6d_{gu}^{k}) a_{gu2}^{k} + (1 + 2d_{gu}^{k} G_{gu}^{k}) a_{gu4}^{k} - (A_{gu}^{k} + 2d_{gu}^{k} F_{gu}^{k}) \rho_{gu1}^{k}$$

$$\tag{3.2.37}$$

3)零通量边界条件

由式(3.1.36)、式(3.2.9)和式(3.2.24),可以得到由边界条件确定的节块方程

$$\sum_{g'=1}^{G} (\delta_{g'g} + A_{gu}^{k} B_{g'g}^{k}) a_{g'u1}^{k} = \overline{\Phi}_{g}^{k} + a_{gu2}^{k} + a_{gu4}^{k} - A_{gu}^{k} \rho_{gu1}^{k} \tag{3.2.38}$$

3.2.2.2　右边界

1)真空边界条件

由式(3.1.37)、式(3.1.38)、式(3.1.39)、式(3.2.8)、式(3.2.24)和式(3.2.27),可以得到由边界条件确定的节块方程

$$\sum_{g'=1}^{G} [(2d_{gu}^{k} + 1)\delta_{g'g} + (A_{gu}^{k} + 2d_{gu}^{k} F_{gu}^{k}) B_{g'g}^{k}] a_{g'u1}^{k}$$

$$= -[\overline{\Phi}_{g}^{k} + (1 + 6d_{gu}^{k}) a_{gu2}^{k} + (1 + 2d_{gu}^{k} G_{gu}^{k}) a_{gu4}^{k} + (A_{gu}^{k} + 2d_{gu}^{k} F_{gu}^{k}) \rho_{gu1}^{k}]$$

$$\tag{3.2.39}$$

2)零通量边界条件

由式(3.1.44)、式(3.2.8)和式(3.2.24),可以得到由边界条件确定的节块方程

$$\sum_{g'=1}^{G} (\delta_{g'g} + A_{gu}^{k} B_{g'g}^{k}) a_{g'u1}^{k} = -(\overline{\Phi}_{g}^{k} + a_{gu2}^{k} + a_{gu4}^{k} + A_{gu}^{k} \rho_{gu1}^{k}) \tag{3.2.40}$$

3.3　非线性迭代半解析节块方法的数值求解过程

以上讨论了粗网有限差分方程和确定耦合修正因子所使用的两节块问题的数值计算模型。通过两节块方法,节块表面的净中子流可以由在每个节块界面上建

立的一个 1G 阶和一个 2G 阶线性方程组求得。当能群数不大时,这是两个低阶代数方程组,可以很方便地用 Gauss 列主元方法计算求得。而粗网有限差分方程是一个大的稀疏矩阵方程,一般只能通过迭代法求解。本小节将主要讨论粗网有限差分方程的数值计算方法,包括源迭代方法和内迭代方法。

3.3.1　非线性迭代方法的迭代策略及迭代过程

本书中采用常规裂变源迭代方法求解粗网有限差分方程,而内迭代采用点超松弛(SOR)方法计算。在源迭代的外层设置一个迭代环路用于更新计算耦合修正因子。对于稳态无向上散射问题,非线性迭代方法的总体迭代策略如图 3.4 所示。

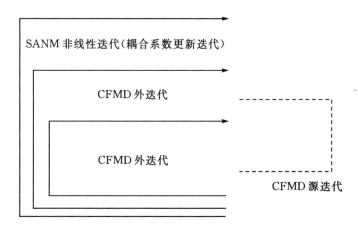

图 3.4　非线性迭代方法的迭代策略

非线性迭代方法的整个数值迭代过程可以描述如下:

(1)计算初始 CMFD 方程的系数,此时耦合修正因子为零;

(2)保持 CMFD 方程的系数不变,对本征值问题用裂变源迭代求解,连续做若干次源迭代,直到满足一定的收敛判据;

(3)利用最新求得的节块平均通量、横向泄漏和本征值进行两节块问题的计算,算出新的耦合修正因子;

(4)利用新得到的耦合修正因子更新 CMFD 方程的系数;

(5)返回步骤(2),重复这一迭代过程,直到迭代收敛。

本书在 CMFD 的源迭代及非线性迭代中均以点源及 k_{eff} 的收敛为迭代收敛判断准则,而内迭代以点通量的收敛为收敛判据。

内迭代:

$$\Delta \overline{\Phi}_{g,\max} = \max_{g,k} \left| \frac{\overline{\Phi}_g^k(n) - \overline{\Phi}_g^k(n-1)}{\overline{\Phi}_g^k(n)} \right| < \varepsilon_\phi \tag{3.3.1}$$

式中:n——内迭代下标;

ε_ϕ——收敛准则,取 10^{-4}。

外迭代:

$$\Delta S_{\max} = \max_k \left| \frac{S_k^{(t)} - S_k^{(t-1)}}{S_k^{(t)}} \right| < \varepsilon_Q \tag{3.3.2}$$

$$\Delta k_{\mathrm{eff}} = \left| \frac{k_{\mathrm{eff}}^{(t)} - k_{\mathrm{eff}}^{(t-1)}}{k_{\mathrm{eff}}^{(t)}} \right| < \varepsilon_k \tag{3.3.3}$$

式中:$S_k = \displaystyle\sum_{g=1}^{G} \nu \Sigma_{\mathrm{f}g}^k \overline{\Phi}_g^k$;

t——外迭代下标;

ε_Q,ε_k——收敛准则,ε_Q 取 10^{-4},ε_k 取 10^{-5}。

非线性迭代:

$$\Delta S_{n,\max} = \max_k \left| \frac{S_k^{(m)} - S_k^{(m-1)}}{S_k^{(m)}} \right| < \varepsilon_{nQ} \tag{3.3.4}$$

$$\Delta k_{n,\mathrm{eff}} = \left| \frac{k_{\mathrm{eff}}^{(m)} - k_{\mathrm{eff}}^{(m-1)}}{k_{\mathrm{eff}}^{(m)}} \right| < \varepsilon_{nk} \tag{3.3.5}$$

式中:m——外迭代下标;

ε_{nQ},ε_{nk}——收敛准则,ε_{nQ} 取 10^{-4},ε_{nk} 取 10^{-5}。

3.3.2　稳态本征值问题的求解方法

粗网有限差分方程(3.1.23)是一个本征值方程,计算中常采用裂变源迭代(外迭代、内迭代)方法来计算,为了提高计算效率,常用裂变源外推技术、Wielandt 加速方法、粗网再平衡技术来加速源迭代过程。

3.3.2.1　求解本征值问题的源迭代方法

方程(3.1.23)采用裂变源迭代方法的一般迭代式如下:

$$\boldsymbol{M}^{(m)} \boldsymbol{\Phi}^{(t)} = \frac{1}{k_{\mathrm{eff}}^{(t-1)}} \boldsymbol{S}^{(t-1)} \tag{3.3.6}$$

$$\boldsymbol{S}^{(t)} = \boldsymbol{F} \boldsymbol{\Phi}^{(t)} \tag{3.3.7}$$

$$k_{\mathrm{eff}}^{(t)} = k_{\mathrm{eff}}^{(t-1)} \frac{<\boldsymbol{W}, \boldsymbol{S}^{(t)}>}{<\boldsymbol{W}, \boldsymbol{S}^{(t-1)}>} \tag{3.3.8}$$

式中:t——源迭代上标;

m——非线性迭代上标;

$\boldsymbol{W}$——权算子,在本书采用节块体积向量作为权算子,即

$$\boldsymbol{W} = (V_1, V_2, V_3, \cdots, V_k, \cdots, V_N) \tag{3.3.9}$$

3.3.2.2　内迭代过程

在每次源迭代中,都需要求解线性方程组(3.3.6)。对于无向上散射的情况,可以逐群求解每能群的方程。一般地,内迭代是求解如下的一个线性方程组:

$$\boldsymbol{A\Phi} = \boldsymbol{b} \tag{3.3.10}$$

对于中子扩散方程的求解而言,这是一个大型稀疏矩阵线性方程。一般来说,迭代法比直接法求解更有效,本书采用点超松弛(SOR)迭代方法进行求解:

$$\hat{\boldsymbol{\Phi}}^{(n)} = \boldsymbol{B\Phi}^{(n-1)} + \boldsymbol{g} \tag{3.3.11}$$

$$\boldsymbol{\Phi}^{(n)} = \boldsymbol{\Phi}^{(n-1)} + \omega(\hat{\boldsymbol{\Phi}}^{(n)} - \boldsymbol{\Phi}^{(n-1)}) \tag{3.3.12}$$

其中,ω 为松弛因子,$\boldsymbol{B}$ 为迭代矩阵。

SOR 方法的关键是松弛因子的确定。SOR 的最佳松弛因子为:

$$\omega = \frac{2}{1 + \sqrt{1 - \mu^2}} \tag{3.3.13}$$

其中,μ 为对应的雅可比(Jacobi)迭代矩阵的谱半径。

3.4　三维节块时空中子动力学方程组的数值解法

时空中子动力学方程组是刚性初值问题,由于刚性的影响,要求时间变量的离散方法具有良好的稳定性、收敛性,因而,对时空动力学方程组时间变量的离散方法的研究也受到了极大的重视,相继提出了多种时间离散格式,如广义龙格-库塔法(GRK)、准静态方法(IQS)、刚性限制法(SCM)等等。然而,到目前为止,由于稳定性和收敛性的要求,应用最广泛的仍然是全隐向后差分方法。本书将采用全隐向后差分格式来处理时空动力方程组的时间变量。

本节将重点介绍应用非线性迭代半解析节块方法求解多维时空中子动力学方程组的理论模型和数值计算公式。

3.4.1　多维多群中子扩散时空动力学方程组

多维多群中子扩散时空动力学方程组包括中子扩散通量方程和缓发中子先驱核浓度方程。在笛卡尔坐标系中,反应堆多维多群中子扩散时空动力学方程可以写成以下形式:

$$\frac{1}{v_g} \frac{\partial \Phi_g(r,t)}{\partial t} = \nabla \cdot D_g(r,t) \nabla \Phi_g(r,t) - \Sigma_{tg}(r,t) \Phi_g(r,t) +$$

$$\sum_{g'=1}^{G} \Sigma_{g'g}(r,t) \Phi_{g'}(r,t) + (1-\beta) \chi_g^p \sum_{g'=1}^{G} \nu \Sigma_{fg'}(r,t) \Phi_{g'}(r,t) +$$

$$\sum_{i=1}^{I} \chi_{gi}^{\mathrm{d}} \lambda_i C_i(r,t) \tag{3.4.1}$$

$$g=1,2,3,\cdots,G;\quad i=1,2,3,\cdots,I$$

$$\frac{\partial C_i(r,t)}{\partial t} = \beta_i \sum_{g'=1}^{G} \nu \Sigma_{fg'}(r,t) \Phi_{g'}(r,t) - \lambda_i C_i(r,t) \tag{3.4.2}$$

$$i=1,2,3,\cdots,I$$

式中：v_g ——g 能群的中子平均速度；

$\quad$ χ_g^{p} ——瞬发中子进入 g 能群的份额；

$\quad$ χ_{gi}^{d} ——第 i 组缓发中子进入 g 能群的份额；

$\quad$ λ_i ——第 i 组缓发中子先驱核的衰变常数；

$\quad$ β_i ——第 i 组缓发中子份额；

$\quad$ $\beta = \sum\limits_{i=1}^{I} \beta_i$ ；

$\quad$ I ——缓发中子的总组数；

$\quad$ $C_i(r,t)$ ——空间和时间相关的第 i 组缓发中子先驱核浓度。

该方程是一个抛物型偏微分方程组，它比稳态中子扩散方程组的求解要复杂得多，下面将详细讨论该方程组的求解方法。

3.4.2　时间变量的离散

中子扩散动力学方程组式(3.4.1)和式(3.4.2)是一个刚性方程组，考虑到收敛性和稳定性的要求，采用全隐向后 Euler 格式来离散式(3.4.1)中的时间导数项，而采用时间积分方法对式(3.4.2)进行解析求解。

如图 3.5 所示，对时间变量进行离散，得到了离散时间集合$\{t_n\}$及相应的一系列时间间隔$[t_{n-1},t_n]$，$n=0,1,\cdots$，其中时间步长为

$$\Delta t_n = t_n - t_{n-1}$$

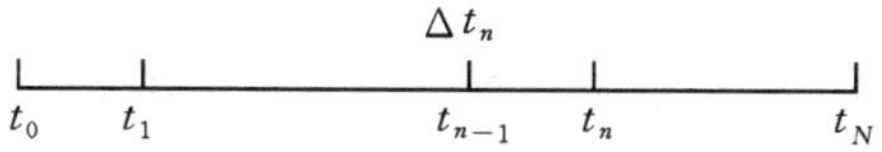

图 3.5　时间区域的离散

3.4.2.1　全隐向后有限差分方法

对式(3.4.1)中的中子通量密度时间导数项采用全隐向后有限差分格式近似求解，在 t_n 时刻，该导数项可近似为

$$\frac{\partial \Phi_g(r,t)}{\partial t}\bigg|_{t_n} = \frac{\Phi_g(r,t_n) - \Phi_g(r,t_{n-1})}{\Delta t_n} \tag{3.4.4}$$

式中：$\Phi(r,t_n)$ 为在 t_n 时刻，空间相关的中子通量密度。

该全隐向后有限差分格式保证了求解过程是无条件稳定的。

3.4.2.2　时间积分方法

采用时间积分方法求解方程式(3.4.2)，在时间间隔 $[t_{n-1},t_n]$ 上对式(3.4.2)进行积分，可以得到 t_n 时刻的缓发中子先驱核浓度

$$C_i(r,t_n) = C_i(r,t_{n-1})\mathrm{e}^{-\lambda_i\Delta t_n} + \beta_i\int_{t_{n-1}}^{t_n}\mathrm{e}^{-\lambda_i(t_n-t)}\sum_{g'=1}^{G}\nu\Sigma_{\mathrm{f}g'}(r,t)\Phi_{g'}(r,t)\mathrm{d}t$$
$$i=1,2,3,\cdots,I \quad (3.4.5)$$

式中：$C_i(r,t_n)$ 为在 t_n 时刻，空间相关的第 i 组缓发中子的先驱核浓度。

为了求解式(3.4.5)中的积分项，需要中子裂变源项在时间间隔 $[t_{n-1},t_n]$ 内的关于时间的具体表达式。同中子通量密度时间导数项的全隐向后有限差分近似相一致，近似地认为总的裂变源项在时间间隔 $[t_{n-1},t_n]$ 内是线性变化的，即

$$\nu\Sigma_{\mathrm{f}g}(r,t)\Phi_g(r,t)$$
$$= \nu\Sigma_{\mathrm{f}g}(r,t_{n-1})\Phi_g(r,t_{n-1}) + \frac{\nu\Sigma_{\mathrm{f}g}(r,t_n)\Phi_g(r,t_n) - \nu\Sigma_{\mathrm{f}g}(r,t_{n-1})\Phi_g(r,t_{n-1})}{\Delta t_n}(t-t_n)$$
$$(3.4.6)$$

将式(3.4.6)代入式(3.4.5)，可以得到 t_n 时刻的缓发中子先驱核浓度

$$C_i(r,t_n) = C_i(r,t_{n-1})\mathrm{e}^{-\lambda_i\Delta t_n} + F_{i_n}^0\sum_{g'=1}^{G}\nu\Sigma_{\mathrm{f}g'}(r,t_{n-1})\Phi_{g'}(r,t_{n-1}) + F_{i_n}^1\sum_{g'=1}^{G}\nu\Sigma_{\mathrm{f}g'}(r,t_n)\Phi_{g'}(r,t_n)$$
$$(3.4.7)$$

式中
$$F_{i_n}^0 = \frac{\beta_i}{\lambda_i}(1-\mathrm{e}^{-\lambda_i\Delta t_n}) - F_{i_n}^1$$

$$F_{i_n}^1 = \frac{\beta_i}{\Delta t_n\lambda_i}\Big[\Delta t_n - \frac{1}{\lambda_i}(1-\mathrm{e}^{-\lambda_i\Delta t_n})\Big]$$

3.4.2.3　固定源中子扩散方程

将方程(3.4.4)和(3.4.7)代入方程(3.4.1)中，就可以得到 t_n 时刻中子通量密度方程

$$\frac{1}{v_g\Delta t_n}\Phi_g(r,t_n) - \nabla\cdot D_g(r,t_n)\nabla\Phi_g(r,t_n) + \Sigma_{\mathrm{t}g}(r,t_n)\Phi_g(r,t_n)$$
$$= \sum_{g'=1}^{G}\Sigma_{g'g}(r,t_n)\Phi_{g'}(r,t_n) + \bar{\chi}_g\sum_{g'=1}^{G}\nu\Sigma_{\mathrm{f}g'}(r,t_n)\Phi_{g'}(r,t_n) + S_g^{\mathrm{eff}}(r,t_n)$$
$$(3.4.8)$$

式中

$$\bar{\chi}_g = (1-\beta)\chi_g^p + \sum_{i=1}^{I} \chi_{gi}^d \lambda_i F_{i_n}^1$$

$$S_g^{\text{eff}}(r,t_n) = \frac{1}{v_g \Delta t_n}\Phi_g(r,t_{n-1}) + \sum_{i=1}^{I} \chi_{gi}^d \lambda_i C_i(r,t_{n-1}) e^{-\lambda_i \Delta t_n} + $$

$$\sum_{i=1}^{I} \chi_{gi}^d \lambda_i F_{i_n}^0 \cdot \sum_{g'=1}^{G} \nu\Sigma_{fg'}(r,t_{n-1})\Phi_{g'}(r,t_{n-1})$$

可以看出,式(3.4.8)是一个具有修正源项的中子扩散固定源问题(Fixed Source Problem,FSP),其源项 $S_g^{\text{eff}}(r,t_n)$ 可以从 t_{n-1} 时刻的计算结果获得。可以用之前介绍的非线性迭代半解析节块法求解该方程,但在用半解析节块法求解两节块问题时,方程中将出现 $S_g^{\text{eff}}(r,t_n)$ 的空间相关的矩项,因而需要保存 t_{n-1} 时刻求得的横向积分通量和横向积分先驱核浓度的展开系数,这将消除非线性迭代方法的一个优点,极大地增加计算机内存的需求。为了克服这个问题,可以参照 NESTLE 中的处理方法,对附加源项 $S_g^{\text{eff}}(r,t_n)$ 采用类似横向泄漏项的处理方法进行近似处理,对附加源项 $S_g^{\text{eff}}(r,t_n)$ 作空间二次近似处理,具体的处理方法将在下节介绍,这样就只需保存 t_{n-1} 时刻的节块平均通量和先驱核浓度。但是这样一来,在求解方程(3.4.8)时, $S_g^{\text{eff}}(r,t_n)$ 在 t_n 时刻和 t_{n-1} 时刻的空间处理是不一致的,这将使得计算结果产生漂移。本书采用了 NESTLE 中的处理方法来解决这个问题,为此将方程(3.4.8)改写为如下的方程:

$$-\nabla \cdot D_g(r,t_n)\nabla\Phi_g(r,t_n) + \Sigma_{tg}(r,t_n)\Phi_g(r,t_n)$$

$$= \sum_{g'=1}^{G}\Sigma_{g'g}(r,t_n)\Phi_{g'}(r,t_n) + \chi_g\sum_{g'=1}^{G}\nu\Sigma_{fg'}(r,t_n)\Phi_{g'}(r,t_n) + S_g(r,t_n) \quad (3.4.9)$$

式中

$$\chi_g = (1-\beta)\chi_g^p + \sum_{i=1}^{I}\beta_i\chi_{gi}^d$$

$$S_g(r,t_n) = \sum_{i=1}^{I}(\chi_{gi}^d \lambda_i F_{i_n}^1 - \beta_i\chi_{gi}^d)\sum_{g'=1}^{G}\nu\Sigma_{fg'}(r,t_n)\Phi_{g'}(r,t_n) - \frac{1}{v_g\Delta t_n}\Phi_g(r,t_n) + S_g^{\text{eff}}(r,t_n)$$

方程(3.4.9)就是通过全隐向后有限差分离散后得到的 t_n 时刻的中子通量密度固定源方程。由于在源项 $S_g(r,t_n)$ 中包含有 t_n 时刻的中子通量密度,因而需要通过迭代的方法进行迭代求解,在采用非线性迭代半解析节块法时,这是很容易实现的,在第 3.4.4 节将详细讨论迭代求解过程。

3.4.2.4　初始值的计算

在求解方程组式(3.4.1)和式(3.4.2)时(通过全隐向后 Euler 方法和时间积分方法后为方程式(3.4.7)和式(3.4.9)),需要知道中子通量密度和缓发中子先驱核浓度的初值,即在 t_0 时刻的值。在反应堆动力学计算中,中子通量密度的初值是通过求解稳态中子扩散方程式(3.1.1)得到的,然后缓发中子先驱核浓度的初值就可通过令方程(3.4.2)中的时间导数项为零得到,即

$$C_i(r,t_0) = \frac{\beta_i}{\lambda_i} \sum_{g'=1}^{G} \nu\Sigma_{\mathrm{f}g'}(r,t_0)\Phi_{g'}(r,t_0) \qquad (3.4.10)$$

如果在初始的稳态计算(方程(3.1.1))时,k_{eff} 不为 1,那么将在方程(3.4.1)和(3.4.2)或方程(3.4.7)和(3.4.9)中对所有 $\nu\Sigma_{\mathrm{f}g}$ 除以 k_{eff},以迫使系统为临界。

3.4.3 空间变量的离散

采用本章介绍的非线性迭代半解析节块方法来求解任意时刻 t_n 中子通量密度方程(3.4.9),然后通过方程式(3.4.7)求出缓发中子先驱核浓度,初值通过求解稳态中子扩散方程和式(3.4.10)得到。由于方程(3.4.9)与方程(3.1.1)在形式上除了式(3.4.9)多了一个附加源项外是完全相同的,因而用非线性迭代半解析节块方法求解方程式(3.4.9)的过程与求解稳态中子扩散方程是完全相同的。下面将直接给出用非线性迭代半解析节块方法求解方程式(3.4.9)的公式,而不再进行详细的推导。

3.4.3.1 节块平衡方程

节块的划分与第 2 章相同,节块 k 的描述为

$$\Omega^k = [-\Delta x_k/2, \Delta x_k/2] \times [-\Delta y_k/2, \Delta y_k/2] \times [-\Delta z_k/2, \Delta z_k/2]$$

其中,Δx_k,Δy_k,Δy_k 是节块 k 在相应坐标方向上的宽度。节块内具有均匀化参数。

在节块 k 上对方程(3.4.5)积分,得到节块平均的缓发中子先驱核浓度方程

$$\overline{C}_i^k(t_n) = \overline{C}_i^k(t_{n-1})\mathrm{e}^{-\lambda_i\Delta t_n} + F_{i_n}^0 \sum_{g'=1}^{G} \nu\Sigma_{\mathrm{f}g'}^k(t_{n-1})\overline{\Phi}_{g'}^k(t_{n-1}) +$$
$$F_{i_n}^1 \sum_{g'=1}^{G} \nu\Sigma_{\mathrm{f}g'}^k(t_n)\overline{\Phi}_{g'}^k(t_n) \qquad (3.4.11)$$

式中

$$\overline{C}_i^k(t_n) = \frac{1}{V_k}\int_{-\frac{\Delta z_k}{2}}^{\frac{\Delta z_k}{2}}\int_{-\frac{\Delta y_k}{2}}^{\frac{\Delta y_k}{2}}\int_{-\frac{\Delta x_k}{2}}^{\frac{\Delta x_k}{2}} C_i^k(r,t_n)\mathrm{d}x\mathrm{d}y\mathrm{d}z$$

在节块 k 上对方程(3.4.10)积分,得到节块平均的缓发中子先驱核浓度的初值

$$\overline{C}_i^k(t_0) = \frac{\beta_i}{\lambda_i} \sum_{g'=1}^{G} \nu\Sigma_{\mathrm{f}g'}^k(t_0)\overline{\Phi}_{g'}^k(t_0) \qquad (3.4.12)$$

为方便描述,将式(3.4.9)写成如下形式

$$- \nabla \cdot D_g(r) \nabla \Phi_g(r) + \Sigma_{tg}(r) \Phi_g(r)$$

$$= \sum_{g'=1}^{G} \Sigma_{g'g}(r) \Phi_{g'}(r) + \chi_g \sum_{g'=1}^{G} \nu \Sigma_{fg'}(r) \Phi_{g'}(r) + S_g(r) \quad (3.4.13)$$

在节块 k 上对方程(3.4.13)积分,得到节块平均的中子通量密度方程

$$\sum_{u=x,y,z} \frac{1}{\Delta u_k} (J_{gu+}^k - J_{gu-}^k) + \Sigma_{tg}^k \overline{\Phi}_g^k = \sum_{g'=1}^{G} (\Sigma_{g'g}^k + \chi_g \nu \Sigma_{fg'}^k) \overline{\Phi}_{g'}^k + \overline{S}_g^k \quad (3.4.14)$$

式中

$$\overline{S}_g^k = \overline{S}_g^k(t_n) = \frac{1}{V_k} \int_{-\frac{\Delta z_k}{2}}^{\frac{\Delta z_k}{2}} \int_{-\frac{\Delta y_k}{2}}^{\frac{\Delta y_k}{2}} \int_{-\frac{\Delta x_k}{2}}^{\frac{\Delta x_k}{2}} S_g^k(r, t_n) \mathrm{d}x \mathrm{d}y \mathrm{d}z$$

$$= \sum_{i=1}^{I} (\chi_{gi}^d \lambda_i F_{i_n}^1 - \beta_i \chi_{gi}^d) \sum_{g'=1}^{G} \nu \Sigma_{fg'}^k(t_n) \overline{\Phi}_{g'}^k(t_n) - \frac{1}{v_g \Delta t_n} \overline{\Phi}_g^k(t_n) + \overline{S}_{gk}^{\mathrm{eff}}(t_n)$$

$$= 节块平均源项$$

$$\overline{S}_{gk}^{\mathrm{eff}}(t_n) = \frac{1}{v_g \Delta t_n} \overline{\Phi}_g^k(t_{n-1}) + \sum_{i=1}^{I} \chi_{gi}^d \lambda_i \overline{C}_i^k(t_{n-1}) \mathrm{e}^{-\lambda_i \Delta t_n} +$$

$$\sum_{i=1}^{I} \chi_{gi}^d \lambda_i F_{i_n}^0 \cdot \sum_{g'=1}^{G} \nu \Sigma_{fg'}^k(t_{n-1}) \overline{\Phi}_{g'}^k(t_{n-1})$$

3.4.3.2　带耦合修正因子的粗网有限差分方程(CMFD)

同样用下式近似节块表面净中子流

$$J_{gu+}^k = - D_{gu+}^{k,\mathrm{FDM}} (f_{gu-}^{k+1} \overline{\Phi}_g^{k+1} - f_{gu+}^k \overline{\Phi}_g^k) - D_{gu+}^{k,\mathrm{NOD}} (f_{gu-}^{k+1} \overline{\Phi}_g^{k+1} + f_{gu+}^k \overline{\Phi}_g^k)$$

$$(3.4.15)$$

式中各物理量的定义与 3.2 节相同。

将式(3.4.15)代入式(3.4.14),得到粗网有限差分方程

$$\sum_{u=x,y,z} \frac{1}{\Delta u_k} [- (D_{gu-}^{k,\mathrm{FDM}} - D_{gu-}^{k,\mathrm{NOD}}) f_{gu+}^{ku-} \overline{\Phi}_g^{ku-} - (D_{gu+}^{k,\mathrm{FDM}} + D_{gu+}^{k,\mathrm{NOD}}) f_{gu-}^{ku+} \overline{\Phi}_g^{ku+} +$$

$$(D_{gu+}^{k,\mathrm{FDM}} - D_{gu+}^{k,\mathrm{NOD}}) f_{gu+}^k \overline{\Phi}_g^k + (D_{gu-}^{k,\mathrm{FDM}} + D_{gu-}^{k,\mathrm{NOD}}) f_{gu-}^k \overline{\Phi}_g^k] + \Sigma_{tg}^k \overline{\Phi}_g^k$$

$$= \sum_{g'=1}^{G} (\Sigma_{g'g}^k + \chi_g \nu \Sigma_{fg'}^k) \overline{\Phi}_{g'}^k + \overline{S}_g^k$$

$$k = 1, 2, \cdots, N; \quad g = 1, 2, \cdots, G$$

$$(3.4.16)$$

式中, $ku\pm$ ($u \in \{x, y, z\}$)为节块 k 在 $\pm u$ 方向上的相邻节块。

耦合修正因子同样是通过"两节块问题"来求解的,边界条件的处理与非线性

迭代半解析节块方法中完全一样。

方程(3.4.16)可写成矩阵形式：

$$\boldsymbol{M\Phi} = \boldsymbol{F\Phi} + \boldsymbol{S} \tag{3.4.17}$$

式中

$$\boldsymbol{S} = \mathrm{col}(S_1, S_2, S_3, \cdots, S_g, \cdots, S_G)$$

$$\boldsymbol{S}_g = \mathrm{col}(\bar{S}_g^1, \bar{S}_g^2, \bar{S}_g^3, \cdots, \bar{S}_g^k, \cdots, \bar{S}_g^N)$$

3.4.3.3　耦合修正因子的计算

采用非线性迭代半解析节块法求解"两节块问题"，从而求得式(3.4.16)中的节块耦合修正因子，并通过非线性迭代过程来更新耦合修正因子。

1) 横向积分固定源方程及剩余权重矩方程

对固定源中子扩散方程(3.4.13)进行横向积分，得到横向积分固定源方程

$$-D_g^k \frac{\mathrm{d}^2 \varphi_{gu}^k(u)}{\mathrm{d}u^2} + \Sigma_{tg}^k \varphi_{gu}^k(u)$$

$$= \sum_{g'=1}^G (\Sigma_{g'g}^k + \chi_g \nu \Sigma_{fg'}^k) \varphi_{g'u}^k(u) + S_{gu}^k(u) - L_{gu}^k(u) \tag{3.4.18}$$

$$u \in \{x, y, z\}, \ v \in \{x, y, z\}, \ w \in \{x, y, z\}, \ u \neq v \neq w$$

式中

$$S_{gu}^k(u) = \frac{1}{\Delta v_k \Delta w_k} \int_{-\frac{\Delta v_k}{2}}^{\frac{\Delta v_k}{2}} \int_{-\frac{\Delta w_k}{2}}^{\frac{\Delta w_k}{2}} S_g^k(r) \mathrm{d}w \mathrm{d}v = 横向积分源项$$

采用半解析节块法求解横向积分固定源方程(3.4.18)，应用式(3.2.4)和式(3.2.12)来近似横向积分通量和横向泄漏项的空间分布，并且横向泄漏项的展开系数的求解与半解析节块法完全一样。但要求解方程(3.4.18)，还需知道横向积分源项 $S_{gu}^k(u)$ 的空间分布，这里采用 NESTLE 中的方法来处理横向积分源项，即将横向积分源项采用二次近似展开：

$$S_{gu}^k(u) = \bar{S}_g^k + \sum_{i=1}^2 \gamma_{gui}^k p_i \left(\frac{2u}{\Delta u_k} \right) \tag{3.4.19}$$

其中，函数系 $p_i(t)$ 由式(3.2.5)定义，γ_{gui}^k 是横向积分源项的展开系数。

采用类似于横向泄漏项的处理方法来计算横向积分源项的展开系数，即令节块 k 的横向积分源项 $S_{gu}^k(u)$ 满足下面三个方程：

$$\frac{1}{\Delta u_{ku-}} \int_{-\frac{\Delta u_k}{2}}^{-\frac{\Delta u_k}{2}\Delta u_{ku-}} S_{gu}^k(u) \mathrm{d}u = \bar{S}_g^{ku-}$$

$$\tag{3.4.20}$$

$$\frac{1}{\Delta u_k} \int_{-\frac{\Delta u_k}{2}}^{\frac{\Delta u_k}{2}} S_{gu}^k(u) \mathrm{d}u = \bar{S}_g^k \tag{3.4.21}$$

$$\frac{1}{\Delta u_{ku+}} \int_{\frac{\Delta u_k}{2}}^{\frac{\Delta u_k}{2}+\Delta u_{ku+}} S_{gu}^k(u)\mathrm{d}u = \bar{S}_g^{ku+} \tag{3.4.22}$$

式中，$ku\pm$ 表示节块 k 在 $\pm u$ 坐标轴方向上的相邻节块。

由式(3.4.20)～式(3.4.22)就可以解出节块 k 的横向积分源项的展开系数，即

$$\gamma_{gu1}^k = \mu \cdot (\Delta u_k)\big[(\Delta u_k + \Delta u_{ku+})(\Delta u_k + 2\Delta u_{ku+})(\bar{S}_g^k - \bar{S}_g^{ku-}) + \\ (\Delta u_k + \Delta u_{ku-})(\Delta u_k + 2\Delta u_{ku-})(\bar{S}_g^{ku+} - \bar{S}_g^k) \tag{3.4.23}$$

$$\gamma_{gu2}^k = \mu \cdot (\Delta u_k)^2\big[(\Delta u_k + \Delta u_{ku-})(\bar{S}_g^{ku+} - \bar{S}_g^k) + (\Delta u_k + \Delta u_{ku+})(\bar{S}_g^{ku-} - \bar{S}_g^k)\big] \tag{3.4.24}$$

式中

$$\mu = \big[2(\Delta u_k + \Delta u_{ku-})(\Delta u_k + \Delta u_{ku+})(\Delta u_k + \Delta u_{ku-} + \Delta u_{ku+})\big]^{-1}$$

对边界节块的横向积分源项的展开系数的求解处理与横向泄漏项完全相同，此处不再赘述。应该指出的是，这种处理方法将牺牲一定的精度。

横向积分通量的展开系数仍然通过节块表面通量(式(3.2.8)和式(3.2.9))及剩余矩权重方程来求解，矩权重方程的一般形式为

$$<\omega_n(u)\,,\, -D_g^k\frac{\mathrm{d}^2\varphi_{gu}^k(u)}{\mathrm{d}u^2} + \Sigma_{tg}^k\varphi_{gu}^k(u) - \\ \sum_{g'=1}^{G}(\Sigma_{g'g}^k + \chi_g\nu\Sigma_{fg'}^k)\varphi_{g'u}^k(u) + L_{gu}^k(u) - S_{gu}^k(u) >= 0 \tag{3.4.25}$$

$$n=1,2$$

其中，权重函数由式(3.2.11)确定。

2)两节块方程

与用半解析节块法求解稳态中子扩散方程两节块问题一样，参见图 3.3 和表 3.1，利用节块表面平均中子通量密度连续、节块表面平均净中子流连续及剩余权重矩方程，可以得到如下的求解固定源中子扩散方程(3.4.13)两节块问题的 $8G$ 个方程(推导过程略)。

节块 k 的中子平衡方程(零次矩方程)：

$$-\frac{4D_g^k}{(\Delta u_k)^2}(3a_{gu2}^k + G_{gu}^k a_{gu4}^k) + \sum_{g'=1}^{G}B_{g'g}^k\bar{\Phi}_{g'}^k - \bar{S}_g^k + \bar{L}_{gu}^k = 0 \tag{3.4.26}$$

式中

$$B_{g'g}^k = \Sigma_{tg}^k\delta_{g'g} - \Sigma_{g'g}^k - \chi_g\nu\Sigma_{fg'}^k$$

节块 k 的一次矩方程：

$$a_{gu3}^k = A_{gu}^k \left(\sum_{g'=1}^{G} B_{g'g}^k a_{g'u1}^k - \gamma_{gu1}^k + \rho_{gu1}^k \right) \tag{3.4.27}$$

节块 k 的二次矩方程：

$$a_{gu4}^k = C_{gu}^k \left(\sum_{g'=1}^{G} B_{g'g}^k a_{g'u2}^k - \gamma_{gu2}^k + \rho_{gu2}^k \right) \tag{3.4.28}$$

节块 $k+1$ 的矩方程可以同样得到，为了避免重复，不再列出，把节块 k 的矩方程中的上标改为 $k+1$ 就得到节块 $k+1$ 的矩方程，这样就得到 $6G$ 个节块矩方程。

节块 k 和 $k+1$ 交界面上的净中子流连续条件：

$$-\frac{2D_g^k}{\Delta u_k}(a_{gu1}^k + 3a_{gu2}^k + H_{gu}^k a_{gu3}^k + G_{gu}^k a_{gu4}^k)$$
$$= -\frac{2D_g^{k+1}}{\Delta u_{k+1}}(a_{gu1}^{k+1} - 3a_{gu2}^{k+1} + H_{gu}^{k+1} a_{gu3}^{k+1} - G_{gu}^{k+1} a_{gu4}^{k+1}) \tag{3.4.29}$$

节块 k 和 $k+1$ 交界面上的偏中子通量连续条件：

$$f_{gu+}^k(\overline{\Phi}_g^k + a_{gu1}^k + a_{gu2}^k + a_{gu3}^k + a_{gu4}^k)$$
$$= f_{gu-}^{k+1}(\overline{\Phi}_g^{k+1} - a_{gu1}^{k+1} + a_{gu2}^{k+1} - a_{gu3}^{k+1} + a_{gu4}^{k+1}) \tag{3.4.30}$$

这样就得到了求解两节块 $(k, k+1)$ 通量展开系数的 $8G$ 个方程，通过观察可以发现奇项展开系数和偶项展开系数可以分开求解，并且每个节块的偶项通量展开系数可以独立求解（推导过程此处略）。

节块 k 和节块 $k+1$ 的偶项通量展开系数方程组：

$$\sum_{g'=1}^{G} \left[\frac{12D_g^k}{(\Delta u_k)^2}\delta_{g'g} + E_{gu}^k B_{g'g}^k \right] a_{g'u2}^k$$
$$= \sum_{g'=1}^{G} B_{g'g}^k \overline{\Phi}_{g'}^k - \overline{S}_g^k + \overline{L}_{gu}^k + E_{gu}^k(\gamma_{gu2}^k - \rho_{gu2}^k) \tag{3.4.31}$$

方程(3.4.31)是个 $1G$ 阶线性方程组，可以从中解出节块 k 的横向积分中子通量展开系数 a_{gu2}^k，将之代入方程(3.4.28)就得到节块 k 的横向积分中子通量展开系数 a_{gu4}^k。

对于节块 $k+1$ 可以得到同样的方程，把节块 k 的方程(3.4.31)的上标改为 $k+1$ 即可。

节块 k 和节块 $k+1$ 的奇项通量展开系数方程组：

$$-d_{gu}^k \sum_{g'=1}^{G} (\delta_{g'g} + F_{gu}^k B_{g'g}^k) a_{g'u1}^k + d_{gu}^{k+1} \sum_{g'=1}^{G} (\delta_{g'g} + F_{gu}^{k+1} B_{g'g}^{k+1}) a_{g'u1}^{k+1}$$
$$= d_{gu}^k [3a_{gu2}^k + G_{gu}^k a_{gu4}^k - F_{gu}^k(\gamma_{gu1}^k - \rho_{gu1}^k)] +$$
$$d_{gu}^{k+1} [3a_{gu2}^{k+1} + G_{gu}^{k+1} a_{gu4}^{k+1} + F_{gu}^{k+1}(\gamma_{gu1}^{k+1} - \rho_{gu1}^{k+1})] \tag{3.4.32}$$

$$f_{gu+}^k \sum_{g'=1}^G (\delta_{g'g} + A_{gu}^k B_{g'g}^k) a_{g'u1}^k + f_{gu+}^{k+1} \sum_{g'=1}^G (\delta_{g'g} + A_{gu}^{k+1} B_{g'g}^{k+1}) a_{g'u1}^{k+1}$$

$$= -f_{gu+}^k [\overline{\Phi}_g^k + a_{gu2}^k + a_{gu4}^k - A_{gu}^k (\gamma_{gu1}^k - \rho_{gu1}^k)] + \tag{3.4.33}$$

$$f_{gu-}^{k+1} [\overline{\Phi}_g^k + a_{gu2}^{k+1} + a_{gu4}^{k+1} + A_{gu}^{k+1} (\gamma_{gu1}^{k+1} - \rho_{gu1}^{k+1})]$$

方程(3.4.32)和(3.4.33)是一个 2G 阶线性方程组,可以从中解出节块 k 和节块 $k+1$ 的横向积分通量的奇项展开系数。

同求解稳态中子扩散方程一样,从式(3.4.31)至式(3.4.33)可以看出,求解两节块问题的 8G 方程被化简成求解一个 1G 方程(对节块 $k+1$)和一个 2G 方程(对节块 k 和 $k+1$),节块 k 的偶项系数在求解两节块问题 $(k-1,k)$ 时得到,这将极大地提高计算时间。通量展开系数求出后,就可以由式(3.2.27)和(3.2.28)解出节块表面的净中子流,然后由式(3.1.12)解出耦合修正因子。

边界条件的处理与稳态中子扩散方程的处理类似,这里不再赘述。

3.4.4　时空中子动力学方程组的数值求解过程

从前面的讨论可以看出,多维多群中子扩散时空动力学方程组式(3.4.1)和式(3.4.2)经过时间变量离散后,便归结为在每个离散时刻 t_n 求解具有固定源项的中子扩散方程(3.4.9)和缓发中子先驱核浓度方程(3.4.7)。

假定 t_{n-1} 时刻的节块平均的中子通量密度分布和先驱核浓度分布已经解出,则对时刻 t_n 首先求解固定源中子通量密度方程(3.4.9),得到节块平均的中子通量密度分布,然后利用求得的 t_n 时刻节块平均的中子通量密度分布和 t_{n-1} 时刻节块平均的中子通量密度分布、先驱核浓度分布,根据式(3.4.12)得到 t_n 时刻节块平均的先驱核浓度分布。这样就完成了 t_n 时刻,然后进入下一个时刻的计算,直至 t_N 时刻结束。

在任意时刻 t_n,求解固定源方程(3.4.9)的粗网有限差分方程(式(3.4.16)或式(3.4.17))是通过内、外迭代过程来求解的,同时在外迭代外增加一层非线性迭代过程,通过求解两节块问题来计算耦合修正因子。由于方程中的附加源项不仅与前一时刻的节块平均中子通量密度分布和节块平均的缓发中子先驱核浓度分布有关,而且与所计算的当前时刻的节块平均通量密度分布有关,因而需要在每次外迭代中更新附加源项,并在每次非线性迭代中更新计算横向积分源项的展开系数。

粗网有限差分方程(3.4.17)的迭代格式如下:

$$\boldsymbol{M}^{(L)} \boldsymbol{\Phi}^{(m)} = \boldsymbol{F}^{(L)} \boldsymbol{\Phi}^{(m-1)} + \boldsymbol{S}^{(m-1)} \tag{3.4.34}$$

其中,L 为非线性迭代计数,m 为外迭代计数。

内迭代过程与第 2 章求解稳态中子扩散方程时一样,在每次内迭代中通过点超松弛(SOR)方法来进行求解。

采用源外推加速技术和粗网再平衡方法来加速外迭代的收敛过程,其中源外推加速过程与求解稳态中子扩散方程时所采用的完全相同,而粗网再平衡技术的应用与稳态时有较大差异,但原理是一样的。

将堆芯划分成 M 个粗网格 $\Lambda_m(m=1,2,3,\cdots,M)$,每个粗网格包含若干个节块,粗网格的边界与节块边界重合。在每一个粗网格 Λ_m 中对所有节块所有能群的中子平衡方程求和,得到粗网中子平衡方程

$$\sum_{u=x,y,z}(B_{mu+}+B_{mu}+B_{mu-})+A_m=P_m+q_{t_n}^m+q_{t_{n-1}}^m \qquad (3.4.35)$$

式中,粗网上的"总产生率"

$$P_m=\sum_{k\in\Lambda_m}\sum_{g'=1}^{G}\nu\Sigma_{fg'}^k\,\overline{\Phi}_{g'}^k V_k \qquad (3.4.36)$$

粗网上的附加源项为

$$q_{t_n}^m=\sum_{k\in\Lambda_m}\Big[\Big(\sum_{i=1}^{I}\lambda_i F_{i_n}^1-\beta\Big)\sum_{g'=1}^{G}\nu\Sigma_{fg'}^k\,\overline{\Phi}_{g'}^k(t_n)-\sum_{g'=1}^{G}\frac{1}{v_g\Delta t_n}\overline{\Phi}_g^k(t_n)\Big]V_k$$

$$(3.4.37)$$

$$q_{t_{n-1}}^m=\sum_{k\in\Lambda_m}\sum_{g=1}^{G}\overline{S}_g^{k,\mathrm{eff}}(t_n)V_k \qquad (3.4.38)$$

其他量的定义与非线性迭代半解析节块方法中相同。

在外迭代收敛前,计算得到的中子通量并不满足给定粗网上的中子平衡方程,为此,利用下列关系式进行"再平衡"修正:

$$\overline{\Phi}'_g^k=f_m\overline{\Phi}_g^k \qquad (3.4.39)$$

其中,$k\in\Lambda_m(m=1,2,3,\cdots,M)$,$f_m$ 是再平衡因子。

将式(3.4.39)代入粗网中子平衡方程式(3.4.35),得到关于再平衡因子的方程

$$\sum_{u=x,y,z}B_{mu-}f_{mu-}+\sum_{u=x,y,z}B_{mu+}f_{mu+}+\Big(\sum_{u=x,y,z}B_{mu}+A_m-P_m-q_{t_n}^m\Big)f_m=q_{t_{n-1}}^m$$

$$(3.4.40)$$

式(3.4.40)可以写成如下的矩阵形式:

$$\boldsymbol{Cf}=\boldsymbol{q} \qquad (3.4.41)$$

式中:$\boldsymbol{f}=\mathrm{col}(f_1,f_2,f_3,\cdots,f_M)$;

$\boldsymbol{q}=\mathrm{col}(q_{t_{n-1}}^1,q_{t_{n-1}}^2,q_{t_{n-1}}^3,\cdots,q_{t_{n-1}}^M)$;

$\boldsymbol{C}$——方程(3.4.40)左端系数确定的七对角稀疏矩阵。

方程(3.4.41)是一个线性方程组。通常来说,粗网格的数目不大,因而可以用

直接法(如 Gauss 列主元法)求解。

习题

　　(1)解释稳态本征值问题的求解方法。

　　(2)解释时空动力学方程组的数值求解方法。

　　(3)调研相关文献,掌握目前三维时空动力学方程组的求解方法进展及其实例。

参考文献

[1] 廖承奎.三维节块中子动力学方程组的数值解法及物理与热工-水力耦合瞬态过程的数值计算的研究[D].西安:西安交通大学,2002.

[2] The RELAP‐3D© Code Development Team,RELAP‐3D© Code Manual Volume Ⅰ:Code Structure,System Models and Solution Method[R]. IN-EEL-EXT‐98‐00834,Revision 2.3,April 2005. Idaho National Laboratory.

第4章　两相流基本模型

两相流模型是反应堆事故分析的重要基础。以核反应堆大破口失水事故为例,反应堆将经历高温高压高流量到低温低压低流量的两相流工况。因此,核反应堆的事故分析程序,必须具备宽参数范围的两相流预测能力。

描述物理系统的数学模型是一组方程、相关边界条件和初始条件的组合。与单相流相比,建立两相流数学模型要复杂得多,关键原因之一是:在相界面各相的运动参量发生阶跃变化,通过界面发生质量、动量和能量传递。必须通过引入某些假设,建立起质量、动量和能量守恒方程,与相应的结构条件、边界条件、初始条件构成封闭方程组。

在工程应用领域,简单模型分析法是最常用的两相流模型分析方法。它的实质是根据经验和实验观察选择描述具体运动特性和热力平衡特性的假设或经验关系式。从数学观点来说,是对所采用的数学模型强加相容条件,或强加一些解,使问题简化。其中最主要的分析模型有均匀流模型、漂移流模型和两流体模型。

4.1　均匀流模型

4.1.1　基本均匀流模型

均匀流模型是把两相流看作汽相和液相具有同一速度而且是均匀的混合流动模型,在热平衡方面,认为两相具有相同的温度,即假定处于热平衡状态。这个模型是最基础的两相流模型,对于汽相和液相比较均匀的流动、高压高流速的泡状流、汽芯中夹带液滴的环状流等流型是适用的。此外,在其他的流型中,可以采取相应的结构关系式来使用均匀流模型。

均匀流中使用的基本守恒关系式与单相流动是一样的,公式中使用的状态变量均为加权平均定义后的变量。

取长度为 Δz 的控制体,设其流动面积为 A,质量流速为 G。下面推导均匀流模型的质量、动量和能量守恒方程。

4.1.1.1　质量守恒方程

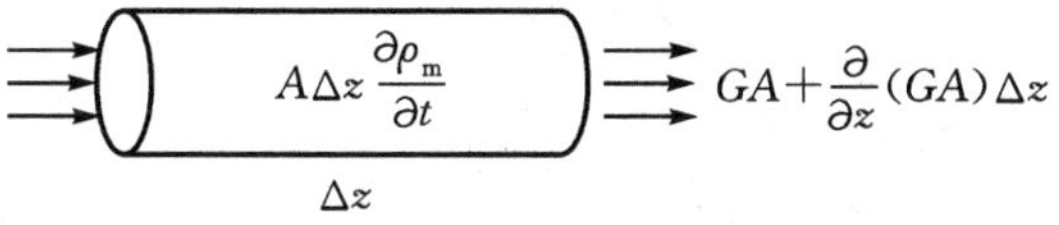

$$\text{（图示）}\quad A\Delta z\frac{\partial \rho_{\mathrm{m}}}{\partial t}\quad\Longrightarrow\quad GA+\frac{\partial}{\partial z}(GA)\Delta z$$
$$\Delta z$$

图 4.1　质量守恒示意图

如图 4.1 所示,质量的守恒方程可以表示为

Δt 时间内控制体体积内质量的变化量 = Dt 时间内进出控制体边界的质量变化量

控制体内质量的变化量 $=\dfrac{\partial}{\partial t}\rho_{\mathrm{m}}A\Delta z\Delta t$

进出控制体边界的质量变化量 $=-\dfrac{\partial}{\partial z}GA\Delta z\Delta t$

可得

$$\frac{\partial \rho_{\mathrm{m}}}{\partial t}+\frac{\partial}{\partial z}G=0 \tag{4.1.1}$$

式中,ρ_{m} 是均匀流的两相密度,可以从两相流的知识得到。如果汽相和液相的速度相等,那么

$$\rho_{\mathrm{m}}=\alpha\rho_{\mathrm{g}}+(1-\alpha)\rho_{\mathrm{l}}=\frac{1}{v_{\mathrm{l}}+xv_{\mathrm{lg}}} \tag{4.1.2}$$

式中:α——空泡份额;

$\quad x$——质量含汽率;

$\quad v_{\mathrm{l}}$——液相的比容;

$\quad v_{\mathrm{lg}}$——汽相和液相的比容差。

4.1.1.2　动量守恒方程

如图 4.2 所示,动量方程可以定义为

控制体内动量的变化量 = 进出控制体边界面上的动量变化量 + 控制体内作用力的总和

控制体内的动量的变化量 $=\dfrac{\partial}{\partial t}GA\Delta z\Delta t$

进出控制体边界上的动量变化量 $=-\dfrac{\partial}{\partial t}GjA\Delta z\Delta t$

控制体内作用力的总和 $=\left(-\dfrac{\partial p}{\partial z}-\rho_{\mathrm{m}}g\sin\theta-F_{\mathrm{w}}\right)A\Delta z\Delta t$

于是可得到下式

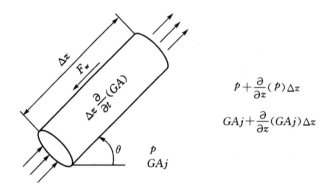

$$p + \frac{\partial}{\partial z}(p)\Delta z$$

$$GAj + \frac{\partial}{\partial z}(GAj)\Delta z$$

图 4.2　动量守恒示意图

$$\frac{\partial G}{\partial t} + \frac{\partial}{\partial z}(Gj) = -\frac{\partial p}{\partial z} - \rho_{\mathrm{m}}g\sin\theta - F_{\mathrm{w}} \qquad (4.1.3)$$

式中：j——流体的表观速度；

　　p——压力；

　　F_{w}——壁面摩擦力；

　　g——重力加速度。

对于均匀流来说，有

$$j = u_{\mathrm{l}} = u_{\mathrm{g}} = u_{\mathrm{m}} = \frac{G}{\rho_{\mathrm{m}}} \qquad (4.1.4)$$

　　将 $G = \rho_{\mathrm{m}}j$ 代入式，再利用质量守恒方程，可得

$$\rho_{\mathrm{m}}\frac{\mathrm{D}j}{\mathrm{D}t} = -\frac{\partial p}{\partial z} - \rho_{\mathrm{m}}g\sin\theta - F_{\mathrm{w}} \qquad (4.1.5)$$

式中，$\dfrac{\mathrm{D}}{\mathrm{D}t}$ 为物质导数，即

$$\frac{\mathrm{D}}{\mathrm{D}t} \equiv \frac{\partial}{\partial t} + j\frac{\partial}{\partial z} \qquad (4.1.6)$$

4.1.1.3　能量守恒方程

单位质量流体的全部能量 E_{m} 定义为

$$E_{\mathrm{m}} = e_{\mathrm{m}} + \frac{j^2}{2} + gz\sin\theta + \frac{p}{\rho_{\mathrm{m}}} \qquad (4.1.7)$$

等号右边最后一项代表 Δz 控制体的入口侧流体对流入控制体的流体以及出口侧流体对流出控制体的流体所做的功，单位时间内通过边界上的压力即

$$p \cdot jA = \frac{p}{\rho_{\mathrm{m}}} \cdot GA \qquad (4.1.8)$$

将该式换算成每单位时间、单位质量,即可得到 $\dfrac{p}{\rho_{\mathrm{m}}}$。

如图 4.3 所示,能量守恒一般如下表示:

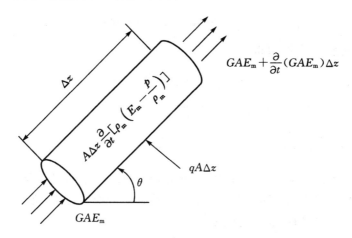

图 4.3　能量守恒示意图

控制体内的能量的变化量
＝进出控制体边界的能量变化量 ＋ 控制体内作用力所做的功 ＋
　来自控制体外部的热源

控制体内的能量的变化量 $= \dfrac{\partial}{\partial t}\left[\rho_{\mathrm{m}}\left(E_{\mathrm{m}} - \dfrac{p}{\rho_{\mathrm{m}}}\right)\right]A\Delta z\Delta t$

进出控制体边界的能量变化量 $= -\dfrac{\partial}{\partial z}(GE_{\mathrm{m}})A\Delta z\Delta t$

来自控制体外部的热源 $= qA\Delta z\Delta t$

由此,可以得到能量平衡关系式

$$\frac{\partial}{\partial t}\left[\rho_{\mathrm{m}}\left(E_{\mathrm{m}} - \frac{p}{\rho_{\mathrm{m}}}\right)\right] + \frac{\partial}{\partial z}(GE_{\mathrm{m}}) = q \tag{4.1.9}$$

式中,q 是壁面热流密度。

接下来,以式为基础导出普遍使用的能量守恒关系式。展开式,并利用式,可以得到

$$\rho_{\mathrm{m}}\frac{\partial E_{\mathrm{m}}}{\partial t} + \rho_{\mathrm{m}}j\frac{\partial E_{\mathrm{m}}}{\partial z} = q + \frac{\partial p}{\partial t} \tag{4.1.10}$$

通常该式称为均匀流的能量守恒关系式。

我们经常使用状态量焓 h 来代替内能,即

$$h = e + \frac{p}{\rho} \tag{4.1.11}$$

由此可得

$$E_{\mathrm{m}} = h_{\mathrm{m}} + \frac{j^2}{2} + gz\sin\theta \tag{4.1.12}$$

利用这个关系重写式,可得

$$\rho_{\mathrm{m}} \frac{\mathrm{D}h_{\mathrm{m}}}{\mathrm{D}t} = q + \frac{\mathrm{D}p}{\mathrm{D}t} + jF_{\mathrm{w}} \tag{4.1.13}$$

最后一项是由于摩擦导致的能量耗散项。

4.1.2　扩展均匀流模型(滑速比模型)

标准均匀流模型假设汽相和液相具有相同的速度,但众所周知,实际情况是汽相的速度往往比液相的速度大。为了尽量符合这一物理现象,研究者提出了滑速比模型,作为对均匀流模型的补充。

汽液间的速度比(滑速比)S 的定义为

$$S = \frac{u_{\mathrm{g}}}{u_{\mathrm{l}}} \tag{4.1.14}$$

其与空泡份额和质量含汽率的关系为

$$S = \left(\frac{1-\alpha}{\alpha}\right) \cdot \left(\frac{\rho_{\mathrm{l}}}{\rho_{\mathrm{g}}}\right) \cdot \left(\frac{x}{1-x}\right) \tag{4.1.15}$$

根据滑速比的定义,可以推导出扩展均匀流模型的基本表达式

$$\frac{\partial G}{\partial z} + \frac{\partial \rho_{\mathrm{m}}}{\partial t} = 0 \tag{4.1.16}$$

$$\rho'' \frac{\partial h_{\mathrm{m}}}{\partial t} + G \frac{\partial h_{\mathrm{m}}}{\partial z} = q \tag{4.1.17}$$

$$\frac{\partial G}{\partial t} + \frac{\partial}{\partial z}(G^2 v') + \frac{\partial p}{\partial z} + F_{\mathrm{w}} + \rho_{\mathrm{m}} g = 0 \tag{4.1.18}$$

这里,省略了能量方程中压力的时间微分项。在高压两相流中,该项的省略引起的误差是很小的。

各式中的变量定义为

$$\rho_{\mathrm{m}} = \alpha\rho_{\mathrm{g}} + (1-\alpha)\rho_{\mathrm{l}} \tag{4.1.19}$$

$$\rho'' = [x\rho_{\mathrm{l}} + (1-x)\rho_{\mathrm{g}}]\frac{\mathrm{d}\alpha}{\mathrm{d}x} \tag{4.1.20}$$

$$v' = v_{\mathrm{l}} \frac{(1-x)^2}{1-\alpha} + v_{\mathrm{g}} \frac{x^2}{\alpha} \tag{4.1.21}$$

由于本模型中的滑速比为代数表达式,本质上没有增加微分方程的数量,因此

可以认为式(4.1.16)～式(4.1.18)的守恒方程和均匀流模型一致,采用相同的求解方法。这里我们将两者统称为均匀流模型。

4.1.3　均匀流模型的封闭问题

4.1.1 和 4.1.2 中所叙述的均匀流模型的基本方程是把两相流全体看作一个混合物,由质量、动量、能量守恒的三个微分方程构成。这个模型中出现的变量有混合物平均密度 ρ_m,质量流速 G,压力 p,焓 h_m,质量含汽率 x,空泡份额 α,汽相的密度 ρ_g 和焓 h_g,液相的密度 ρ_l 和焓 h_l,壁面摩擦 F_w,热流密度 q,共 12 个。因此,为闭合均匀流模型的基础式,需要附加 9 个关系式。

热流密度 q 在计算过程中通常是已知的参数,且与其他变量相对独立,它可以来自与物理计算、传热计算或者提前设定,即

$$q = q(z) \tag{4.1.22}$$

接下来考虑状态关系式。如 4.1.1 所述,均匀流模型采用热平衡假设,即

$$T_g = T_l = T_m = T_{sat} \tag{4.1.23}$$

各相的焓可以用温度和压力的函数来表示,所以 h_g 和 h_l 之间存在函数关系,即

$$h_g = f(h_l) \tag{4.1.24}$$

$$h_l = f(p) \tag{4.1.25}$$

$$\rho_g = f(p) \tag{4.1.26}$$

$$\rho_l = f(p) \tag{4.1.27}$$

h_m 定义为

$$h_m = x h_g + (1 - x) h_l \tag{4.1.28}$$

ρ_m 的定义式

$$\rho_m = \alpha \rho_g + (1 - \alpha) \rho_l \tag{4.1.29}$$

可以得出,如果给出 h_l,p,x 的话,就可以求出作为因变量的 h_g,h_m,ρ_g,ρ_l,ρ_m。

壁面摩擦 F_w 与壁面剪应力 τ_w 相关,即

$$F_w = \tau_w \frac{P_w}{A}$$

这里,P_w 为壁面的湿周;τ_w 作为结构关系式,需要由实验获得的摩擦因数 C_f 给出,其一般的形式为

$$\tau_w = C_f \frac{1}{2} \rho_m u_m^2 \tag{4.1.30}$$

均匀流模型中另一个重要的本构关系式是质量含汽率 x 和空泡份额 α 的关系式。该本构关系式有两种方式获得:一种是以实验数据为基础,直接给出空泡份额

和质量含汽率的关系,即

$$\alpha = A(x) \tag{4.1.31}$$

另一种方式为使用滑速比 S 的关系式。从式(4.1.15)可以看出,质量含汽率 x 和空泡份额 α 是通过滑速比 S 和密度比(ρ_g/ρ_l)为变量关联起来的。因此,只要给出滑速比 S 的关系式,就可以得到质量含汽率和空泡份额的关系式。

因此,关于均匀流模型的基本关系式中出现的 12 个变量,给出了 9 个关系式。即:

q 的计算式	$q = q(z)$
h_g 和 h_l 的关系式	$h_g = f(h_l)$
	$h_l = f(p)$
ρ_g,ρ_l 的状态关系式	$\rho_g = f(p)$
	$\rho_l = f(p)$
h_m 和 ρ_m 的关系式	$h_m = xh_g + (1-x)h_l$
	$\rho_m = \alpha\rho_g + (1-\alpha)\rho_l$
F_w 或 τ_w 的关系式	$\tau_w = C_f \dfrac{1}{2}\rho_m u_m^2$

空泡份额和质量含汽率的关系式

$$\alpha = A(x) \quad \text{或} \quad S = \left(\frac{1-\alpha}{\alpha}\right) \cdot \left(\frac{\rho_l}{\rho_g}\right) \cdot \left(\frac{x}{1-x}\right)$$

下面将重点介绍作为均匀流模型特殊变量的滑速比关系式和过冷沸腾的结构关系式。

4.1.4　滑速比和过冷沸腾的结构关系式

4.1.4.1　滑速比关系式

用实验方法得到的滑速比计算关系式有很多。

Bankoff 认为泡状流动既不是完全均匀混合的均相流动,也不是完全分离的环状流动,而是一种汽泡弥散在液体中的流动。在径向任一位置上,Bankoff 假设汽相和液相间无滑移,但由于流道截面中心区的速度要快一些,且汽相密集,使汽相的平均速度高于液相平均速度,由此,他提出了变密度模型。

$$S = \frac{u_g}{u_l} = \left(\frac{x}{1-x}\right)\left(\frac{1-\alpha}{\alpha}\right)\frac{\rho_l}{\rho_g} = \frac{1-\alpha}{K-\alpha} \tag{4.1.32}$$

式中,K 为 Bankoff 流动参数。通过与其他学者的实验数据比较,Bankoff 认为对于汽水混合物,K 与压力 p(单位为 Pa)的关系式为

$$K = 0.71 + 1.45 \times 10^{-8} p \tag{4.1.33}$$

需要注意的是,由于该关系式只能适用于泡状流,所以对于高含汽率是不适用的。从式(4.1.32)也可以看出,即使质量含汽率为1,空泡份额也会等于1。

Ahmad 则根据实验数据,把压力和质量流速范围为 $p \geqslant 1\mathrm{MPa}, G \geqslant 400\mathrm{kg/m^2 s}$ 时的滑速比表示为

$$S = \left(\frac{\rho_\mathrm{l}}{\rho_\mathrm{g}}\right)^{0.205} \left(\frac{GD_\mathrm{e}}{\mu}\right)^{-0.016} \tag{4.1.34}$$

滑速比的关系式有很多种,但每个关系式往往都有各自的应用范围,因此在应用时,一定需要注意这些关系式的应用范围。另外,在进行系统瞬态分析时,还需要考虑不同经验关系式之间的连续性问题。

4.1.4.2　过冷沸腾模型

均匀流模型的假设是汽液两相处于热平衡状态,即认为汽相温度和液相温度都等于流体的饱和温度。而真实情况是,在任何加热沸腾流道中,尽管液相的平均温度尚未达到饱和温度,但当加热表面上的温度超过饱和温度一定数值时,就可以发生汽化,这是由于流体中的热力学不平衡引起的。这就是所谓的过冷沸腾。对于压水堆,过冷沸腾必须重点加以考虑。过冷沸腾的模型如图 4.4 所示。

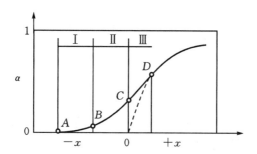

图 4.4　沿着加热管长度的空泡份额分布图

过冷沸腾根据沸腾过程分成两个区域。区域 I 是在管壁上观察到微小的沸腾。这个区域内气泡没有长大,粘附在管壁附近。到达 B 点后,气泡变大,从壁面脱离,进入到仍处于过冷状态的主流液相中。在 C 点,主流平均焓值达到了饱和值。从模型的角度来说,区域 I 往往可以忽略,而只考虑 B 点以后的沸腾。把气泡脱离点的焓设为 h_ld 的话,从均匀流模型的能量关系式求出的 h 达到 h_ld 时,就可以认为过冷沸腾开始。

Levy 从作用于气泡的受力平衡来考虑汽泡脱离壁面的问题。首先定义

$$y_\mathrm{b}^+ = 0.010 \, (\sigma D_\mathrm{e}\rho_\mathrm{l})^{1/2}/\mu_\mathrm{l} \tag{4.1.35}$$

然后利用这个变量,从下式求 h_ld。

当 $0 \leqslant y_b^+ \leqslant 5.0$ 时,有

$$[h_{1,\text{sat}} - h_{1\text{d}}] = C_{\text{pl}} \frac{q''}{h_{1\Phi}} - \frac{q''}{G\,(\lambda/8)^{1/2}} Pr y_b^+$$

当 $5.0 \leqslant y_b^+ \leqslant 30.0$,有

$$[h_{1,\text{sat}} - h_{1\text{d}}] = C_{\text{pl}} \frac{q''}{h_{1\Phi}} - \frac{5.0q''}{G\,(\lambda/8)^{1/2}} \times \{Pr + \ln[1 + Pr(y_b^+/0.5 - 1.0)]\}$$

$$\tag{4.1.36}$$

当 $y_b^+ \geqslant 30.0$,有

$$[h_{1,\text{sat}} - h_{1\text{d}}] = C_{\text{pl}} \frac{q''}{h_{1\Phi}} - \frac{5.0q''}{G\,(\lambda/8)^{1/2}} \times [Pr + \ln(1.0 + 5.0Pr) + 0.5\ln(y_b^+/30.0)]$$

这里, Pr , C_{pl} , $h_{1\Phi}$, λ 分别是液相的 Prandtl 数、定压比热、单相换热系数和摩擦因数。

Saha 和 Zuber 认为,当

$$Pe \equiv \frac{GD_e C_{\text{pt}}}{k_1} < 70000$$

时,有

$$[h_{1,\text{sat}} - h_{1\text{d}}] = 0.002 \frac{q'' D_e C_{\text{pt}}}{k_1}$$

当 $Pe > 70000$ 时,有

$$[h_{1,\text{sat}} - h_{1\text{d}}] = 154 \frac{q''}{G} \tag{4.1.37}$$

上述两个模型求出的 $h_{1\text{d}}$ 几乎没有差别,Saha 的式子具有更简明的优点。

下面求解图 4.4 中 B 点沸腾起始后的空泡份额。由于过冷沸腾不是平衡状态,所以,液相焓 h_1 、蒸汽饱和焓 h_g 、质量含汽率 x 和 h 的关系为

$$x = \frac{h - h_1}{h_g - h_1} \tag{4.1.38}$$

h 可以从能量守恒方程求得, h_g 为压力的函数。因此,如果给出 h 和 h_1 的函数,就可以确定过冷沸腾状态的 α 。Zuber 等人提出了下面拟合方法:

$$h_{1,\text{sat}} - h_1 = (h_{1,\text{sat}} - h_{1\text{d}})\left(1 - \tanh\frac{h - h_{1\,\text{d}}}{h_{1,\text{sat}} - h_{1\text{d}}}\right) \tag{4.1.39}$$

等号右边使用式(4.1.36)或式(4.1.37)中给出的 $h_{1\text{d}}$ 和 $h_{1,\text{sat}}$ 即可求解。最后,根据式(4.1.38)可以求解 x 。通过 x 求解空泡份额的方法与在滑速比相关式中介绍的方法类似。

基于均匀流理论的模型不仅模型样式简单,而且能被广泛利用。如果把这些基本方程详细化,使用的结构关系式就会变得复杂,而且计算时间也变得很长。因此,考虑分析精度的要求,今后均匀流模型也会被广泛使用。

4.2　漂移流模型

4.2.1　漂移流模型的思考方法

4.2.1.1　漂移流模型

在流道内,两相流的流体是不均匀的,汽相和液相在重力、惯性力作用下相互干涉,以复杂的机理进行不同的运动。比如,汽相受到浮力时,汽相和液相会发生相互作用;流体在截面积变化的喷管中加速流动时,质量轻的汽相更容易被加速等等。

如果不考虑这种影响,假定汽相和液相的流速相等,即为均匀流模型。均匀流模型是从单相流类推来的,其模型非常容易理解,且基本关系式非常简单,所以两相流研究从均匀流模型开始。均匀流模型虽然基于这些大胆的假定,但在数值分析中具有很大的优势,因此其在一定程度上是适用的。例如,分析临界流、用含有空泡份额的关系式进行循环回路的流量计算等。但是,对于存在汽液逆向流动的过程,均匀流模型的假设就成了致命的缺陷。

通过均匀流模型的假设,可以知道管内两相流的平均空泡份额 $\langle \alpha \rangle$ 和汽相的流动体积份额 $\langle \beta \rangle = \dfrac{Q_g}{Q_g + Q_l}$ 是相等的,但实际情况是 $\langle \alpha \rangle \neq \langle \beta \rangle$。在一般情况下,$\langle \alpha \rangle \leqslant \langle \beta \rangle$,但在低速下降流时,也有可能 $\langle \alpha \rangle \geqslant \langle \beta \rangle$。这里,$Q$ 是体积流量。

为了解决此问题,首先可以考虑以汽相速度和液相速度之比作为参量的滑速比模型,但滑速比模型的应用是很有限的。比如当液相速度为 0 时,滑速比就应该是无穷大,而且其物理意义不清楚。漂移流模型引入了相对速度这个概念。Bankoff 首先提出了空泡份额和流动体积份额的不同是由于管内横截面上的空泡份额分布和速度分布不同造成的,Zuber 则提出了漂移流模型。本书采用 Zuber 漂移流模型。

以下,采用 Zuber 的记号来表示。

用 $\langle\ \rangle$ 记号表示截面平均,参量 F 的截面平均定义为

$$\langle F \rangle = \frac{\int_A F \, dA}{A} \tag{4.2.1}$$

这里,A 是截面积。

用 $\langle\langle\ \rangle\rangle$ 表示空泡份额加权平均,参量 F 的空泡份额加权平均定义为

$$\langle\langle F \rangle\rangle = \frac{\langle \alpha F \rangle}{\langle \alpha \rangle} \tag{4.2.2}$$

4.2.1.2　漂移流模型的基本关系式

管内汽液两相流的汽相和液相的流速(u_g 和 u_1)一般是不同的,如图 4.5 所示。

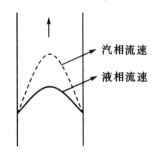

汽相流速

液相流速

图 4.5　圆管内汽相和液相速度分布

空间一维分布的流体可以采用截面平均值来处理。另外,表示汽相体积比的空泡份额在管内也是有分布的,这样汽相、液相的平均速度分别表示为

$$\langle\langle u_g \rangle\rangle = \frac{\langle \alpha u_g \rangle}{\langle \alpha \rangle} = \frac{\langle j_g \rangle}{\langle \alpha \rangle} \tag{4.2.3}$$

$$\langle\langle u_1 \rangle\rangle = \frac{\langle (1-\alpha)u_1 \rangle}{1 - \langle \alpha \rangle} = \frac{\langle j_1 \rangle}{1 - \langle \alpha \rangle} \tag{4.2.4}$$

这里,j 是体积流速,也有时被称表观速度。

表观速度和真实速度之间有以下的关系:

$$j_g = \alpha u_g \tag{4.2.5}$$

$$j_1 = (1-\alpha)u_1 \tag{4.2.6}$$

汽相、液相的体积流量分别为 Q_g,Q_1,有如下关系

$$Q_g = \langle \alpha u_g \rangle A = \langle j_g \rangle A \tag{4.2.7}$$

$$Q_1 = \langle (1-\alpha)u_1 \rangle A = \langle j_1 \rangle A \tag{4.2.8}$$

汽液两相的总体积流量 $Q = Q_g + Q_1$,所以

$$Q = (\langle j_g \rangle + \langle j_1 \rangle)A \tag{4.2.9}$$

汽相和液相的总体积流速 $\langle j \rangle$,可以表示为

$$\langle j \rangle = \frac{Q}{A} = \langle j_g \rangle + \langle j_1 \rangle \tag{4.2.10}$$

作为表示局部汽液两相间速度差的参量,漂移速度定义为

$$v_{gj} = u_g - j \tag{4.2.10}$$

速度差和漂移速度的关系为

$$v_{gj} = u_g - j_g - j_1 = u_g - \alpha u_g - (1-\alpha)u_1 = (1-\alpha)(u_g - u_1)$$

$$\tag{4.2.11}$$

将式(4.2.11)进行空泡份额加权平均后,得到

$$\frac{\langle \alpha v_{gj} \rangle}{\langle \alpha \rangle} = \frac{\langle j_g \rangle}{\langle \alpha \rangle} - \frac{\langle \alpha j \rangle}{\langle \alpha \rangle} \tag{4.2.12}$$

式(4.2.13)可以写作

$$\frac{\langle j_g \rangle}{\langle \alpha \rangle} = \frac{\langle \alpha j \rangle}{\langle \alpha \rangle \langle j \rangle} \langle j \rangle + \frac{\langle \alpha v_{gj} \rangle}{\langle \alpha \rangle} \tag{4.2.13}$$

式(4.2.13)是漂移流模型的基本表达式。定义

$$C_0 = \frac{\langle \alpha j \rangle}{\langle \alpha \rangle \langle j \rangle} \tag{4.2.14}$$

C_0 称为分布系数。把空泡份额加权平均漂移速度表示为

$$\langle \langle v_{gj} \rangle \rangle = \frac{\langle \alpha v_{gj} \rangle}{\langle \alpha \rangle} \tag{4.2.15}$$

把式(4.2.14)两边同除以 j,可得到无量纲方程

$$\frac{\langle \beta \rangle}{\langle \alpha \rangle} = C_0 + \frac{\langle \langle v_{gj} \rangle \rangle}{\langle j \rangle} \tag{4.2.16}$$

利用式(4.2.17)可以容易地求出空泡份额

$$\langle \alpha \rangle = \frac{\langle \beta \rangle}{C_0 + \dfrac{\langle \langle v_{gj} \rangle \rangle}{\langle j \rangle}} \tag{4.2.18}$$

式(4.2.18)把流动体积份额和空泡份额的关系用漂移流模型表示出来,因此当 $C_0 = 1$,$\langle \langle v_{gj} \rangle \rangle = 0$ 时,可得出 $\langle \alpha \rangle = \langle \beta \rangle$,即为均匀流模型。在式(4.2.3)和式(4.2.4)中代入式(4.2.10)和式(4.2.13),平均速度差可以表示为

$$\langle \langle u_g \rangle \rangle - \langle \langle u_1 \rangle \rangle = \frac{C_0 - 1}{\langle (1 - \alpha) \rangle} \langle j \rangle + \frac{\langle \langle v_{gj} \rangle \rangle}{\langle (1 - \alpha) \rangle} \tag{4.2.19}$$

所以,当 $C_0 = 1$,$\langle \langle v_{gj} \rangle \rangle = 0$ 时,平均速度差为 0,即为均匀流模型。

此外,式(4.2.14)乘上面积 A,流量可表示为

$$Q_g = \langle \alpha \rangle (C_0 Q + \langle \langle v_{gj} \rangle \rangle A) \tag{4.2.20}$$

以上式子中的变量,需要注意垂直向上时符号为正,若给出 $\langle \alpha \rangle$ 和 Q,就可得出 Q_g,Q_1 就等于 $Q - Q_g$。$Q - Q_g$ 为负时,就代表液相的流动方向向下。因此,漂移流模型可以表述汽液的逆向流动。

4.2.1.3　分布系数的物理意义

分布系数 C_0 是表示由于流速或空泡份额的分布不同造成的汽液两相平均速度差。从式(4.2.15)的定义可以看出分布系数是由汽液的流速分布及空泡份额分布决定的。两相流的各个参量的截面分布被很多的流动参量所影响,十分复杂。因此,采用理论分析获得 C_0 是很困难的。

采用 Bankoff 的分析方法。考虑圆管内流体时,最简单的模型是假定 α 和 j 为指数分布,设中心速度为 j_0,中心空泡份额为 α_0,则

$$\frac{j}{j_0} = \left(1 - \frac{r}{R}\right)^{\frac{1}{m}} \tag{4.2.21}$$

$$\frac{\alpha}{\alpha_0} = \left(1 - \frac{r}{R}\right)^{\frac{1}{n}} \tag{4.2.22}$$

分布系数 C_0 可以表示为

$$C_0 = \frac{(n+1)(2n+1)(m+1)(2m+1)}{2(m+n+mn)(m+n+2mn)} \tag{4.2.23}$$

这里,r 是距离流道中心的距离,R 是圆管半径。例如,代入 $m=7, n=0.5, C_0$ 就约等于 1.13。但是在某些工况下,两相流的空泡份额分布在接近壁面处达到峰值,这时就不能像式(4.2.23)那样给出简单的关系式了。因此,目前 C_0 的计算主要依赖于实验结果。

4.2.1.4　其他表达形式

以上推导了漂移速度的关系式。我们在推导守恒方程时,经常使用质量流速作为变量,所以,需要分析质量流速和漂移流模型各变量的关系。

由式(4.2.13)可知,可以用下式表示汽相的平均体积流速:

$$\langle j_{\mathrm{g}}\rangle = \langle\alpha\rangle(C_0\langle j\rangle + \langle\langle v_{\mathrm{gj}}\rangle\rangle) \tag{4.2.24}$$

液相的平均体积流速也可以表示为

$$\langle j_{\mathrm{l}}\rangle = (1 - \langle\alpha\rangle C_0)\langle j\rangle - \langle\alpha\rangle\langle\langle v_{\mathrm{gj}}\rangle\rangle \tag{4.2.25}$$

式(4.2.24)和式(4.2.25)表示各相的体积流速与全体积流速和空泡份额之间的关系。

这样,质量流速表述为

$$G = \rho_{\mathrm{g}}\langle j_{\mathrm{g}}\rangle + \rho_{\mathrm{l}}\langle j_{\mathrm{l}}\rangle \tag{4.2.26}$$

$$\langle j_{\mathrm{l}}\rangle = \frac{(1 - \langle\alpha\rangle C_0)G - \langle\alpha\rangle\rho_{\mathrm{g}}\langle\langle v_{\mathrm{gj}}\rangle\rangle}{\rho_{\mathrm{m}}^*} \tag{4.2.27}$$

$$\langle j_{\mathrm{g}}\rangle = \frac{(\langle\alpha\rangle C_0)G + \langle\alpha\rangle\rho_{\mathrm{l}}\langle\langle v_{\mathrm{gj}}\rangle\rangle}{\rho_{\mathrm{m}}^*} \tag{4.2.28}$$

$$\rho_{\mathrm{m}}^* = (1 - \langle\alpha\rangle C_0)\rho_{\mathrm{l}} + \langle\alpha\rangle C_0\rho_{\mathrm{g}} \tag{4.2.29}$$

这样,通过式(4.2.26)~式(4.2.29)可以求出各相的流速。

和式(4.2.16)定义的空泡份额加权平均漂移速度类似,平均漂移速度定义如下:

$$V_{\mathrm{gj}} = \langle\langle u_{\mathrm{g}}\rangle\rangle - \langle j\rangle = (1 - \langle\alpha\rangle)(\langle\langle u_{\mathrm{g}}\rangle\rangle - \langle\langle u_{\mathrm{l}}\rangle\rangle) \tag{4.2.30}$$

和 $\langle\langle v_{\mathrm{gj}}\rangle\rangle$ 之间有以下关系:

$$V_{gj} = \langle\langle v_{gj}\rangle\rangle + (C_0 - 1)\langle j\rangle \tag{4.2.31}$$

式(4.2.31)用质量流速 G 表示为

$$\langle\langle v_{gj}\rangle\rangle = \frac{\langle\rho_m\rangle - (C_0 - 1)\langle\alpha\rangle(\rho_l - \rho_g)}{\langle\rho_m\rangle}V_{gj} - (C_0 - 1)\frac{G}{\langle\rho_m\rangle} \tag{4.2.32}$$

这里，$\langle\rho_m\rangle$ 是平均密度，定义为

$$\langle\rho_m\rangle = \langle\alpha\rangle\rho_g + \langle(1-\alpha)\rangle\rho_l \tag{4.2.33}$$

从式(4.2.10)、式(4.2.21)、式(4.2.26)、式(4.2.30)可以得到关系式

$$\langle\langle u_l\rangle\rangle = \frac{G}{\langle\rho_m\rangle} - \frac{\langle\alpha\rangle}{(1-\langle\alpha\rangle)}\frac{\rho_g}{\langle\rho_m\rangle}V_{gj} \tag{4.2.34}$$

$$\langle\langle u_g\rangle\rangle = \frac{G}{\langle\rho_m\rangle} - \frac{\rho_l}{\langle\rho_m\rangle}V_{gj} \tag{4.2.35}$$

$$\langle j\rangle = \frac{G}{\langle\rho_m\rangle} - \frac{(\rho_l - \rho_g)\langle\alpha\rangle}{\langle\rho_m\rangle}V_{gj} \tag{4.2.36}$$

式(4.2.34)～式(4.2.36)是表示平均流速、质量流速、平均漂移速度的重要关系式。

4.2.2　漂移流模型的基本关系式

漂移流模型是以汽相和液相速度不同为前提的。其与两流体模型的不同之处在于不需要直接求解两相间的相互作用，而是通过导入所谓的漂移流相关的变量以减少方程的数量。

这里为了简便，仅推导热平衡一维垂直流动的基本关系式。因此，以下式子中出现的各个物理量均是在 4.2.1 节中定义的截面平均值，为了避免繁杂，特省略平均记号。

4.2.2.1　质量守恒方程

汽相和液相总的质量守恒可以用下式表示：

$$\frac{\partial \rho_m}{\partial t} + \frac{\partial}{\partial z}[\rho_g \alpha u_g + \rho_l(1-\alpha)u_l] = 0 \tag{4.2.37}$$

等号左边第 2 项的中括号内表示质量流速，所以可简化为

$$\frac{\partial \rho_m}{\partial t} + \frac{\partial G}{\partial z} = 0 \tag{4.2.38}$$

式(4.2.38)和均匀流模型形式相同。

接下来，考虑汽相的质量守恒方程

$$\frac{\partial}{\partial t}(\rho_g \alpha) + \frac{\partial(\rho_g \alpha u_g)}{\partial z} = \Gamma_g \tag{4.2.39}$$

Γ 是单位体积的蒸发量。将式(4.2.35)代入式(4.2.39)，就可以得到基于漂移流

的表达式

$$\frac{\partial}{\partial t}(\rho_g \alpha) + \frac{\partial}{\partial z}\left(\rho_g \alpha \frac{G}{\rho_m}\right) = \Gamma_g - \frac{\partial}{\partial z}\left(\frac{\rho_g \rho_l}{\rho_m}\alpha V_{gj}\right) \tag{4.2.40}$$

4.2.2.2　动量守恒式

先以各相分离流动模型导出动量守恒式,再变换为漂移流的表达式。

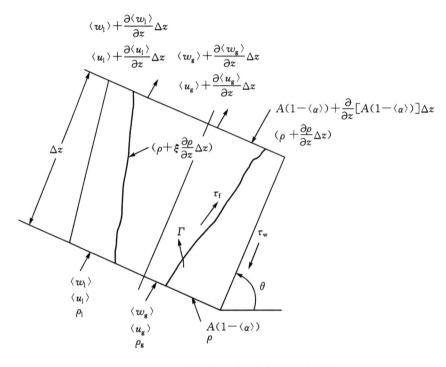

图 4.6　基于漂移流的动量守恒方程示意图

图 4.6 所示的控制体内,考虑液相的动量平衡,压力项用一阶近似处理,可以得到

$$\frac{\partial}{\partial t}\left[\rho_l(1-\alpha)u_l\right] + \frac{\partial}{\partial z}\left[\rho_l(1-\alpha)u_l^2\right]$$

$$= -(1-\alpha)\frac{\partial p}{\partial z} - g\rho_l(1-\alpha)\sin\theta - F_w + F_i - \Gamma_g\left[\eta u_l + (1-\eta)u_g\right] \tag{4.2.41}$$

这里:F_w——壁面的摩擦力;

F_i——汽液界面的相间摩擦力,如果忽略液相的卷吸,F_i 与汽液相对速度的平方成正比;

η——由于蒸发造成动量传递的贡献,一般认为 $\eta=1$,这就是假定由于蒸发造成的动量传递受液相速度支配。

$$\frac{\partial}{\partial t}\big[\rho_g\alpha u_g\big]+\frac{\partial}{\partial z}\big[\rho_g\alpha u_g^2\big]$$

$$=-\alpha\frac{\partial p}{\partial z}-g\rho_g\alpha\sin\theta-F_i+\Gamma_g\big[\eta u_1+(1-\eta)u_g\big] \qquad (4.2.42)$$

将式(4.2.41)和式(4.2.42)相加,可以得到两相流的动量守恒式

$$\frac{\partial G}{\partial t}+\frac{\partial}{\partial z}\big[\rho_g\alpha u_g^2+\rho_1(1-\alpha)u_1^2\big]=-\frac{\partial p}{\partial z}-g\rho_m\sin\theta-F_w \qquad (4.2.43)$$

式(4.2.43)中不包含速度的变量,所以将式(4.2.34)和式(4.2.35)代入,就可以得到最终形式

$$\frac{\partial G}{\partial t}+\frac{\partial}{\partial z}\Big(\frac{G^2}{\rho_m}+\frac{\rho_g\rho_1}{\rho_m}\frac{\alpha}{1-\alpha}V_{gj}^2\Big)=-\frac{\partial p}{\partial z}-g\rho_m\sin\theta-F_w \qquad (4.2.44)$$

需要注意的是,等号右边第三项 F_w 表示摩擦力的项,除了包含流体粘性造成的损失之外,还包含实际计算中的形状损失。

4.2.2.3　能量守恒方程

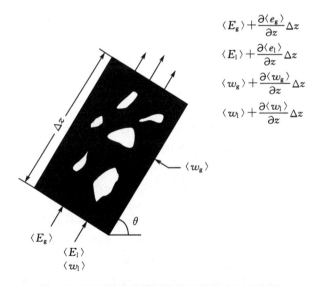

$$\langle E_g\rangle+\frac{\partial\langle e_g\rangle}{\partial z}\Delta z$$

$$\langle E_1\rangle+\frac{\partial\langle e_1\rangle}{\partial z}\Delta z$$

$$\langle w_g\rangle+\frac{\partial\langle w_g\rangle}{\partial z}\Delta z$$

$$\langle w_1\rangle+\frac{\partial\langle w_1\rangle}{\partial z}\Delta z$$

图 4.7　基于漂移流模型的能量守恒方程示意图

图 4.7 所示的控制体内的能量守恒可以写为

$$\frac{\partial}{\partial z}(G_1E_1)+\frac{\partial}{\partial z}(G_gE_g)-q+\frac{\partial}{\partial t}\Big[\rho_1(1-\alpha)(E_1-\frac{p}{\rho_1})+\rho_g\alpha(E_g-\frac{p}{\rho_g})\Big]=0$$

$$(4.2.45)$$

这里：G——质量流速；

　　　q——单位体积的发热量；

　　　E——总能量，用下式表示：

$$E = h + \frac{u^2}{2} + gz\sin\theta \qquad (4.2.46)$$

h 是比焓。

Zuber 使用密度加权平均将式(4.2.46)变换为

$$\frac{\partial}{\partial t}(\rho_{\mathrm{m}} E_{\mathrm{m}}) + \frac{\partial}{\partial z}\left[E_{\mathrm{g}}\rho_{\mathrm{g}}\alpha u_{\mathrm{g}} + E_{\mathrm{l}}\rho_{\mathrm{l}}(1-\alpha)u_{\mathrm{l}}\right] = \frac{\partial p}{\partial t} + q \qquad (4.2.47)$$

这里，E_{m} 为密度加权平均全能量，定义为

$$E_{\mathrm{m}} = (\rho_{\mathrm{g}}\alpha E_{\mathrm{g}} + \rho_{\mathrm{l}}(1-\alpha)E_{\mathrm{l}})/\rho_{\mathrm{m}} \qquad (4.2.48)$$

利用式(4.2.34)、式(4.2.35)和质量守恒方程，能量守恒方程消去速度后变成

$$\rho_{\mathrm{m}}\left[\frac{\partial E_{\mathrm{m}}}{\partial t} + \left(\frac{G}{\rho_{\mathrm{m}}}\right)\frac{\partial E_{\mathrm{m}}}{\partial z}\right] = \frac{\partial p}{\partial t} + q - \frac{\partial}{\partial z}\left[\frac{\alpha\rho_{\mathrm{g}}\rho_{\mathrm{l}}}{\rho_{\mathrm{m}}}V_{\mathrm{gj}}(E_{\mathrm{g}} - E_{\mathrm{l}})\right] \qquad (4.2.49)$$

式(4.2.49)等号右边第 3 项代表能量的漂移流。

如果用焓来写能量守恒方程，则得到

$$\frac{\partial \rho_{\mathrm{m}} h_{\mathrm{m}}}{\partial t} + \frac{\partial}{\partial z}(G h_{\mathrm{m}}) = \frac{\partial p}{\partial t} + \left(\frac{G}{\rho_{\mathrm{m}}}\right)\frac{\partial p}{\partial z} - \frac{\partial}{\partial z}\left[\frac{\alpha\rho_{\mathrm{g}}\rho_{\mathrm{l}}}{\rho_{\mathrm{m}}}(h_{\mathrm{g}} - h_{\mathrm{l}})V_{\mathrm{gj}}\right] + q$$

$$\qquad (4.2.50)$$

h_{m} 是密度加权平均焓，定义为

$$h_{\mathrm{m}} = \frac{\alpha\rho_{\mathrm{g}}h_{\mathrm{g}} + (1-\alpha)\rho_{\mathrm{l}}h_{\mathrm{l}}}{\rho_{\mathrm{m}}} \qquad (4.2.51)$$

需要注意的是，这个平均焓的定义式与滑速比模型平均焓的定义式(4.1.28)是不同的，但当汽相和液相的速度相等时，两者相同。

4.2.3　漂移流模型的封闭问题

基于漂移流模型针对一维流动平均的基本方程，如上节所述，是由针对混合物的质量、动量、能量的守恒方程式(4.2.39)、式(4.2.44)和式(4.2.50)，以及针对汽相的质量守恒方程式(4.2.40)这四个方程组成。这些基本关系式中出现的变量有：作为混合物平均的 ρ_{m}，G，p，h_{m}，汽相相关的 Γ_{g}，α，ρ_{g}，h_{g}，液相相关的 ρ_{l}，h_{l}，壁面的 F_{w}，q 以及平均漂移速度 V_{gj}，共 13 个。因此，为了使方程组封闭，需要补充 9 个方程。

和均匀流模型相同，根据状态方程，各相的密度 ρ_{g}，ρ_{l} 以及各相的焓 h_{g}，h_{l} 可以根据压力求得。混合物的密度 ρ_{m} 和焓 h_{m} 可以根据式(4.1.17)和式(4.2.51)求得。

漂移流模型和均匀流模型采用不同的方式来处理状态方程。在漂移流模型

中,汽相在一定程度上可单独处理。因此,也可以在一定程度上处理热的非平衡现象,所以不需要假定流体处于热平衡状态。

漂移流模型引入平均漂移速度 V_{gj} 这个变量,如上所述,与汽液两相的平均速度差及相分布、速度分布有关。根据式(4.2.31),V_{gj} 是根据分布系数 C_0 和漂移速度 v_{gj} 给出的,通常 C_0 和 v_{gj} 的关系式可以分别由实验获得。

汽相生成率 Γ_g 通常由经验关系式给出,但是这个关系式与是否假设热平衡有关。对于单组分两相流,Γ_g 为相变化量。当汽相和液相处于非热平衡状态时,Γ_g 为与各相的非平衡程度相关的关系式;而在汽相和液相处在热平衡状态时,Γ_g 应该是加在两相流上的总的热量的函数。

此外,壁面摩擦力 F_w 采用和均匀流模型相同的关系式(式(4.1.29))。

这里介绍一下漂移流模型里特有的漂移速度。

4.2.4　漂移流模型的关系式

4.2.4.1　垂直上升流动的漂移速度和分布系数

目前关系式最完备的是直径(0.0254～0.0508m)管、汽液流速较大的垂直向上流动的情况,分析程序中实际使用的关系式也大多是在这种条件下得到的。其中最常使用的有 Zuber-Findley 关系式和 Ishii 关系式。这些是基于广泛的实验数据和理论分析把漂移速度 v_{gj} 和分布系数 C_0(式(4.2.15)和式(4.2.16))的关系按照流型分别给出的。这里介绍 Ishii 的关系式。

泡状流:

$$v_{gj} = \sqrt{2} \left(\frac{\rho g \Delta \rho}{\rho_l^2} \right)^{1/4} (1-\alpha)^n \quad (n=1.5 \sim 2.0) \qquad (4.2.52)$$

搅拌流:

$$v_{gj} = \sqrt{2} \left(\frac{\rho g \Delta \rho}{\rho_l^2} \right)^{1/4} \qquad (4.2.53)$$

弹状流:

$$v_{gj} = 0.35 \left(\frac{\rho g \Delta \rho D}{\rho_l^2} \right)^{1/2} \qquad (4.2.54)$$

在沸腾的情况下,这些流型的分布系数 C_0 为:

圆管:

$$C_0 = (1.2 - 0.2 \sqrt{\rho_g/\rho_l})[1 - \exp(-18\alpha)] \qquad (4.2.55)$$

矩形通道:

$$C_0 = (1.35 - 0.35 \sqrt{\rho_g/\rho_l})[1 - \exp(-18\alpha)] \qquad (4.2.56)$$

环状流:

$$v_{gj} = \frac{(1+\alpha)(1-E_d)}{\alpha+4\sqrt{\rho_g/\rho_l}} \left[\frac{\Delta\rho g D(1-\alpha)(1-E_d)}{0.015\rho_l}\right]^{1/2} + \frac{E_d(1-\alpha)}{\alpha+E_d(1-\alpha)}\sqrt{2}\left(\frac{\sigma g \Delta\rho}{\rho_g^2}\right)^{1/4}$$

$$\text{(4.2.57)}$$

$$C_0 = 1 + \frac{(1+\alpha)(1-E_d)}{\alpha+4\sqrt{\rho_g/\rho_l}} \qquad\qquad (4.2.58)$$

式中, E_d 为液滴的份额。

弥散流:

$$v_{gj} = \sqrt{2}\left(\frac{\sigma g \Delta\rho}{\rho_g^2}\right)^{1/4} \qquad\qquad (4.2.59)$$

此时,分布系数 $C_0 = 1$ 即可。

4.2.4.2　下降流、反向流的漂移速度和分布系数

和垂直上升流动相比,针对下降流、反向流的实验数据较少,目前已经定型的关系式也较少。这里,简单介绍针对下降流和反向流的实验数据和关系式的现状。

现有的实验数据分析认为上升流和下降流的 j_g/α 和 j 的关系是线性的。因此,可以认为漂移速度在上升流和下降流中是相等的。但是,分布系数在下降流中有变小的倾向。考虑到这一点,有研究者提出分布系数关系式为:

$j \leqslant -3.5$ m/s 或 $j \geqslant 0$ m/s 时,有

$$C_0 = 1.2 - 0.2\sqrt{\rho_g/\rho_l} \qquad\qquad (4.2.60)$$

-2.5 m/s $\leqslant j < 0$ m/s 时,有

$$C_0 = 0.9 + 0.1\sqrt{\rho_g/\rho_l} \qquad\qquad (4.2.61)$$

-3.5 m/s $\leqslant j \leqslant -2.5$ m/s 时,有

$$C_0 = 0.9 + 0.1\sqrt{\rho_g/\rho_l} - 0.3(1-\sqrt{\rho_g/\rho_l})(2.5+j) \qquad (4.2.62)$$

相较于下降流,逆向流动的数据更少,定性上也存在不是很清晰。尽管只是粗略的近似,Chexal-Lellouche 提出了可以适用于不仅是上升流,也能适用于下降流和逆向流动的关系式,这个关系式是在 Ishii 的搅拌流的关系式上加以修正的。

4.3　两流体模型

4.3.1　概要

两流体模型中,针对液相、汽相分别建立了质量、动量、能量守恒关系。因此,可以把两相之间的水力非平衡性(汽液间的速度滑移)及热非平衡性直接地引入到基本方程中处理。目前的反应堆安全分析及事故模拟程序均是基于两流体模型进

行的,如 TRAC,RELAP5,CATHARE 等程序。

两流体模型是把针对汽相和液相建立的 6 个质量、动量、能量守恒的微分方程式联立处理。与 4.1 节和 4.2 节所述的均匀流模型与漂移流模型相比,其理论性更严密,但同时需要给出的结构关系式的数量也更多。

4.3.2　两流体模型基本方程的导出

两流体模型的基本方程就是针对汽相和液相建立的各自的质量、动量、能量守恒方程。

国际上不同的学者都曾对两流体模型进行推导,他们尝试通过对单相流的基本方程进行平均处理来严密导出两流体基本方程。由于利用这样的方法导出方程都需要严密的数学推导,很占篇幅,所以这里省略,只对一维流动用直观的方法导出。

为了简单起见,基本方程的导出做如下假定:

(1)流动为一维,即汽相、液相各自的空泡份额、流速、温度、压力等各个量在流动截面内是均匀的。

(2)没有来自壁面的流体的流入和流出。

(3)流通面积保持恒定。

(4)体积力只考虑重力。

4.3.2.1　质量守恒方程

质量的守恒方程如下表示:

控制体体积内质量的变化量

　　＝进出控制体边界的质量变化量 ＋ 伴随控制体内相变的质量变化量

$$(4.3.1)$$

把这个关系分别应用于汽相和液相,就可得到针对汽相、液相的质量守恒方程。图 4.8 展示了控制体内的式(4.3.1)的各相的质量变化。

针对汽相,有

$$控制体内质量的变化量 = \frac{\partial}{\partial t}(\rho_g \alpha_g) A \Delta z \Delta t$$

$$进出控制体边界的质量变化量 = -\frac{\partial}{\partial z}(\rho_g \alpha_g u_g) A \Delta z \Delta t$$

$$伴随控制体内相变的质量变化量 = \Gamma_g A \Delta z \Delta t$$

另一方面,对于液相,有

$$控制体内质量的变化量 = \frac{\partial}{\partial t}(\rho_l \alpha_l) A \Delta z \Delta t$$

$$进出控制体边界的质量变化量 = \frac{\partial}{\partial z}(\rho_l \alpha_l u_l) A \Delta z \Delta t$$

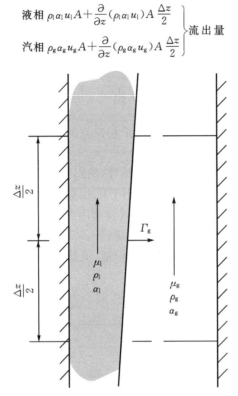

液相 $\rho_l \alpha_l u_l A + \dfrac{\partial}{\partial z}(\rho_l \alpha_l u_l) A \dfrac{\Delta z}{2} \Big\}$ 流出量

汽相 $\rho_g \alpha_g u_g A + \dfrac{\partial}{\partial z}(\rho_g \alpha_g u_g) A \dfrac{\Delta z}{2} \Big\}$

$\dfrac{\Delta z}{2}$

$\dfrac{\Delta z}{2}$

Γ_g

μ_l
ρ_l
α_l

μ_g
ρ_g
α_g

单相变化量

汽相 $\Gamma_g A \Delta z$

液相 $\Gamma_l A \Delta z$

液相 $\rho_l \alpha_l u_l A - \dfrac{\partial}{\partial z}(\rho_l \alpha_l u_l) A \dfrac{\Delta z}{2} \Big\}$ 流入量

汽相 $\rho_g \alpha_g u_g A - \dfrac{\partial}{\partial z}(\rho_g \alpha_g u_g) A \dfrac{\Delta z}{2} \Big\}$

图 4.8　基于两流体模型的质量守恒方程示意图

伴随控制体内相变的质量变化量 $= \Gamma_l A \Delta z \Delta t$

这里，Γ_g，Γ_l 分别是单位时间、单位体积内汽相和液相的净生成量。

将上述各项代入式(4.3.1)，并整理后，可得到汽相的质量守恒方程

$$\frac{\partial}{\partial t}(\rho_g \alpha_g) + \frac{\partial}{\partial z}(\rho_g \alpha_g u_g) = \Gamma_g \tag{4.3.2}$$

液相的质量守恒方程

$$\frac{\partial}{\partial t}(\rho_l \alpha_l) + \frac{\partial}{\partial z}(\rho_l \alpha_l u_l) = \Gamma_l$$

比较式(4.3.2)和式(4.3.3)可知，两式除了角标不同之外形式相同，所以可将两式整理表示为

$$\frac{\partial}{\partial t}(\rho_k \alpha_k) + \frac{\partial}{\partial z}(\rho_k \alpha_k u_k) = \Gamma_k \ (k = g, l) \tag{4.3.4}$$

4.3.2.2　动量守恒方程

动量守恒方程一般如下表示：

控制体内的动量的变化量

　＝控制体边界进出口的动量变化量 ＋ 控制体内受力总和 ＋

　　伴随控制体内相变的动量变化量

$$\tag{4.3.5}$$

图 4.9 表示通过把式(4.3.5)应用于控制体的汽相和液相,导出针对汽相和液相的动量守恒方程。

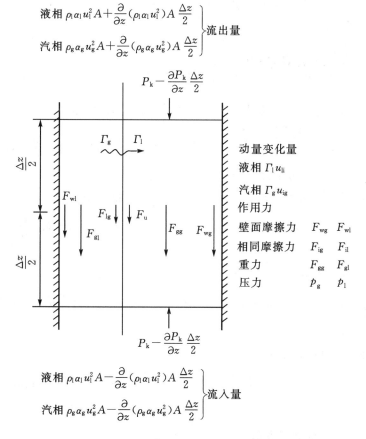

图 4.9　基于两流体模型的动量守恒方程示意图

控制体内,壁面向汽相或液相施加的力(壁面摩擦力)为 F_{wg} , F_{wl} ;汽液界面相互作用的力(相间摩擦力):液相对汽相的曳力为 F_{ig} ,汽相对液相的曳力为 F_{il} ;体积力:作用于汽相的重力为 F_{gg} ,作用于液相的重力为 F_{gl} ;压力:汽相为 p_g ,液相为 p_l 。此外,汽液界面的汽相一侧和液相一侧的压力分别为 p_{gi} 和 p_{li} 。这里, F_{wg} , F_{wl} , F_{ig} , F_{il} , F_{gg} , F_{gl} 是表示单位体积作用力大小的量。

对于汽相,有

控制体内的动量的变化量 $= \dfrac{\partial}{\partial t}(\rho_g \alpha_g u_g) A \Delta z \Delta t$

进出控制体边界上的动量变化量 $= -\dfrac{\partial}{\partial z}(\rho_g \alpha_g u_g^2) A \Delta z \Delta t$

控制体内受力的总和 $= \left[-F_{wg} - F_{ig} - F_{gg} - \dfrac{\partial}{\partial z}(\alpha_g p_g) + p_{gi} \dfrac{\partial \alpha_g}{\partial z} \right] A \Delta z \Delta t$

伴随控制体内的相变化的动量交换量 $= \Gamma_g u_{gi} A \Delta z \Delta t$

其中, u_{gi} 为汽液界面的流速。

对于液相,有

控制体内的动量的变化量 $= \dfrac{\partial}{\partial t}(\rho_l \alpha_l u_l) A \Delta z \Delta t$

进出控制体边界上的动量变化量 $= -\dfrac{\partial}{\partial z}(\rho_l \alpha_l u_l^2) A \Delta z \Delta t$

控制体内受力的总和 $= \left[-F_{wl} - F_{il} - F_{gl} - \dfrac{\partial}{\partial z}(\alpha_l p_l) + p_{li} \dfrac{\partial \alpha_l}{\partial z} \right] A \Delta z \Delta t$

伴随控制体内相变的动量交换量 $= \Gamma_l u_{li} A \Delta z \Delta t$

以上求得的各项代入式(4.3.5)整理可得,汽相的守恒方程为

$$\frac{\partial}{\partial t}(\rho_g \alpha_g u_g) + \frac{\partial}{\partial z}(\rho_g \alpha_g u_g^2) = -F_{wg} - F_{ig} - F_{gg} - \frac{\partial}{\partial z}(\alpha_g p_g) + p_{gi}\frac{\partial \alpha_g}{\partial z} + \Gamma_g u_{gi}$$

$$(4.3.6)$$

液相的守恒方程为

$$\frac{\partial}{\partial t}(\rho_l \alpha_l u_l) + \frac{\partial}{\partial z}(\rho_l \alpha_l u_l^2) = -F_{wl} - F_{il} - F_{gl} - \frac{\partial}{\partial z}(\alpha_l p_l) + p_{li}\frac{\partial \alpha_l}{\partial z} + \Gamma_l u_{li}$$

$$(4.3.7)$$

整理两式,可以表示为

$$\frac{\partial}{\partial t}(\rho_k \alpha_k u_k) + \frac{\partial}{\partial z}(\rho_k \alpha_k u_k^2) = -F_{wk} - F_{ik} - F_{gk} - \frac{\partial}{\partial z}(\alpha_k p_k) + p_{ki}\frac{\partial \alpha_k}{\partial z} + \Gamma_k u_{ki} \ (\mathrm{k} = \mathrm{g,l})$$

$$(4.3.8)$$

4.3.2.3　能量守恒方程

能量守恒一般如下表示:

控制体内的能量的变化量 $=$ 进出控制体边界的能量变化量 $+$ 控制体内作

用力所做的功 ＋伴随控制体内相变的能量交换量＋控制体外部而来的热源

(4.3.9)

如图 4.10 所示,对控制体的汽相和液相应用式(4.3.9),导出汽相和液相的能量守恒方程。控制体内的作用力和动量守恒方程中考虑的作用力一致。

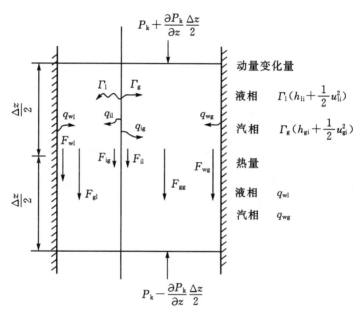

液相 $\rho_l \alpha_l (e_l + \frac{1}{2} u_l^2) A + \frac{\partial}{\partial z} (\rho_l \alpha_l (e_l + \frac{1}{2} u_l^2)) A \frac{\Delta z}{2}$

汽相 $\rho_g \alpha_g (e_g + \frac{1}{2} u_g^2) A + \frac{\partial}{\partial z} (\rho_g \alpha_g (e_g + \frac{1}{2} u_g^2)) A \frac{\Delta z}{2}$ ⎱流出量

$P_k + \frac{\partial P_k}{\partial z} \frac{\Delta z}{2}$

动量变化量

液相 $\Gamma_l (h_{li} + \frac{1}{2} u_{li}^2)$

汽相 $\Gamma_g (h_{gi} + \frac{1}{2} u_{gi}^2)$

热量

液相 q_{wl}

汽相 q_{wg}

$P_k - \frac{\partial P_k}{\partial z} \frac{\Delta z}{2}$

液相 $\rho_l \alpha_l (e_l + \frac{1}{2} u_l^2) A - \frac{\partial}{\partial z} (\rho_l \alpha_l (e_l + \frac{1}{2} u_l^2)) A \frac{\Delta z}{2}$

汽相 $\rho_g \alpha_g (e_g + \frac{1}{2} u_g^2) A - \frac{\partial}{\partial z} (\rho_g \alpha_g (e_g + \frac{1}{2} u_g^2)) A \frac{\Delta z}{2}$ ⎱流入量

图 4.10　基于两流体模型的能量守恒方程示意图

此外,从外部来的热源考虑壁面传向汽相和液相的热量 q_{wg} 和 q_{wl} ,和界面传向汽相和液相的热量 q_{ig} 和 q_{il} 。这里 q_{wg} , q_{wl} , q_{ig} , q_{il} 是表示单位时间、单位体积的传热量。对汽相,有

控制体内的能量的变化量 $= \frac{\partial}{\partial t} \left\{ \rho_g \alpha_g \left(e_g + \frac{1}{2} u_g^2 \right) \right\} A \Delta z \Delta t$

进出控制体边界的能量变化量 $= -\dfrac{\partial}{\partial z}\left\{\rho_g\alpha_g\left(e_g+\dfrac{1}{2}u_g^2\right)u_g\right\}A\Delta z\Delta t$

控制体内作用力所做的功

$$= \left\{-F_{wg}u_g-F_{ig}u_g-F_{gg}u_g-p_{gi}\dfrac{\partial\alpha_g}{\partial t}-\dfrac{\partial}{\partial z}(\alpha_g p_g u_g)\right\}A\Delta z\Delta t$$

伴随控制体内相变的能量交换量 $= \Gamma_g\left(h_{gi}+\dfrac{1}{2}u_{gi}^2\right)A\Delta z\Delta t$

来自控制体外部的热源 $= (q_{wg}+q_{ig})A\Delta z\Delta t$

这里，h_{gi} 和 u_{gi} 是界面上汽相的焓和流速。

对于液相，有

控制体内的能量的变化量 $= \dfrac{\partial}{\partial t}\left\{\rho_l\alpha_l\left(e_l+\dfrac{1}{2}u_l^2\right)\right\}A\Delta z\Delta t$

进出控制体边界的能量变化量 $= -\dfrac{\partial}{\partial z}\left\{\rho_l\alpha_l\left(e_l+\dfrac{1}{2}u_l^2\right)u_l\right\}A\Delta z\Delta t$

控制体内作用力所做的功

$$= \left\{-F_{wl}u_l-F_{il}u_l-F_{gl}u_l-p_{li}\dfrac{\partial\alpha_l}{\partial t}-\dfrac{\partial}{\partial z}(\alpha_l p_l u_l)\right\}A\Delta z\Delta t$$

伴随控制体内相变的能量交换量 $= \Gamma_l\left(h_{li}+\dfrac{1}{2}u_{li}^2\right)A\Delta z\Delta t$

来自控制体外部的热源 $= (q_{wl}+q_{il})A\Delta z\Delta t$

这里 h_{li} 和 u_{li} 分别是界面上液相的焓和流速。

将这些项代入式(4.3.9)，整理可得汽相的能量守恒方程为

$$\dfrac{\partial}{\partial t}\left\{\rho_g\alpha_g\left(e_g+\dfrac{1}{2}u_g^2\right)\right\}+\dfrac{\partial}{\partial z}\left\{\rho_g\alpha_g\left(e_g+\dfrac{1}{2}u_g^2\right)u_g\right\}$$

$$= -F_{wg}u_g-F_{ig}u_g-F_{gg}u_g-p_{gi}\dfrac{\partial\alpha_g}{\partial t}-\dfrac{\partial}{\partial z}(\alpha_g p_g u_g)+\Gamma_g\left(h_{gi}+\dfrac{1}{2}u_{gi}^2\right)+q_{wg}+q_{ig}$$

$$(4.3.10)$$

液相的能量守恒方程为

$$\dfrac{\partial}{\partial t}\left\{\rho_l\alpha_l\left(e_l+\dfrac{1}{2}u_l^2\right)\right\}+\dfrac{\partial}{\partial z}\left\{\rho_l\alpha_l\left(e_l+\dfrac{1}{2}u_l^2\right)u_l\right\}$$

$$= -F_{wl}u_l-F_{il}u_l-F_{gl}u_l-p_{li}\dfrac{\partial\alpha_l}{\partial t}-\dfrac{\partial}{\partial z}(\alpha_l p_l u_l)+\Gamma_l\left(h_{li}+\dfrac{1}{2}u_{li}^2\right)+q_{wl}+q_{il}$$

$$(4.3.11)$$

整理两式，可以表示为

$$\frac{\partial}{\partial t}\left\{\rho_k\alpha_k\left(e_k+\frac{1}{2}u_k^2\right)\right\}+\frac{\partial}{\partial z}\left\{\rho_k\alpha_k\left(e_k+\frac{1}{2}u_k^2\right)u_k\right\}$$

$$=-F_{wk}u_k-F_{ik}u_k-F_{gk}u_k-p_{ki}\frac{\partial\alpha_k}{\partial t}-\frac{\partial}{\partial z}(\alpha_k p_k u_k)+\Gamma_k\left(h_{ki}+\frac{1}{2}u_{ki}^2\right)+$$

$$q_{wk}+q_{ik} \quad (k=g,l)$$

$$(4.3.12)$$

4.3.2.4　双压力模型和单压力模型

通过应用质量、动量、能量守恒定律,得到了作为两流体模型基本方程的质量守恒方程的式(4.3.4)、动量守恒方程的式(4.3.8)和能量守恒方程的式(4.3.12)共计 6 个方程。

在基本方程中,汽相和液相的压力分别采用了 p_g 和 p_l 这两个独立的压力,这样的模型叫做双压力模型。在水平管的分层流中,相对于汽相的平均压力 p_g,液相的平均压力 p_l 由于液相重力的存在而较高。分析这种流动的时候就要用到这里导出的双压力模型。

与此相对的是,我们经常假设在流动截面上压力保持恒定

$$p_g=p_l=p_{gi}=p_{li}=p \qquad (4.3.13)$$

该模型称为单压力模型。

单压力模型的基本方程,可以通过把式(4.3.13)代入双压力模型的基本方程中得到。

质量守恒方程:

$$\frac{\partial}{\partial t}(\rho_k\alpha_k)+\frac{\partial}{\partial z}(\rho_k\alpha_k u_k)=\Gamma_k \quad (k=g,l) \qquad (4.3.14)$$

动量守恒方程:

$$\frac{\partial}{\partial t}(\rho_k\alpha_k u_k)+\frac{\partial}{\partial z}(\rho_k\alpha_k u_k^2)=-F_{wk}-F_{ik}-F_{gk}-\alpha_k\frac{\partial p}{\partial z}+\Gamma_k u_{ki} \quad (k=g,l)$$

$$(4.3.15)$$

能量守恒方程:

$$\frac{\partial}{\partial t}\left\{\rho_k\alpha_k\left(e_k+\frac{1}{2}u_k^2\right)\right\}+\frac{\partial}{\partial z}\left\{\rho_k\alpha_k\left(e_k+\frac{1}{2}u_k^2\right)u_k\right\}$$

$$=-F_{wk}u_k-F_{ik}u_k-F_{gk}u_k-p\frac{\partial\alpha_k}{\partial t}-\frac{\partial}{\partial z}(\alpha_k p u_k)+\Gamma_k\left(h_{ki}+\frac{1}{2}u_{ki}^2\right)+q_{wk}+q_{ik} \quad (k=g,l)$$

$$(4.3.16)$$

4.3.2.5　基本方程的变形

4.3.2.1 到 4.3.2.2 节导出了两流体模型的基本方程。实际进行数值分析的时候,有使用上述形式的,但多数为了数值求解的便利,进一步变形使用其他的形

式。接下来,将会进行基本方程的变形,导出经常使用的代表性形式。

1)动量守恒方程的变形

把动量守恒方程式(4.3.8)的等号左边变形,把质量守恒方程式(4.3.4)代入,可以得到关系式

$$\frac{\partial}{\partial t}(\rho_k \alpha_k u_k) + \frac{\partial}{\partial z}(\rho_k \alpha_k u_k^2)$$

$$= \left\{\frac{\partial}{\partial t}(\rho_k \alpha_k) + \frac{\partial}{\partial z}(\rho_k \alpha_k u_k)\right\} u_k + \rho_k \alpha_k \frac{\partial u_k}{\partial t} + \rho_k \alpha_k u_k \frac{\partial u_k}{\partial z} \quad (4.3.17)$$

$$= \Gamma_k u_k + \rho_k \alpha_k \frac{\partial u_k}{\partial t} + \rho_k \alpha_k u_k \frac{\partial u_k}{\partial z} \quad (k = g,l)$$

这个关系式如果代入动量守恒方程式(4.3.8),可以得到

$$\rho_k \alpha_k \frac{\partial u_k}{\partial t} + \rho_k \alpha_k u_k \frac{\partial u_k}{\partial z}$$

$$= -F_{wk} - F_{ik} - F_{gk} - \frac{\partial}{\partial z}(\alpha_k p_k) + p_{ki} \frac{\partial \alpha_k}{\partial z} + \Gamma_k \quad (u_{ki} - u_k) \quad (k = g,l)$$

$$(4.3.18)$$

我们会经常用到式(4.3.18)形式的方程作为动量守恒方程。这种形式的动量守恒方程被称为非守恒型的动量守恒方程。与此相应,式(4.3.8)形式给出的动量守恒方程被称为守恒型的动量守恒方程。

2)能量守恒方程的变形

能量守恒方程式等号左边包含的项,有如下的关系

$$\frac{\partial}{\partial t}\left(\frac{1}{2}\rho_k \alpha_k u_k^2\right) + \frac{\partial}{\partial z}\left(\frac{1}{2}\rho_k \alpha_k u_k^3\right)$$

$$= \frac{1}{2} u_k^2 \left\{\frac{\partial}{\partial t}(\rho_k \alpha_k) + \frac{\partial}{\partial z}(\rho_k \alpha_k u_k)\right\} + u_k\left(\rho_k \alpha_k \frac{\partial u_k}{\partial t} + \rho_k \alpha_k u_k \frac{\partial u_k}{\partial z}\right)$$

$$= \frac{1}{2} u_k^2 \Gamma_k - F_{wk} u_k - F_{ik} u_k - F_{gk} u_k - u_k \frac{\partial}{\partial z}(\alpha_k p_k) + u_{ki} p_{ki} \frac{\partial \alpha_k}{\partial z} + \Gamma_k u_k (u_{ki} - u_k)$$

$$(k = g,l)$$

$$(4.3.19)$$

把式(4.3.19)代入式(4.3.12),整理可得

$$\frac{\partial}{\partial t}(\rho_k \alpha_k e_k) + \frac{\partial}{\partial z}(\rho_k \alpha_k e_k u_k)$$

$$= -p_{ki}\left(\frac{\partial \alpha_k}{\partial t} + u_k \frac{\partial \alpha_k}{\partial z}\right) - p_k \alpha_k \frac{\partial u_k}{\partial z} + \Gamma_k\left\{h_{ki} + \frac{1}{2}(u_k - u_{ki})^2\right\} + q_{wk} + q_{ik} (k = g,l)$$

$$(4.3.20)$$

此外,也有用焓 h_g, h_l 代替内能 e_g, e_l 的方程形式。把内能和焓的关系

$\left(h = e + \dfrac{p}{\rho}\right)$ 代入整理,可以得到用焓表述的能量守恒方程。

$$\frac{\partial}{\partial t}(\rho_k \alpha_k h_k) + \frac{\partial}{\partial z}(\rho_k \alpha_k h_k u_k)$$

$$= -p_{ki}\left(\frac{\partial \alpha_k}{\partial t} + u_k \frac{\partial \alpha_k}{\partial z}\right) + \frac{\partial}{\partial t}(\alpha_k p_k) + u_k \frac{\partial}{\partial z}(\alpha_k p_k) + \qquad (4.3.21)$$

$$\Gamma_k\left(h_{ki} + \frac{1}{2}(u_k - u_{ki})^2\right) + q_{wk} + q_{ik} \quad (k = g, l)$$

4.3.3　两流体模型的封闭问题

两流体模型中最基本的质量守恒方程式(4.3.4)、动量守恒方程式(4.3.18)、能量守恒方程式(4.3.21)中出现的变量有:各相 (k = g,l) 平均体积份额 α_k、密度 ρ_k、速度 u_k、压力 p_k、壁面剪应力 F_{kw},外力 F_{gk}、焓 h_k、壁面热流密度 q_{kw},汽液界面上与质量、动量、能量相关的各相的质量生成率 Γ_k、相间摩擦力 F_{ik}、相间热流密度 q_{ik}、界面速度 u_{ki}、压力 p_{ki}、焓 h_{ki} 等合计 28 个。因此,为了闭合两流体模型的基本方程,就需要 28 个关系式。

首先,这些变量之间存在一些必然的联系:

$$\alpha_g + \alpha_l = 1 \qquad (4.3.22)$$

以及从界面上成立的质量、动量、能量的平衡(jump condition)可得

$$\Gamma_g + \Gamma_l = 0 \qquad (4.3.23)$$

$$F_{ig} + F_{il} = 0 \qquad (4.3.24)$$

$$h_{gi}\Gamma_g + q_{ig} + h_{li}\Gamma_{il} + q_{il} = 0 \qquad (4.3.25)$$

式(4.3.23)表示界面上的质量守恒定律,式(4.3.24)表示界面上作用与反作用定律,式(4.3.25)是表示在界面上从一相以热流及潜热(蒸发、凝结)的形式传出的热量与另一相以热流及潜热的形式吸收的量相等。

和漂移流模型相同,两流体模型状态方程中各相密度和焓均为温度、压力的函数。此外,作用于各相的体积力 $F_{gk}(k = g, l)$ 也可以是已知函数。

壁面的值 F_{wk},$q_{wk}(k = g, l)$,界面的值 u_{ki},p_{ki},h_{ki} 及界面输运项 Γ_g,F_{ig},q_{gi}(根据式(4.3.23)到式(4.3.25),只要知道其中的一相,就能获得另一相)都需要本构关系式

首先,对于 $u_{ki}(k = g, l)$,相变量不是非常大时,可以近似假定为

$$u_{gi} = u_{li}(= u_i) \qquad (4.3.26)$$

其中,u_i 要根据流型来确定。比如,对于泡状流等流动认为

$$u_i = u_g \qquad (4.3.27)$$

而对于弥散流,则认为

$$u_i = u_l \tag{4.3.28}$$

对于界面上各相的压力,在表面张力影响不大的情况下,界面动量法线方向的平衡关系可以近似地假定

$$p_{gi} = p_{li}(= p_i) \tag{4.3.29}$$

界面压力 p_i 与各相压力之间存在进一步的关系。这是因为界面压力和各相压力之差可以看做是各项平均速度和界面上速度的差引起的动能变化。一般的汽液两相流中,汽相密度相对于液相密度而言非常小,对汽相的动能中压力的贡献作用近似可以忽略。此时

$$p_l = p_g \tag{4.3.30}$$

对于界面上各相的焓 h_{gi} , h_{li} 的关系。如前所述,两流体模型中,没必要假定热平衡状态。但是,在汽液界面附近还是需要假定热平衡。如果把各相界面的温度设为 T_{gi} , T_{il} ,则认为

$$T_{gi} = T_{li}(= T_i) \tag{4.3.31}$$

汽液两相流为单组份系统的情况下,汽液界面上各相处在相平衡状态。因此,界面的温度 T_i 变成界面压力 p_i 对应的饱和温度 T_{sat} 。于是汽液界面的焓变成界面压力的函数。

于是,在适当假定的基础上,各相界面的值 u_{ki} , p_{ki} , h_{ki} (k = g,l) 可以用汽液两相流的其他变量来表示。

壁面剪应力通常由结构关系式给出。在两流体模型中,必须给出各相的壁面剪应力 F_{wg} , F_{wl} ,壁面热流密度 q_{wg} , q_{wl} 的结构关系式。然而,实验得到的往往是两相流总的壁面剪应力 F_w 和壁面热流密度 q_w 。所以,实际应用中,使用平均空泡份额 α_k ,将 F_w , q_w 的值用一定的比例,适当分配到各相中。

相间摩擦力 F_{ig} 的结构关系式是两流体模型特有的模型,而且也是最重要的模型之一。其起因是汽相和液相的速度差,具体的方法是以单一气泡或单一液滴的曳力系数为基础,考虑两相流影响得到的两相曳力系数或者由液膜的摩擦因数。F_{ig} 的结构关系式通常是在定常状态下得到的,也适用于慢瞬态工况。然而,在快瞬态工况下,相间摩擦力经常需要考虑虚拟质量的影响。

通过式(4.3.25),可以将界面热流密度 q_{ik} 和汽相的质量生成率 Γ_g 联系起来。将式(4.3.23)代入式(4.3.25)中,可得到

$$\Gamma_g(h_{gi} - h_{li}) + q_{ig} + q_{il} = 0 \tag{4.3.32}$$

因此, Γ_g , q_{ig} , q_{il} 的其中一个变量从属于另外两个。因此,给出 q_{ig} 和 q_{il} 相关的结构关系式,就可以得到 Γ_g ;或者,给出 Γ_g 和 q_{ig} (或 q_{il})的结构关系式,也可以得到 q_{il} (或 q_{ig})。

除了这些关系式以外,为了闭合基本方程,还需要各相压力的相关表达式。如

4.3.2.4 中所述,假定压力平衡的情况(单压力模型)或者各相压力之间给出适当结构关系式的情况(双压力模型)。

习题

(1)利用所学的知识,推导式(4.1.16)~式(4.1.18),即考虑了滑速比之后的均匀流模型。

(2)总结均匀流、漂移流和两流体两相流模型的基本方程,并指出其封闭条件

参考文献

[1]徐济鋆,贾斗南.沸腾传热与气液两相流[M].北京:原子能出版社,2001.

[2]Bankoff S G. A variable density single fluid model for two-phase flow with particular reference to steam water flow[J]. Trans. ASME, Serial C, J. Heat Transfer,1960,82(4).

[3]Ahmad S. Steam slip—The oretical prediction from momentum model[J]. Trans. ASME, Serial C, J. Heat Transfer, 1960,82(2).

[4]Saha P, Zuber N. Point of net vapor generation and vapor void fraction in subcooled boiling[C]// Proceedings of 5th International Heat Transfer Conference, Vol. IV, 1974.

[5]Lahey R T Jr,Moody F J. The thermal hydraulics of a boiling water nuclear reactor[R]. [S. l.]:ANS, 1977.

第 5 章 瞬态热工分析的数值分析基础

第 4 章整理了预测两相流流动的各种基本方程和本构方程。这些方程构成了非常复杂的非线性偏微分方程组,用一般的解析方法求解是十分困难的,因而必须依赖于数值解法。偏微分方程数值解法的主要方法包括有限差分法、有限元法、边界元法等。两相流数值分析方法主要以有限差分法作为分析基础,因此,为理解下一章具体两相流分析方法,本章有必要梳理一下以有限差分法为基础的两相流数值计算的基础知识。

5.1 基本方程的数学分类与适定性

5.1.1 数学分类

为了讨论两相流模型基本方程和差分方程解的数学性质,有必要先整理一下基本的数学概念。

对于二阶二元的拟线性偏微分方程,其数学上的一般形式为

$$a\frac{\partial^2 u}{\partial x^2} + 2b\frac{\partial^2 u}{\partial x \partial y} + c\frac{\partial^2 u}{\partial y^2} + 2d\frac{\partial u}{\partial x} + 2e\frac{\partial u}{\partial y} + fu + g = 0 \qquad (5.1.1)$$

式中:a,b,c——$x,y,u,\dfrac{\partial u}{\partial x}$ 和 $\dfrac{\partial u}{\partial y}$ 的函数;

   d,e——x,y 和 u 的函数;

   f,g——x 和 y 的函数。

通过坐标变换

$$x = \xi\cos\theta - \eta\sin\theta$$
$$y = \xi\sin\theta - \eta\cos\theta$$

将式(5.1.1)式变换为

$$A\frac{\partial^2 u}{\partial \xi^2} + 2B\frac{\partial^2 u}{\partial \xi \partial \eta} + C\frac{\partial^2 u}{\partial \eta^2} + D\frac{\partial u}{\partial \xi} + E\frac{\partial u}{\partial \eta} + Fu + G(\xi,\eta) = 0 \qquad (5.1.2)$$

式中

$A = \cos^2\theta + c\sin^2\theta + b\sin^2\theta,\ 2B = 2b\cos2\theta - (a-c)\sin2\theta$

$C = a\cos^2\theta + c\cos^2\theta - b\sin2\theta,\ D = d\cos\theta + e\sin\theta$

$E = e\cos\theta \cdot d\sin\theta,\ G(\xi,\eta) = g(x,y)$

此外，$AC - B^2 = ac - b^2$。这个变换中，对式(5.1.1)的偏微分方程分析二次曲线

$$ax^2 + 2bxy + cy^2 + 2dx + 2ey + f = 0 \qquad (5.1.3)$$

与式(5.1.2)的偏微分方程对应，可以得到二次方程

$$A\xi^2 + 2B\xi\eta + C\eta^2 + 2D\eta + 2E\eta + F = 0 \qquad (5.1.4)$$

对由上述偏微分方程所描述多物理过程，系数 a,b,c 的值一般随区域中的位置在变。对区域中某点(x_0,y_0)，视 $b^2 - ac$ 大于、等于或小于零，可将微分方程在该点称为：

(1)A 和 C 的符号不同，即 $b^2 - ac > 0$ 时，为双曲线的方程，与之对应的式(5.1.1)称为双曲型。

(2)A 和 C 有任何一个为 0，即 $b^2 - ac = 0$ 时，是抛物线的方程，与之对应的式(5.1.1)称为抛物型。

(3)A 和 C 符号相同，即 $b^2 - ac < 0$ 时，是椭圆的方程，与之对应的式(5.1.1)称为椭圆型。

这些型是依存于物理现象本身的，所以不依赖使用的坐标系和变量变换。因此，二阶偏微分方程导入新的变量替换为以下的一阶方程以后，就可以判别型了。

$$A\frac{\partial u}{\partial t} + B\frac{\partial u}{\partial z} = 0 \qquad (5.1.5)$$

式中：u—— $u = (u_1, u_2, \cdots u_n)$ 的列向量；

A,B——$n \times n$ 的矩阵；

n——变量个数。

这时，特征多项式 $\det(A\lambda + B) = 0$ 的根(特征值)全部是实数时为双曲型，全部为 0 时为抛物型，含有复数时为椭圆型。

椭圆型方程描述物理学中的一类稳态问题，其变量与时间无关，需要在空间的一个封闭区域内求解。抛物型方程描述物理学中的一类步进问题，其因变量与时间有关，又称为步进问题，求解区域为一个开放的空间。对于双曲型方程描写的物理问题，通过计算区域的任一点均有两条实的特征线，该点的依赖区是上游位于特征线的区域，而其影响区为下游特征线之间的区域。双曲型方程的求解也是一种步进过程。

5.1.2　适定性的定义和条件

考虑拟线性一阶偏微分方程

$$\frac{\partial \boldsymbol{u}}{\partial t} + \boldsymbol{A}\,\frac{\partial \boldsymbol{u}}{\partial z} = \boldsymbol{B} \tag{5.1.6}$$

这里：$\boldsymbol{A}$——$n \times n$ 的矩阵；

　　$\boldsymbol{B}$——与 $(\boldsymbol{u}, t, z)$ 相关的 n 列向量；

　　$\boldsymbol{u}$——n 个变量的列向量。

在区间 $a \leqslant z \leqslant b, t \geqslant 0$ 中，初始条件给为 $u(0, z) = g(z)$。在边界 $z = a$，$z = b$ 上，指定 u 的值为 $u = u_a$，导数 $\partial u / \partial z = \partial u / \partial z |_b$，这就成了处理偏微分方程 (5.1.6) 的求解问题。

接下来，说明作为一阶偏微分方程组 (5.1.6) 为初值问题时数学适定性的意义和条件。

定义 1　初值问题的适定性：

方程 (5.1.6) 及其初值边界条件，对全部可微分的初值 $g(z)$ 拥有连续的互相依存的唯一解，则认为作为初值问题在 Hadamard 的意义是适定的 (well-posed)。

定理 1　初值问题只有在系数矩阵 $\boldsymbol{A}$ 拥有实特征值时才适定，而且解连续地依存于初值。

定义 2　方程组 (5.1.6) 的系数矩阵 $\boldsymbol{A}$ 拥有实特征值 $\lambda_1, \lambda_2 \cdots, \lambda_n$ 和 n 个线性独立的特征向量，即用双曲型满足适定性条件时，为双曲系 (hyperbolicity)。

当存在正定矩阵 $\boldsymbol{T}$，且 $\boldsymbol{A}$ 可以对角化时被称作强双曲系 (strict hyperbolicity)，强双曲系不是系统适定的充分条件。

$$\boldsymbol{TAT}^{-1} = \boldsymbol{\Lambda} = \begin{bmatrix} \lambda_1 & & & 0 \\ & \lambda_2 & & \\ & & \ddots & \\ 0 & & & \lambda_N \end{bmatrix} \tag{5.1.7}$$

5.1.3　不适定性问题的解的特征

1) 不适定问题的特征

由于复数特征值的存在而产生的适定性不足，在纯粹的数学上拥有以下两个特征。

(1) 即使方程中不存在源项，原本对稳定有效的粘性项及热传递源项不存在时，在初始时刻引入的任何微小扰动都将随着时间的推移而呈指数形式扩大。这种扩大对于所有的波长都是存在的。

(2) 用差分法解一阶偏微分方程式会产生数值不稳定。

2) 不适定问题的解

不适定问题容易出现解不连续地依存于初期值，即初值出现小变化时，时刻 t

的解却发生了很大的变化。

当所有的特征值均为复数时,微分方程组必须作为边值问题进行求解。当部分特征值为实数而另一部分为复数时,则需要采用部分为初值问题而部分为边值问题。如果作为边值问题进行求解,就意味着需要指定未来计算时层的值,在物理上,这显然是不现实,甚至可能会违背热力学第二定律。

为了解决不适定的初值问题,一些学者建议了一些方法。包括:

(1) 严格控制初值的精确性;

(2) 在微分方程的系数上作一些假设;

(3) 在解空间去掉不稳定或者物理上不可接受的解;

(4) 将方程重构使之双曲化。

对于第一种方法,对初值的控制在物理上基本是不可实现的。对于第二种,对系数作的假设可能会导致一些没有物理意义项。第三种方法的问题可能在于解空间可能不存在需要的解。第四种方法应该是唯一有效的方法,但需要进行精心的设计。

5.2　离散方程的建立

一个典型流动传热问题可以由 4 个反映不同物理特性的项所组成:非稳态项,对流项,扩散项和源项。反应堆瞬态分析的对流传热问题,往往不考虑扩散项(即导热项、粘性项)。因此,瞬态数值分析所涉及的大部分偏微分方程可表示为如下形式

$$\frac{\partial f}{\partial t} + u\frac{\partial f}{\partial z} = \Gamma \tag{5.2.1}$$

式中:f——随时间和空间变化的质量、动量、能量等物理量的广义变量;

Γ——相与相之间的输运及内部发热等导致的 f 的广义源项。

比如,考虑长度为 L 的直管,$f = f_{in}$ 的流体从入口处($z=0$)以一定的流速 u 流入,再从出口处($z=L$)流出。设 $t=0$ 时管内 f 的值为 0,初始条件为 $f(z,0) = 0(0 < z \leqslant L)$,边界条件为 $f(0) = f_{in}, \frac{\partial f}{\partial z}\bigg|_{z=L} = 0 \ (t \geqslant 0)$。这个问题也可以理解为在初始条件和边界条件的基础上求满足式(5.2.1)的解。

这样,给定初始条件和边界条件的基础上求微分方程的解的问题就叫做偏微分方程的初值边界问题。

现在我们来分析一下源项 $\Gamma = 0$ 时式(5.2.1)解析解的性质。设置初始条件

$$f(z,0) = g(z) \tag{5.2.2}$$

其解析解的形式为

$$f(z) = g(z - ut) \tag{5.2.3}$$

即该解保持 f 的初始分布,t 秒后只是在 z 方向移动了 ut 距离。

通常,直接使用解析法求解初值边界问题是非常困难的,因此需要将偏微分方程离散化后再求数值解。离散过程中需要特别注意微分连续方程所没有的性质可能会加入到数值解中。

5.2.1 差分方程

首先,为了对式(5.2.1)进行差分,我们把连续的时间和空间如图 5.1 那样转换成时间步长 Δt、空间网格 Δz 的离散时空。

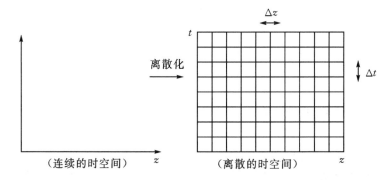

图 5.1 连续时空的离散化

$$z_i = i\Delta z \quad \left(0 \leqslant i \leqslant IM, \Delta z = \frac{L}{IM}\right) \tag{5.2.4}$$

$$t^n = n\Delta t \quad (n = 0, 1, 2, \cdots) \tag{5.2.5}$$

连续量 f 也可以转换成离散的量,偏微分方程就转换成了差分方程

$$f_i^n = (z_i, t^n) \tag{5.2.6}$$

差分方程的推导方法有很多种形式,这里只介绍用 Taylor 展开法导出式(5.2.1)的差分形式。f_{i+1}^n 关于 Δz 的 Taylor 展开,变为

$$f_{i+1}^n = f(z_i + \Delta z, t^n)$$

$$= f(z_i, t^n) + \frac{\partial f}{\partial z}\bigg|_i^n \Delta z + \frac{\partial^2 f}{\partial z^2}\bigg|_i^n \frac{\Delta z^2}{2!} + \cdots = f_i^n + \frac{\partial f}{\partial z}\bigg|_i^n \Delta z + \frac{\partial^2 f}{\partial z^2}\bigg|_i^n \frac{\Delta z^2}{2!} + \cdots$$

$$\tag{5.2.7}$$

从式(5.2.7)可以得到

$$\frac{\partial f}{\partial z}\bigg|_i^n = \frac{f_{i+1}^n - f_i^n}{\Delta z} + O(\Delta z) \tag{5.2.8}$$

式(5.2.8)右端中 $O(\Delta z)$ 项代表了二阶及更高导数项之和,称为截断误差。式(5.2.8)就变成利用位置 i 的下游一侧的离散值,把空间微分转变为差分近似,称为向前差分。

同样,将 f_{i-1}^n 用 Taylor 法展开,变为

$$f_{i-1}^n = f_i^n - \frac{\partial f}{\partial z}\Big|_i^n \Delta z + \frac{\partial^2 f}{\partial z^2}\Big|_i^n \frac{\Delta z^2}{2!} + \cdots \qquad (5.2.9)$$

这样,只用上游一侧的离散值可以得到向后差分的差分近似式

$$\frac{\partial f}{\partial z}\Big|_i^n = \frac{f_i^n - f_{i-1}^n}{\Delta z} + O(\Delta z) \qquad (5.2.10)$$

这种空间差分方式称为一阶精度的迎风差分,是现在两相流分析中经常用到的空间差分法。式(5.2.7)和式(5.2.9)的差可以得到

$$\frac{\partial f}{\partial z}\Big|_i^n = \frac{f_{i+1}^n - f_{i-1}^n}{2\Delta z} + O(\Delta z^2) \qquad (5.2.11)$$

式(5.2.11)等价处理上游和下游,称作中心差分。

关于非稳态项,也可以进行向前、向后以及中心差分等格式,主要使用下面的两种差分法。

向前差分:

$$\frac{\partial f}{\partial z}\Big|_i^n = \frac{f_i^{n+1} - f_i^n}{\Delta t} + O(\Delta t) \qquad (5.2.12)$$

向后差分:

$$\frac{\partial f}{\partial z}\Big|_i^n = \frac{f_i^n - f_i^{n-1}}{\Delta t} + O(\Delta t) \qquad (5.2.13)$$

由于空间和时间的微分项都能够进行多种差分,所以构成式(5.2.1)的差分方程也有很多种组合,代表性的差分方程如下:

$$\frac{f_i^{n+1} - f_i^n}{\Delta t} + u \frac{f_{i+1}^n - f_{i-1}^n}{2\Delta z} = \Gamma_i^n + O(\Delta t, \Delta z^2) \qquad (5.2.14)$$

$$\frac{f_i^{n+1} - f_i^n}{\Delta t} + u \frac{f_i^n - f_{i-1}^n}{\Delta z} = \Gamma_i^n + O(\Delta t, \Delta z) \qquad (5.2.15)$$

$$\frac{f_i^{n+1} - f_i^n}{\Delta t} + u \frac{f_{i+1}^{n+1} - f_{i-1}^{n+1}}{2\Delta z} = \Gamma_i^{n+1} + O(\Delta t, \Delta z^2) \qquad (5.2.16)$$

$O(\quad)$ 代表差分方程关于空间和时间的近似精度。比如,式(5.2.14)的差分式关于 Δt 取一阶精度,关于 Δz 取二阶精度。从误差的观点来看,式(5.2.14)和式(5.2.16)的精度较高。但是,通过后面的分析可以得知,无论 Δt,Δz 取什么值,式(5.2.14)的差分式都会伴随数值上的不稳定。

差分式(5.2.14)和(5.2.15)采用时间向前差分,将在 n 时层已知的 f 值代入式(5.2.14)和式(5.2.15)中就能直接求得在 $n+1$ 时层的解。这种把已知的值代

入差分式就能直接得到解的方法叫做显式法。式(5.2.16)在 $n+1$ 时层采用向后差分,将 f^n 值代入式(5.2.16)是不能直接求解的。为了得到解,需要求解从 $i=0\sim IM$ 时式(5.2.16)组成的方程组。为了得到新时刻的解需要解方程组的方法叫做隐式法。

接下来,进行边界条件差分化。直接指定 f 值作为 $z=0$ 的边界条件称作Dirichlet 条件。该边界条件不需要进行差分:

$$f_0^n = f_{in} \quad (n=0,1,2\cdots) \tag{5.2.17}$$

出口处 $z=L$ 的边界条件一般采用连续条件,即 f 在流道出口的值不变。在数学上就是在出口处指定 f 的导数,称为 Neumann 条件。一般采用下式:

$$f_{IM}^n = f_{IM-1}^n (n=0,1,2\cdots) \tag{5.2.18}$$

在建立起所有的差分方程后,图 5.2 给出了显式法和隐式法的数值计算流程。是否需要解方程组是两个解法的不同点。

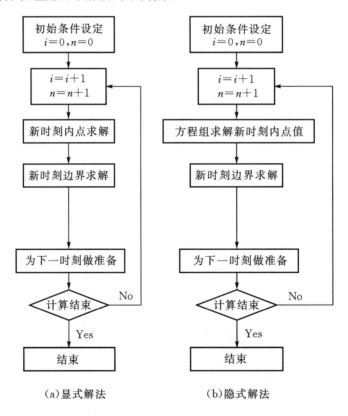

　　　　(a)显式解法　　　　　　　　(b)隐式解法

图 5.2　显式法和隐式法的计算流程

5.2.2　差分格式的性质

令 $f = f(z,t)$ 为偏微分方程的精确解，$f_j^n = f(j\Delta z, n\Delta t)$ 为差分方程的解析解即差分解，$F_j^n = F(j\Delta z, n\Delta t)$ 为差分方程的数值解。

5.2.2.1　差分格式的相容性

差分方程的相容性是讨论当时间、空间的网格步长 $\Delta z, \Delta t \to 0$ 时，差分方程逼近微分方程的程度。因此，相容性是讨论差分方程和微分方程的关系。

当 $\Delta z, \Delta t \to 0$ 时，差分格式的截断误差对于每一点都趋近于 0，则差分方程与微分方程是相容的。差分方程的相容性可以通过 Taylor 展开法来证明。

以扩散方程 $\dfrac{\partial u}{\partial t} - \dfrac{\partial^2 u}{\partial z^2} = 0$ 的向前时间差分、空间中心差分的格式为例：

$$\frac{f_j^{n+1} - f_j^n}{\Delta t} - \frac{f_{j+1}^n - 2f_j^n + f_{j-1}^n}{\Delta z^2} = 0$$

分别针对 f_j^{n+1}，f_{j+1}^n 和 f_{j-1}^n 进行 Taylor 展开，得到

$$f_j^{n+1} = f_j^n + \left(\frac{\partial f}{\partial t}\right)_j^n \Delta t + \frac{1}{2!}\left(\frac{\partial^2 f}{\partial t^2}\right)_j^n \Delta t^2 + \frac{1}{3!}\left(\frac{\partial^3 f}{\partial t^3}\right)_j^n \Delta t^3 + \cdots$$

$$f_{j+1}^n = f_j^n + \left(\frac{\partial f}{\partial z}\right)_j^n \Delta z + \frac{1}{2!}\left(\frac{\partial^2 f}{\partial z^2}\right)_j^n \Delta z^2 + \frac{1}{3!}\left(\frac{\partial^3 f}{\partial z^3}\right)_j^n \Delta z^3 + \cdots$$

$$f_{j-1}^n = f_j^n - \left(\frac{\partial f}{\partial z}\right)_j^n \Delta z + \frac{1}{2!}\left(\frac{\partial^2 f}{\partial z^2}\right)_j^n \Delta z^2 - \frac{1}{3!}\left(\frac{\partial^3 f}{\partial z^3}\right)_j^n \Delta z^3 + \cdots$$

代入差分格式中，得到

$$\left[\frac{\partial u}{\partial t} - \frac{\partial^2 u}{\partial z^2}\right]_j^n = \left[-\frac{1}{2}\left(\frac{\partial^2 u}{\partial t^2}\right)_j^n \Delta t - \frac{1}{6}\left(\frac{\partial^3 u}{\partial t^3}\right)_j^n \Delta t^2 - O(\Delta t^2) - O(\Delta z^2)\right]_j^n$$

所以当 $\Delta z, \Delta t \to 0$ 时，上式等号右边趋于 0，差分方程趋近于微分方程，因此两者是相容的。

5.2.2.2　差分格式的收敛性

在步长 Δt 足够小的情况下，由它所确定的差分解 f_j^n 能够以任意指定的精度逼近微分方程边值问题的精确解 f。下面给出收敛性的精确定义：对时刻 t，当 $\Delta z, \Delta t \to 0$ 时，若 $f_j^n \to f$ 成立，意味着差分方程的解向微分方程的解收敛即差分格式收敛，否则不收敛。

离散格式收敛性的证明比较困难。但对于线性初值问题，离散格式的收敛性可由稳定性而得到保证。

5.2.2.3　差分格式的稳定性

所谓稳定性是指在数值计算过程中产生的误差的积累和传播是否受到控制。

在应用差分格式求近似解的过程中，由于是按节点逐次递推进行，所以误差的传播是不可避免的。如果差分格式能有效地控制误差的传播，使它对于计算结果不会产生严重的影响，或者说差分方程的解对于边值和右端具有某种连续相依的性质，就叫做差分格式的稳定性。针对初值问题的差分格式得到的差分解 f_j^n，对任意的初值 f_j^0，$\|\varepsilon_j^n\| \leqslant M\|\varepsilon_j^0\|$（$M$ 是依存于 $t = n\Delta t$ 的常数）对任意的 t 成立时，即 ε_j^n 不会在以后各个时层的计算中被不断地放大时，差分格式就是稳定的。

需要指出的是，稳定或者不稳定是一个离散格式的固有属性。在 5.2.3 节中将具体进行讨论。

5.2.2.4 Lax 原理

对于线性初值问题所建立起来的相容的格式，稳定性是收敛性的充分必要条件，这就是联系线性初值问题的稳定性与收敛性的 Lax 原理。值得指出的是，Lax 原理是在很苛刻的条件下才能应用的。差分格式的精确解通过 Lax 的同等定理确保收敛性，原偏微分方程的精确解的收敛性就被保证了，如图 5.3 所示。

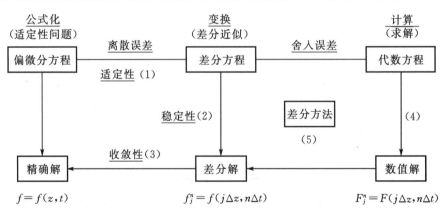

图 5.3　问题的适定性和差分格式的稳定性

5.2.3　数值解的稳定性

为了更具体地介绍数值解的稳定性，下面以一个例子作为说明。利用式(5.2.15)，边界条件式(5.2.17)和式(5.2.18)，并且假设 $IM = 30$，$\Delta t = \Delta z$，$f_{in} = 1$，在 $n=11$ 时，f 值沿轴向的变化如图 5.4 所示。从图中可以看出，当 $u=1.1$ 时，f 值在从 1 转换 0 的过程中出现了剧烈的波动，与解析解产生了巨大的偏差；而当 $u=0.9$ 时，f 值平缓地过渡。像 $u=1.1$ 时出现的这种震荡在物理上是完全没有意义的。这种数值解出现不符合物理规律的振荡就叫做数值的不稳定性。

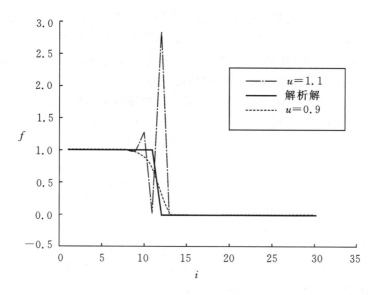

图 5.4　数值的稳定性与不稳定性

关于线性初值问题差分格式的稳定性已经进行了深入的研究,并提出了多种分析方法。本书只介绍容易实施的 Von Neumann 稳定性。

我们来分析式(5.2.15)的稳定条件。首先将式(5.2.15)写成如下形式:

$$f_i^{n+1} = f_i^n - c(f_i^n - f_{i-1}^n) \tag{5.2.19}$$

式中,$c = \dfrac{u\Delta t}{\Delta z}$,被称作 Courant 数,是考察数值解稳定性的最重要的无量纲量之一。

Von Neumann 稳定性分析法是分析差分解的 Fourier 分解误差矢量的谐波分量振幅增幅的方法。众所周知,满足 Dirichlet 条件的函数 $f(z,t)$ 可以展开成 Fourier 级数,其复数形式表示为

$$f(z,t) = \sum_{k=-\infty}^{\infty} V_k(t)\exp(Ikz)\,(I = \sqrt{-1}) \tag{5.2.20}$$

式中:k——2π 区间内所含的波数;

$V_k(t)$——波数 k 的 Fourier 谐波分量的振幅。

类似地,f_i 的 Fourier 谐波分量可以写为

$$f_i^n \sim V_k^n\exp(Ikz_i) = V_k^n\exp(Ik\Delta zi) = V_k{}^n\exp(I\theta i) \tag{5.2.21}$$

式中,$\theta = k\Delta z$,为相角。波长 λ 与波数的乘积为 2π。

从这个定义,f_i^{n+1} 和 $f_{i\pm1}^n$ 可以表示为

$$f_i^{n+1} \sim V_k^{n+1}\exp(I\theta i)\,,\,f_{i\pm1}^n \sim V_k^n\exp(I\theta(i\pm1)) \tag{5.2.22}$$

Von Neumann 稳定性分析法认为:假定所计算的初值问题的边界值是准确无误的,而在某时层的计算中引入一个误差矢量,误差就是一个微小的扰动。如果这一扰动的振幅随时间的推移而不断增大的,则这个格式是不稳定的;反之,若扰动的振幅随时间衰减或保持不变,则格式是稳定的。

也就是说只要 Fourier 谐波分量的振幅在相邻两个时层间没有增加,即可认为差分格式就是稳定的,即

$$|G| = |V_k^{n+1}/V_k^n| \leqslant 1 \qquad (5.2.23)$$

式中,G 为增长因子。

将式(5.2.23)和式(5.2.23)代入式(5.2.19),整理后可得

$$V_k^{n+1} = V_k^n(1 - c + c\exp(-\mathrm{I}\theta)) \qquad (5.2.24)$$

因此,其稳定条件可以由下式求出:

$$G^2 = [1 - c(1 - \cos\theta)]^2 + c^2 \sin^2\theta \leqslant 1 \qquad (5.2.25)$$

这里要求 θ 取 $0 \sim 2\pi$ 之间的任意值都能满足式(5.2.25),这样所有波数的 Fourier 谐波分量就变为稳定。令 $r = \cos\theta$,可得

$$2c(c-1)(1-r) \leqslant 0 \qquad (5.2.26)$$

由于 $1 - r \geqslant 0$,所以稳定条件为

$$0 \leqslant c \leqslant 1 \qquad (5.2.27)$$

即针对采用空间迎风差分、时间向前差分的式(5.2.13),Courant 数只要大于 1 就不能确保数值稳定。现在我们就可以明白:由于图 5.4 的计算条件为 $c = 1.1$,所以出现了数值不稳定性。

用同样的方法,可以得出采用空间中心差分和时间向前差分的式(5.2.14)的增长因子为

$$G^2 = 1 + c^2 \sin^2\theta \qquad (5.2.28)$$

可以看出如果 c 不等于 0 就不稳定;而 $c = 0$ 意味着 $\Delta t = 0$,就意味着不计算。因此,不管取多小的 Δt 都会不稳定,即无条件不稳定。

那么,采用空间中心差分和时间向后差分的式(5.2.16)的稳定性又如何呢?其增长因子为

$$G^2 = \frac{1}{1 + c^2 \sin^2\theta} \qquad (5.2.29)$$

所以,c 取任意值都能满足稳定条件,即为无条件稳定。

5.2.4　数值的扩散现象

下面来分析图 5.4 中 $u = 0.9$ 出现的现象。此时 Courant 数定为 0.9。可以看出,差分解的 f 在陡的区域发生扩散,成为了平缓的分布。我们将这种没有物理意

义的扩散现象称为数值扩散或人工粘性。

下面来分析产生数值扩散的原因。

我们所知的物理意义的扩散现象表示为

$$\frac{\partial f}{\partial t} = \nu \frac{\partial^2 f}{\partial z^2} \tag{5.2.30}$$

式中，ν 是扩散系数，关于空间的二阶微分项称为扩散，ν 的大小表示扩散的强弱程度。数值扩散是偏微分方程原本没有的扩散项，而在离散化后附加上去导致的一种现象。

将偏微分方程的解代入该式的 f_i，f_{i-1} 中，利用 Taylor 展开，整理后可得

$$\frac{\partial f}{\partial t} + u \frac{\partial f}{\partial z} = \frac{u\Delta z}{2} \frac{\partial^2 f}{\partial z^2} - \frac{\Delta t}{2} \frac{\partial^2 f}{\partial t^2} + \cdots \tag{5.2.31}$$

f 是原来偏微分方程的解，满足 $\frac{\partial f}{\partial t} + u \frac{\partial f}{\partial z} = 0$，因此式

$$\frac{\partial^2 f}{\partial t^2} = u^2 \frac{\partial^2 f}{\partial z^2} \tag{5.2.32}$$

成立。利用式(5.2.32)，将式(5.2.31)中关于时间的二阶微分项替换成空间微分，整理可得

$$\frac{\partial f}{\partial t} + u \frac{\partial f}{\partial z} = \frac{u\Delta z}{2}(1-c)\frac{\partial^2 f}{\partial z^2} + \cdots \tag{5.2.33}$$

式(5.2.33)是从差分方程导出的偏微分方程，可以看成是满足差分解的方程。根据该式就可以看出，差分方程(5.2.33)包含了数值扩散系数

$$\nu_a = \frac{u\Delta z}{2}(1-c) \tag{5.2.34}$$

根据式(5.2.34)，在 Courant 数 c 一定时，数值扩散按空间网格的尺寸成比例增加，若 c 大于 1 则扩散系数为负数。负的扩散系数意味着从物理量值小的地方向值大的地方扩散，引起解的不稳定。因此，其稳定条件为 $c \leqslant 1$。

采用同样的分析方法，采用空间中心差分的式(5.2.14)的数值扩散系数为

$$\nu_a = -\frac{u^2 \Delta z}{2} \tag{5.2.35}$$

可以看出，该数值扩散系数为负，即为无条件不稳定。

采用时间向后差分、空间中心差分的式(5.2.16)为隐式方法，其数值扩散系数为

$$\nu_a = \frac{u^2 \Delta t}{2} \tag{5.2.36}$$

该数值扩散系数为正，即方程无条件稳定，但数值扩散会随着 Δt 成比例增加。

采用空间迎风差分的隐式法，则

$$f_i^{n+1} - f_i^n = -c(f_i^{n+1} - f_{i-1}^{n+1}) \tag{5.2.37}$$

的数值扩散系数为

$$\nu_a = \frac{u\Delta z}{2}(1-c) = \frac{u\Delta z}{2}\left(1 + \frac{u\Delta t}{\Delta z}\right) \tag{5.2.38}$$

仍然是无条件稳定,数值扩散会随着 Δt 成比例增加。

　　通过以上分析可以得知,隐式法是无条件稳定,但是增大 Δt 会降低解的精度。因此,采用隐式差分也需要注意时间步长和空间网格的大小。后面的分析会得出,使用单压力两流体模型求解瞬态汽液两流体模型时,数值扩散对基本方程不适定性的缓和具有一定作用。

5.3　显式法与隐式法

　　我们实际要处理的方程是由质量、动量、能量的守恒方程和状态方程组成的复杂的非线性偏微分方程组。在这一节里,我们将以一维非粘性压缩性流动为例,分析显式法、隐式法的特性。

5.3.1　显式法和 CFL 条件

　　理想气体的一维非粘性压缩流动的基本方程有以下四个:
质量守恒方程

$$\frac{\partial \rho}{\partial t} + \frac{\partial \rho u}{\partial z} = 0 \tag{5.3.1}$$

动量守恒方程

$$\frac{\partial \rho u}{\partial t} + \frac{\partial}{\partial z}(\rho u^2 + p) = 0 \tag{5.3.2}$$

能量守恒方程

$$\frac{\partial}{\partial t}\left\{\rho\left(e + \frac{u^2}{2}\right)\right\} + \frac{\partial}{\partial z}\left\{\rho u\left(e + \frac{u^2}{2} + \frac{p}{\rho}\right)\right\} = 0 \tag{5.3.3}$$

状态方程

$$p = \rho e(\gamma - 1) \tag{5.3.4}$$

式中,γ 是比热比。

　　式(5.3.1)与式(5.2.1)在形式上是相同的,因此显式法的稳定条件就是式(5.2.27)的 Courant 条件。但不同的是,现在密度是通过状态方程变成与压力相关的量,所以可以认定其稳定条件和纯粹的 Courant 条件相比,会有所不同。

　　将上述的非线性偏微分方程组变形为与式(5.2.1)相同的形式来分析其稳定

条件。每单位体积的动量和能量写为

$$m = \rho u$$

$$E = \rho \left(e + \frac{u^2}{2} \right) \tag{5.3.5}$$

向量 $\boldsymbol{U}, \boldsymbol{F}$ 定义为

$$\boldsymbol{U} = (U_1, U_2, U_3)^{\mathrm{T}} = (\rho, m, E)^{\mathrm{T}} \tag{5.3.6}$$

$$\boldsymbol{F} = (F_1, F_2, F_3)^{\mathrm{T}} = (m, mu + p, mE + pu)^{\mathrm{T}} \tag{5.3.7}$$

式(5.3.1)到式(5.3.2)可以整理为

$$\frac{\partial \boldsymbol{U}}{\partial t} + \frac{\partial \boldsymbol{F}}{\partial z} = 0 \tag{5.3.8}$$

式中

$$\frac{\partial F_i}{\partial z} = \frac{\partial F_i}{\partial U_1} \cdot \frac{\partial U_1}{\partial z} + \frac{\partial F_i}{\partial U_2} \cdot \frac{\partial U_2}{\partial z} + \frac{\partial F_i}{\partial U_3} \cdot \frac{\partial U_3}{\partial z} \tag{5.3.9}$$

定义矩阵 $\boldsymbol{A}$ 为

$$\boldsymbol{A} = (A_{ij}) = (\partial F_i / \partial U_j) \tag{5.3.10}$$

式(5.3.8)就变成和式(5.2.1)相同的形式：

$$\frac{\partial \boldsymbol{U}}{\partial t} + \boldsymbol{A} \frac{\partial \boldsymbol{U}}{\partial z} = 0 \tag{5.3.11}$$

把 $\boldsymbol{A}$ 用变量 u, e 表示，变为

$$\boldsymbol{A} = \begin{pmatrix} 0 & 1 & 0 \\ \dfrac{\gamma-3}{2}u^2 & (3-\gamma)u & \gamma-1 \\ -\gamma e u + \dfrac{\gamma-2}{2}u^3 & \gamma e + \dfrac{3-2\gamma}{2}u^2 & \gamma u \end{pmatrix} \tag{5.3.12}$$

这里使用状态方程消去了压力 p。

现在来分析矩阵 $\boldsymbol{A}$ 的特征值。特征值设为 λ，特征方程以 $\boldsymbol{I}$ 作为单位矩阵变为

$$|\boldsymbol{A} - \lambda \boldsymbol{I}| = -\lambda^3 + 3u\lambda^2 + [(\gamma-1)\gamma e - 3u^2]\lambda + u^3 - (\gamma-1)\gamma e u = 0 \tag{5.3.13}$$

对式(5.3.13)求根，并利用声速

$$s = \sqrt{(\gamma-1)\gamma e} \tag{5.3.14}$$

就可以得到三个特征根

$$\lambda_1 = u, \quad \lambda_2 = u + s, \quad \lambda_3 = u - s \tag{5.3.15}$$

把式(5.3.8)用于空间采用迎风差分的显式法的差分格式式(5.3.16)的稳定条件可以用 Von Neumann 的稳定性分析法求得，即

$$\frac{U_i^{n+1} - U_i^n}{\Delta t} + A \frac{U_i^n - U_{i-1}^n}{\Delta z} = 0$$

由于稳定性分析只适用于线性方程组,所以将 A 看作常数矩阵。

$$U_i^n \sim V_k^n \exp(\mathrm{J}\theta i) \quad (\mathrm{J} = \sqrt{-1}) \tag{5.3.17}$$

和式(5.2.21)同样,把式(5.3.17)代入式(5.3.16)中,并整理得到

$$V_k^{n+1} = G V_k^n \tag{5.3.18}$$

$$G = I - \frac{\Delta t}{\Delta z} A (1 - \cos\theta) - \mathrm{J} \frac{\Delta t}{\Delta z} A \sin\theta \tag{5.3.19}$$

式中,V_k 是向量,增长因子 G 为矩阵。因此,若增长因子矩阵 G 的向量半径在 1 以下,那么解是稳定的。

$$G^2 = I + 2 \frac{\Delta t}{\Delta z} A \left(\frac{\Delta t}{\Delta z} A - I \right) (1 - \cos\theta) \tag{5.3.20}$$

G^2 的特征值 k 由式

$$k = 1 + 2 \frac{\Delta t}{\Delta z} \lambda \left(\frac{\Delta t}{\Delta z} \lambda - 1 \right) (1 - \cos\theta) \tag{5.3.20}$$

给出。

使用式(5.3.21)和式(5.3.15)求出稳定条件 $k \leqslant 1$,可以得到

$$0 \leqslant \frac{(u+s)\Delta t}{\Delta z} \leqslant 1 \tag{5.3.22}$$

这个稳定条件被称为 CFL(Courant-Friedrichs-lewy)条件。可以看出,用显式法求解压缩性流动问题时,时间步长受声速和流速的制约,这是由于压缩流动中信息的最大传播速度是 $u+s$。通常声速比流速大,所以显式法中能使用的时间步长非常小。以小破口事故为例,采用显式法进行长时间瞬态两相流现象的分析是很困难的。两相流中声速最大可以达到 1500m/s,因此,在空间网格 Δz 设定为 0.1m 左右时,可以使用的时间步长是 $0.01 \sim 0.1$ms。

当然显式法也有很多优点。由式(5.3.16)可知不使用非线性方程组的迭代解法,只是单纯的代入计算就能得到新时刻的解。这样使得编程变得容易,结构方程的变更和空间差分的改进也容易进行。此外,每一时间步计算所需的时间是一定的,所以可以很容易估算现象分析所需要的计算时间。从这些优点来看,可以说显式法是适合初学者开发解决短时间瞬态现象分析的程序的方法。

5.3.2 半隐解法和 Courant 条件

我们已经知道显式法中时间步长小的原因是最大传播速度中包含声速。半隐解法是通过把构成基本方程中各项的密度、压力等靠声速传播的量隐式法处理,用 Courant 条件缓和 CFL 条件的一种解法。现在开发的大部分瞬态分析程序都是

基于半隐解法的。

接下来,以代表性的半隐解法之一的 ICE(Implicit Continuous fluid Eulerian)为例,说明使用交错网格实现基本方程的差分。质量、动量和能量的守恒方程定为

$$\frac{\partial \rho}{\partial t} + \frac{\partial \rho u}{\partial z} = 0$$

$$\frac{\partial u}{\partial t} + u \frac{\partial u}{\partial z} + \frac{1}{\rho} \cdot \frac{\partial p}{\partial z} = 0 \tag{5.3.23}$$

$$\frac{\partial \rho e}{\partial t} + \frac{\partial \rho e u}{\partial z} + p \frac{\partial u}{\partial z} = 0 \tag{5.3.24}$$

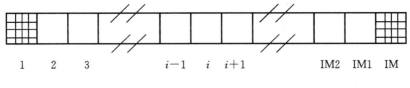

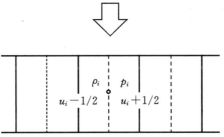

图 5.5　交错网格中变量定义位置

图 5.5 显示了一维交错网格中变量的定义位置。交错网格中流速定义在控制单元的边界上,而其他的变量则定义在单元的中心。这样,考虑质量和能量守恒的控制体积(图中实线的单元)和考虑动量守恒的控制体积(图中虚线的单元)错开了半个单元。这是为了避免全部的变量都在中心定义时产生压力的空间震荡。

基于 ICE 法的差分方程为

$$\frac{\rho_i^{n+1} - \rho_i^n}{\Delta t} + \frac{\rho_{i+1/2}^n u_{i+1/2}^{n+1} - \rho_{i-1/2}^n u_{i-1/2}^{n+1}}{\Delta z} = 0 \tag{5.3.23}$$

$$\frac{u_{i+1/2}^{n+1} - u_{i+1/2}^n}{\Delta t} + u_{i+1/2}^n \frac{u_{i+1}^n - u_i^n}{\Delta z} + \frac{1}{\rho_{i+1/2}^n} \frac{p_{i+1}^{n+1} - p_i^{n+1}}{\Delta z} = 0 \tag{5.3.24}$$

$$\frac{(\rho e)_i^{n+1} - (\rho e)_i^n}{\Delta t} + \frac{(\rho e)_{i+1/2}^n u_{i+1/2}^{n+1} - (\rho e)_{i-1/2}^n u_{i-1/2}^{n+1}}{\Delta z} + p_i^n \frac{u_{i+1/2}^{n+1} - u_{i-1/2}^{n+1}}{\Delta z} = 0$$

$$\tag{5.3.27}$$

$$p_i^{n+1} = (\rho e)_i^{n+1} (\gamma - 1) \tag{5.3.28}$$

式中，$\rho_{i+1/2}$ 为通过类似于迎风差分进行定义。

$$\rho_{i+1/2} = \begin{cases} \rho_i & (u_{i+1/2} \geqslant 0) \\ \rho_{i+1} & (u_{i+1/2} < 0) \end{cases} \tag{5.3.29}$$

动量方程的对流项采用显式法进行差分，所以若采用中心差分就会与式(5.2.15)一样无条件不稳定。动量方程中的压力、连续方程中的流速都是由声速传播的量。这些项和状态方程采用隐式处理，这样就消去了声速导致的时间步长的制约，但由于对流项依然采用显式法处理，所以流速导致的制约还存在。因此，稳定条件是 Courant 条件。

5.3.3　隐式法和无条件稳定

隐式法中，式(5.3.25)到式(5.3.27)的空间差分项全部采用在 n+1 时层的值。通过线性稳定性分析可以得出，隐式法是无条件稳定的，可以采用任意时间步长进行计算，因此被认为可以适用于长时间的瞬态分析。但需要注意的是，事实上在现实中不能使用那么大的时间步长。

第一，从计算精度的角度来考虑。当采用大的时间步长时，式(5.2.36)和式(5.2.38)给出的数值扩散就会变大。这样会使如冲击波等那样的不连续面被光滑，解的精度就会降低。另外，原本隐式法是适合求解定常状态问题的解法，而在瞬态过程中，系数矩阵一直在快速变化，长时间步长会导致系数矩阵信息的丢失。

第二，从线性方程组的收敛特性来考虑。迭代求解非线性方程组的收敛特性会随时间步长扩大而变差。

5.4　两相流模型的适定性分析

针对两相流现象的物理模型的数学公式通过各种方法变换，采用各种不同的数值解法，实验及理论的分析都能得到具有相当精度的计算结果。本节分析两流体模型的不适定性及其缓解对策，然后简单地描述均匀流和漂移流模型的适定性。

5.4.1　两流体模型的数学不适定性分析

这里具体求解非平衡单压力两流体模型(汽相和液相的压力相同)基本方程组的特征值，并分析此方程组的数学不适定性。

为了讨论方便，此节的两流体模型的基本方程为：

质量守恒方程

$$\partial\alpha_k\rho_k/\partial t + \partial(\alpha_k\rho_k u_k)/\partial z = \Gamma_k \tag{5.4.1}$$

动量守恒方程

$$\frac{\partial(\alpha_k \rho_k u_k)}{\partial t} + \frac{\partial(\alpha_k \rho_k u_k^2)}{\partial z} + \alpha_k \frac{\partial p}{\partial z} = -\alpha_k \rho_k g + A_{kk'} D_{kk'}(u_k - u_{k'}) + \Gamma_k u_{ki} + F_{xk}$$

$$(5.4.2)$$

或

$$\frac{\partial(\alpha_k \rho_k u_k)}{\partial t} + \frac{\partial(\alpha_k \rho_k u_k^2)}{\partial z} + \frac{\partial(\alpha_k p)}{\partial z} = -\alpha_k \rho_k g + A_{kk'} D_{kk'}(u_k - u_{k'}) + \Gamma_k u_{ki} + F_{xk}$$

$$(5.4.3)$$

能量守恒方程

$$\frac{\partial(\alpha_k \rho_k S_k)}{\partial t} + \frac{\partial(\alpha_k \rho_k u_k S_k)}{\partial z} = \frac{W_k}{T_k} \tag{5.4.4}$$

相 k 的状态方程

$$\rho_k = \rho(S_k, p) \tag{5.4.5}$$

流体静力学局部平衡的假设

$$p = p_l = p_g \tag{5.4.6}$$

空泡份额

$$\alpha_l + \alpha_g = 1 \tag{5.4.7}$$

将式(5.4.4)－式(5.4.1)$\times S_k$,可以得到

$$\mathrm{d}S_k/\mathrm{d}t = \frac{W_k}{\alpha_k \rho_k T_k} - \frac{S_k \Gamma_k}{\alpha_k \rho_k} \tag{5.4.8}$$

将式(5.4.5)做物质导数,可以得到

$$\frac{\mathrm{d}\rho_k}{\mathrm{d}t} = \left(\frac{\partial \rho_k}{\partial p}\right)_{s_k} \frac{\mathrm{d}p}{\mathrm{d}t} + \left(\frac{\partial \rho_k}{\partial S_k}\right)_p \frac{\mathrm{d}S_k}{\mathrm{d}t} \tag{5.4.9}$$

各相的绝热声速 c_k 定义为

$$\left(\frac{\partial \rho_k}{\partial p}\right)_{s_a} = c_k^{-2} \tag{5.4.10}$$

如果假定热和质量的输送及摩擦等非同次项不含有偏导数,那么方程组的特征值不受非同次项的影响。以下的分析将忽略非同次项,式(5.4.1)至式(5.4.4)的等号右边设为 0。将式(5.4.8)代入式(5.4.9),式(5.4.9)等号右边第 2 项就变为非同次项,所以通过消去这一项,可以把式(5.4.9)转换成

$$\frac{\mathrm{d}\rho_k}{\mathrm{d}t} = c_k^{-2} \frac{\mathrm{d}p}{\mathrm{d}t} \tag{5.4.11}$$

针对式(5.4.1)使用 $k=g$,可以得到

$$\rho_g \frac{\partial \alpha_g}{\partial t} + \frac{\alpha_g}{c_g^2} \frac{\partial p}{\partial t} + \rho_g u_g \frac{\partial \alpha_g}{\partial z} + \frac{\alpha_g u_g}{c_g^2} \frac{\partial p}{\partial z} + \rho_g \alpha_g \frac{\partial u_g}{\partial z} = 0 \tag{5.4.12}$$

同理,对于 k=l 的情况,可以得到

$$\rho_1 \frac{\partial \alpha_1}{\partial t} + \frac{\alpha_1}{c_1^2} \frac{\partial p}{\partial t} + \rho_1 u_1 \frac{\partial \alpha_1}{\partial z} + \frac{\alpha_1 u_1}{c_1^2} \frac{\partial p}{\partial z} + \rho_1 \alpha_1 \frac{\partial u_1}{\partial z} = 0 \qquad (5.4.13)$$

接下来,将式(5.4.1)中 k=g 时的关系式使用式(5.4.7),变为

$$\alpha_g \rho_g \frac{\partial u_g}{\partial t} + p \frac{\partial \alpha_g}{\partial z} + \alpha_g \frac{\partial p}{\partial z} + \alpha_g \rho_g u_g \frac{\partial u_g}{\partial z} = 0 \qquad (5.4.14)$$

同理,对于 k=1,可以得到

$$\alpha_1 \rho_1 \frac{\partial u_1}{\partial t} + p \frac{\partial \alpha_1}{\partial z} + \alpha_1 \frac{\partial p}{\partial z} + \alpha_1 \rho_1 u_1 \frac{\partial u_1}{\partial z} = 0$$

式(5.4.4)分别采用 k=g,k=1 时,通过式(5.4.8)可以表示为

$$\frac{\partial S_g}{\partial t} + u_g \frac{\partial S_g}{\partial z} = 0 \qquad (5.4.16)$$

$$\frac{\partial S_1}{\partial t} + u_1 \frac{\partial S_1}{\partial z} = 0 \qquad (5.4.17)$$

这 6 个微分方程构成了 $\alpha_g, p, u_g, u_1, S_g, S_1$ 这 6 个独立变量关联的一阶微分方程组。用矩阵表示为

$$\bm{A} \frac{\partial \bm{u}}{\partial t} + \bm{B} \frac{\partial \bm{u}}{\partial z} = 0 \qquad (5.4.18)$$

$$\bm{u} = (\alpha_g, p, u_g, u_1, S_g, S_1)^T \qquad (5.4.19)$$

$$\bm{A} = \begin{pmatrix} \rho_g & \alpha_g/c_g^2 & 0 & 0 & 0 & 0 \\ -\rho_1 & \alpha_1/c_1^2 & 0 & 0 & 0 & 0 \\ 0 & 0 & \alpha_g \rho_g & 0 & 0 & 0 \\ 0 & 0 & 0 & \alpha_1 \rho_1 & 0 & 0 \\ 0 & 0 & 0 & 0 & 1 & 0 \\ 0 & 0 & 0 & 0 & 0 & 1 \end{pmatrix} \qquad (5.4.20)$$

$$\bm{B} = \begin{pmatrix} \rho_g u_g & \alpha_g u_g/c_g^2 & \alpha_g \rho_g & 0 & 0 & 0 \\ -\rho_1 u_1 & \alpha_1 u_1/c_1^2 & 0 & \rho_1 & 0 & 0 \\ p & \alpha_g & \alpha_g \rho_g u_g & 0 & 0 & 0 \\ -p & \alpha_1 & 0 & \alpha_1 \rho_1 u_1 & 0 & 0 \\ 0 & 0 & 0 & 0 & u_g & 0 \\ 0 & 0 & 0 & 0 & 0 & u_1 \end{pmatrix} \qquad (5.4.21)$$

通过求 $\det(\bm{A}\lambda + \bm{B}) = 0$ 可以获得方程组的特征值特性。在对动量方程处理时,考虑了 α_k 在压力梯度项的空间微分之内和之外两种情况。

(1) 对 α_k 在外,即式(5.4.2)的情况

$$R(U_{lg} + R) \left[R^2 (U_{lg} + R)^2 - R^2 \alpha_1 \frac{\rho_m}{\rho_1} - (U_{lg} + R)^2 \frac{\rho_m \alpha_g}{\rho_g} \right] = 0 \quad (5.4.22)$$

（2）对 α_k 在内，即式（5.4.3）的情况

$$R(U_{lg} + R)\left[R^2 \ (U_{lg} + R)^2 - R^2 \ \frac{\rho_m}{\rho_l \rho_g}(\alpha_l \rho_g + p\alpha_g / c_g^2) - \right.$$
$$\left.(U_{lg} + R)^2 \frac{\rho_m}{\rho_l \rho_g}\left(\alpha_g \rho_l + \frac{p\alpha_l}{c_l^2}\right) + p \ \frac{\rho_m}{\rho_l \rho_g c_m^2}\right] = 0 \tag{5.4.23}$$

式中：$U_{lg} = \dfrac{u_l - u_g}{c_m}$ ——无量纲相对速度；

$\rho_m = \rho_g \alpha_g + \rho_l \alpha_l$ ——混合物密度；

$R = \dfrac{u_g + \lambda}{c_m}$ ；

$\dfrac{1}{c_m^2} = \rho_m\left(\dfrac{\alpha_g}{\rho_g c_g^2} + \dfrac{\alpha_l}{\rho_l c_l^2}\right)$ ——均相声速。

基于所得到的特征多项式，分析特征值的性质。

首先，考虑 α_k 在外的情况，由式（5.4.22）可得 $U_{lg} = 0$ 时的 4 个根为

$$\lambda = -u \pm c_a$$
$$\lambda = -u_l = -u_g = -u \tag{5.4.24}$$

式中　　　　　$c_a^2 = \dfrac{\rho_m \rho_p c_m^2}{\rho_g \rho_l}$ ，$\rho_p = \rho_g \alpha_l + \rho_l \alpha_g$ ，$\rho_m = \rho_g \alpha_g + \rho_l \alpha_l$

当 $U_{lg} \neq 0$ 时，式（5.4.22）的另外两个根是共轭复数，如图 5.6 与图 5.7 所示。图 5.6 为 α_k 在内部时特征方程的根在不同压力饱和条件下随无量纲相对速度 U_{gl} 和 α_g 的变化图。图 5.7 为 α_k 在外的情况。可以看出当 α_k 包含在压力梯度项中时，复数根区域随着压力的增大变窄。

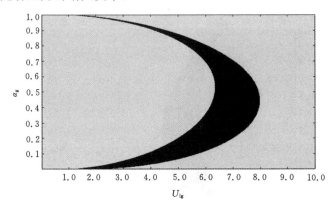

（a）饱和压力 1MPa

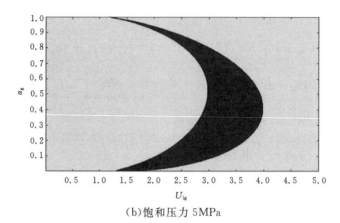

(b)饱和压力 5MPa

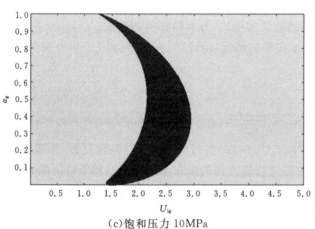

(c)饱和压力 10MPa

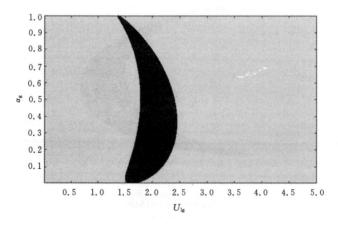

(d)饱和压力 15MPa

图 5.6 α_k 在内部时特征方程的根在不同压力下随无量纲速度和空泡份额的变化图

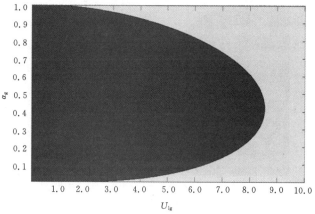

（a）饱和压力 1MPa（α_k 在微分外）

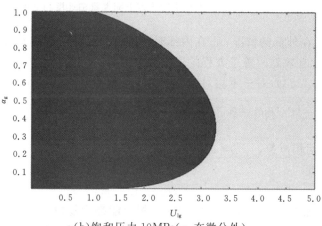

（b）饱和压力 10MPa（α_k 在微分外）

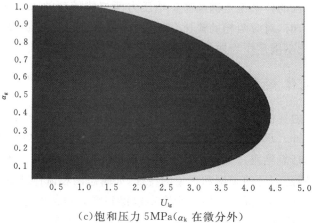

（c）饱和压力 5MPa（α_k 在微分外）

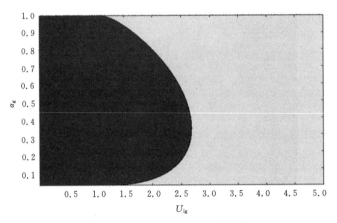

（d）饱和压力 15MPa（α_k 在微分外）

图 5.7　　α_k 在外部时特征方程的根在不同压力下随无量纲速度和空泡份额的变化图

相对于 α_k 在外部的情况，α_k 在内部时，可以发现，特征值在大部分感兴趣的区域为实数，因此有效地改善了方程的适定性。

依据式（5.4.23），对于零相对速度时的 4 个根为

$$\sqrt{2}R = \pm \left(\rho_m / \rho_g \rho_l \left\{ (\rho_p + p/c_p^2) \pm \left[(\rho_p + p/c_p^2)^2 - 4p\rho_p/c_s^2 \right]^{1/2} \right\} \right)^{1/2}$$

(5.4.25)

式中，c_p 是拟两相声速，$c_p^{-2} = \alpha_g c_g^{-2} + \alpha_l c_l^{-2}$ 。

R 如果满足

$$c_p/c_g \leqslant 1 \tag{5.4.26}$$

则根为实数。如果不满足式（5.4.26），4 个根可能都为复数，此时的质量守恒方程和动量守恒方程的方程为椭圆型。$U_{lg} \neq 0$ 时，4 个根可能为复数，此时质量守恒方程和动量守恒方程的体系也是椭圆型。单压力两流体模型的基本方程为式（5.4.2）时和式（5.4.3）时，对应两相的流速、空泡份额和压力的值，它的特征多项式有时会有复数根，因此不满足作为初值问题的适定性的条件。

5.4.2　两流体模型不适定性的对策

如前一节中叙述的那样，单压力两流体模型中的基本方程组作为初值问题具有数学的不适定性。尽管如此，开发的大多数分析瞬态两相流现象的计算程序中却能得到合适的计算结果。这是为什么呢？现在进入这一节的主题。如前一节所述，因为不适定跟随问题的类型和现象的特征，如瞬态两相流伴随着激烈变化现象中问题的不适定性是固有的，但能不能稳定地得到瞬态数值解是依存于所采用的差分格式的特性、附加项的影响以及所采用的模型的。本节介绍了为了克服两相流

模型的不适定性所采用的代表性的方法。

5.4.2.1　基于差分格式的数学不适定性的抑制

如 5.2 节中所示,对流扩散方程中对流项进行差分近似时,会引入数值扩散项或数值粘性项的二阶微分项并导致解精度降低。反应堆瞬态分析用到的一阶流体方程组采用的各种数值解法——迎风差分法、Lax 的差分法、Leap-frog 法、Lax-Wendroff 差分法及隐式法中都出现了这种二阶微分项。

这里,再确认一下迎风差分中 Courant 数一定时的情况。

$$\partial f/\partial t + u\partial f/\partial z = 0 \tag{5.4.27}$$

采用一阶迎风差分近似,有

$$(f_k^{n+1} - f_k^n)/\Delta t + u(f_k^n - f_{k-1}^n)/\Delta z = 0, \quad u \geqslant 0 \tag{5.4.28}$$

用 Hirt 稳定分析法整理后可得

$$\frac{\partial f}{\partial t} + u\frac{\partial f}{\partial z} = \frac{u\Delta z}{2}\left(1 - \frac{u\Delta t}{\Delta z}\right)\frac{\partial^2 f}{\partial z^2} + o(\Delta z^2) \tag{5.4.29}$$

因此,采用迎风差分时,二阶空间微分项的系数为 $\dfrac{u\Delta z}{2}\left(1 - \dfrac{u\Delta t}{\Delta z}\right)$,在满足 Courant 条件的前提下,这个系数会随着 Δz 的增加而增大。

如此,将对流方程中对流项进行差分时引入二阶空间微分项。一般该项如 5.2.4 节所述,会降低计算精度,但在处理一维非粘性压缩性流动问题时会带来适定性的好处。

一般认为该二阶空间微分项可以将作为对象的微分方程的类型由椭圆型(或是双曲型或是混合型)变为抛物型(或是双曲型或是混合型)。遵照 5.1 节中叙述的方程类型的判定方法,双曲型方程式(5.4.27)用式(5.4.28)的差分方程求解时,实际解的偏微分方程(5.4.29)成为抛物型,基于此,就可以理解上面所说的好处了。

不同的差分格式对应的二阶空间微分项的系数 v 也不同,因此,其对适定性的效果也会变化。即:前面所说的一阶迎风差分格式是 $v = \dfrac{u\Delta z}{2}\left(1 - \dfrac{u\Delta t}{\Delta z}\right)$,所以在 Courant 数一定时,缩小 Δz 就减弱了数值扩散的影响。与此相比,Lax 的差分格式中 $v = \Delta z^2/(2\Delta t)$,若固定 Δz 并缩小 Δt,v 就会变大,数值扩散也变大。Leap-frog 法、Lax-Wendroff 法和隐式法差分格式中 $v = u^2\Delta t/2$,若缩小 Δt,数值扩散就缩小了。除了 Lax 法,其他的差分格式的系数全部依赖于流速 u 本身。判定基本方程类型时使用的系数矩阵 $\boldsymbol{A}$ 和 $\boldsymbol{B}$,从定义起就依存于两相的流速(u_g, u_1)、空泡份额(α_g, α_1)及压力 p 等。所以,伴随着流动状况的变化,这些量也时时刻刻变化着。也就是说,对应于流动瞬态状况,其两流体模型的基本方程也在双曲型、抛物型、椭圆型中间变动。在数值计算阶段,与前面叙述的数值扩散相关。总之,这项的存在使得特征多项式中出现复数根的区域变窄的可能性增加。

5.4.2.2　虚拟质量力的附加和其效果

在分析含有汽泡的液体的声速和冲击现象时,很早开始就用虚拟质量力。在发现初值问题存在不适定性之后,就提出了附加虚拟质量力到相间的输送项中以缓解适定性问题。虚拟质量力在声速和临界流量中比较显著,但对流动的压力损失和流速、空泡份额等平均特性的影响很小。只导入虚拟质量力就能将基本方程双曲化是不现实的,但是可以改善数值计算的稳定性,因此在很多瞬态分析程序中广泛采用(如 RELAP5 等)。

虚拟质量力是球形的刚体粒子在无限的流体中非定常运动时所受的力之一,可表示为

$$f_{VM} = \frac{1}{2} \times \frac{\pi}{6d^3} \times \rho (\mathrm{d}u_1/\mathrm{d}t - \mathrm{d}u_d/\mathrm{d}t) \tag{5.4.30}$$

式中:u_d,u_1——分别为固体粒子和离固体粒子很远的主流的速度;

　　　d——粒子直径;

　　　ρ,μ——流体的密度和粘性系数。

下面来分析引入虚拟质量力后基本方程的适定性。

在式(5.4.2)和式(5.4.3)中增加虚拟质量力可以得到

$$\frac{\partial (\alpha_k \rho_k u_k)}{\partial t} + \frac{\partial (\alpha_k \rho_k u_k u_k)}{\partial z} + \alpha_k \frac{\partial p}{\partial z}$$

$$= -\alpha_k \rho_k g + A_{kk'} D_{kk'} (u_k - u_{k'}) + \Gamma_k u_{ki} + A_m \frac{\mathrm{d}(u_k - u_{k'})}{\mathrm{d}t} + F_{xk} \tag{5.4.31}$$

$$\frac{\partial (\alpha_k \rho_k u_k)}{\partial t} + \frac{\partial (\alpha_k \rho_k u_k u_k)}{\partial z} + \frac{\partial (\alpha_k \rho_k p)}{\partial z}$$

$$= -\rho^k g + A_{kk'} D_{kk'} (u_k - u_{k'}) + \Gamma_k u_{ki} + A_m \frac{\mathrm{d}(u_{k'} - u_k)}{\mathrm{d}t} + F_0 \tag{5.4.32}$$

虚拟质量力系数 A_m 可以采用 Zuber,Mecredy,Hanilton 等人的关系式。这里,分析相对加速度的表示式

$$\frac{\mathrm{d}(u_1 - u_g)}{\mathrm{d}t} = \frac{\partial u_1}{\partial t} + u_1 \frac{\partial u_1}{\partial z} - \left(\frac{\partial u_g}{\partial t} + u_g \frac{\partial u_g}{\partial z} \right) \tag{5.4.33}$$

方程组式(5.4.1)、式(5.4.4)、式(5.4.32)、式(5.4.33)的特征多项式变成

$$R^2 (U_{lg} + R) - \frac{R^2 \rho_m}{\rho_g \rho_1} \frac{(\alpha_1 \rho_g + p \alpha_g / c_g^2 + A_m / \alpha_g)}{K} -$$

$$(U_{lg} + R)^2 \frac{\rho_m}{\rho_g \rho_1} \frac{(\alpha_g \rho_1 + p \alpha_1 / c_1^2 + A_m / \alpha_1)}{K} = \frac{-p \rho_m}{\rho_g \rho_i c_m^2 K} \tag{5.4.34}$$

式中

$$K = 1 + \frac{A_m c_m^2 \rho_m}{\rho_g \rho_l} \left[\left(\frac{\alpha_g}{\alpha_l c_g^2} + \frac{\alpha_l}{\alpha_g c_l^2} \right) + \left(\frac{\rho_l}{\rho_g c_g^2} + \frac{\rho_g}{\rho_g c_l^2} \right) \right] \qquad (5.4.35)$$

　　与不含虚拟质量力的特征多项式式(5.4.23)、式(5.4.34)相比,可以看出,附加了虚拟质量力系数 A_m 的项。图 5.8 给出了考虑了虚拟质量力后的 α_k 在外的特征值的分布。

　　图 5.8 与图 5.6 相比可以看出,引入虚拟质量力后,实根的区域变大,因此适定性也就提高了。有研究标明,虚拟质量力足够大时特征值能够全部变成实数。

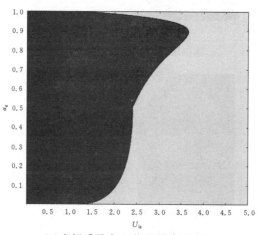

(a)虚拟质量力 1(饱和压力 1MPa)

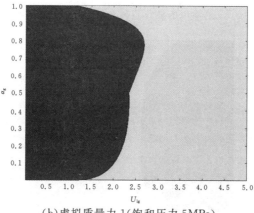

(b)虚拟质量力 1(饱和压力 5MPa)

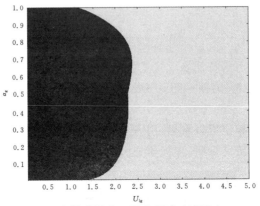

（c）虚拟质量力 1（饱和压力 10MPa）

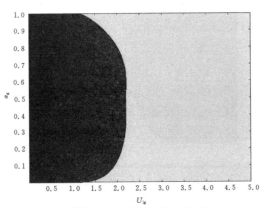

（d）虚拟质量力 1（饱和压力 15MPa）

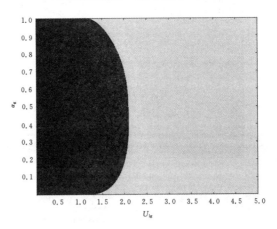

（e）虚拟质量力 1（饱和压力 20MPa）

图 5.8　考虑虚拟质量力时特征方程的根

5.4.2.3　剪应力项的效果

Ramson 和 Trapp 及 Bruce 和 Stewart 等人认为剪应力项可以缓和由问题不适定性引起的解的发散。他们的研究认为,短波由于数值粘性衰减,而长波由于剪应力项衰减。

分析下面的式子:

$$\frac{\partial \varphi}{\partial t} + u(1+\varepsilon i)\frac{\partial \varphi}{\partial z} + K\varphi = 0 \tag{5.4.36}$$

式中:u, ε, K ——非负实数;

$\quad$ i——虚数单位;

$\quad K\varphi$ ——用于模拟剪应力项。

如果 $\varepsilon > 0$ 则该方程为不适定方程。将该方程的时间微分项采用向前差分、对流项采用迎风差分且剪应力项进行隐式差分近似,可以得到

$$\frac{\varphi_j^{n+1} - \varphi_j^n}{\Delta t} + u(1+\varepsilon i)\frac{\varphi_j^n - \varphi_{j-1}^n}{\Delta z} + K\varphi_j^{n+1} = 0 \tag{5.4.37}$$

通过 Von Neumann 的稳定性分析,针对式(5.4.37)的波数为 k($k = \dfrac{\pi}{j\Delta z}$,$j = 1, 2, \cdots$)的增长因子 G 用以 ξ^n 为振幅因子、以 $\varphi_j^n = \xi^n \exp(ikj\Delta z)$ 为解的形式来表示,就变成

$$\xi^{n+1} = (1+K\Delta t)^{-1}[1 - c(1+\varepsilon i)(1 - \exp(-i\theta))]\xi^n$$

故

$$\begin{aligned}
G &= (1+K\Delta t)^{-1}[1 - c(1+\varepsilon i)(1 - \exp(-i\theta))] \\
&= (1+K\Delta t)^{-1}[1 - (1-\cos\theta - \varepsilon\sin\theta)c - ic[(1-\cos\theta)\varepsilon + \sin\theta]]
\end{aligned}$$

所以

$$\begin{aligned}
|G|^2 &= \{(1+K\Delta t)^{-2}\{[1 - (1-\cos\theta - \varepsilon\sin\theta)c]^2 + [(\sin\theta + \varepsilon - \varepsilon\cos\theta)c]^2\}\} \\
&= 1 - 2c[K\Delta z/u + (1-\cos\theta - \varepsilon\sin\theta)] + o(c^2)
\end{aligned}$$

$$\tag{5.4.38}$$

式中,$\theta = k\Delta z$,$c = u\Delta t/\Delta z$。

当 $K = \varepsilon = 0$ 时,对于所有的 n 值,G 值在复平面上的轨迹为以 $1-c$ 为圆心,以 c 为半径的一个圆。当 c 小于 1 时,G 将位于单位圆之内,不会出现几何增长的谐波分量。因此,此时,稳定条件为 $0 \leqslant c < 1$。

当 $K = 0$,但 $\varepsilon \neq 0$ 时,G 值的轨迹将是半径扩大 $(1+\varepsilon^2)^{1/2}$ 并旋转 arctan ε 的角度。当 $\varepsilon < 0$ 时,结果将依然在单位圆之内。但如果 $\varepsilon > 0$ 时,对于长波的情况(即 k 小的情况),$|G|^2 = 1 + 2c\varepsilon\theta > 1$,即使是很小的 ε,G 的轨迹也将跑到单位圆之外(即使此时 $c < 1$)。此时,傅里叶谐波分量将会增长;对于短波的情况(即 k

大的情况），$|G|^2 = 1 - 2c(\cos\theta - \sin\theta) < 1$，此时，傅里叶谐波分量将不会增长，这主要是由于数值粘性的作用。

当 $K > 0$ 且 $\varepsilon > 0$ 时，G 值的轨迹将是半径收缩到 $(1 + K\Delta t)^{-1}$。当 K 足够大时，可以保证在单位圆之内，傅里叶谐波分量将不会增长。

基本方程的谐波分量的解 $\varphi_k = \varphi_0 \exp(ik(z - ut))\exp(\varepsilon ku - K)t$ 可以看出，当 k 很小（长波）或者 K 很大时，可以保证 $\varepsilon ku - K < 0$，谐波分量将会衰减。另一方面，对于 k 大（短波）的情况，由于数值粘性的作用，也可能会衰减。

对于 $K > 0$，随着网格的加密，$\Delta z \to 0$，根据稳定的条件，Δt 也应该趋于 0。此时，对于长波的情况，其增长因子为

$$|G|^2 \approx 1 - 2c\left[\frac{K\Delta z}{u} - \frac{\varepsilon\pi}{J}\right]$$

因此，为使其衰减，$J\Delta z$ 必须比 $\pi\left(\dfrac{\varepsilon}{K}\right)u$ 大。当把网格划细之后，方程的不适定性增强，解就会变得不稳定。

5.4.2.4　通过模型改良的不适定消除

1）双压力模型的使用

两流体模型通常采用各相压力相等的单压力模型，之前的讨论全部是以单压力模型为对象进行的。分析表明，采用双压力模型能够显示出数学的适定性。

两流体双压力模型的基本方程如下：

对于液相而言，质量守恒方程为

$$\frac{\partial\alpha_1\rho_1}{\partial t} + \frac{\partial\alpha_1\rho_1 u_1}{\partial x} = -\Gamma_g \tag{5.4.39}$$

动量守恒方程为

$$\frac{\partial\alpha_1\rho_1 u_1}{\partial t} + \frac{\partial\alpha_1(\rho_1 u_1^2 + p_1)}{\partial x}$$

$$= p_{\mathrm{int}}\frac{\partial\alpha_1}{\partial x} + \lambda(u_g - u_1) - \Gamma_g u_{\mathrm{int}} - F_{\mathrm{w},1} - F_{\mathrm{f},g} + (\alpha_1\rho_1)g \cdot \hat{n}_{\mathrm{axis}}$$

能量守恒方程为

$$\frac{\partial\alpha_1\rho_1 e_1}{\partial t} + \frac{\partial\alpha_1 u_1(\rho_1 e_1 + p_1)}{\partial x}$$

$$= p_{\mathrm{int}}u_{\mathrm{int}}\frac{\partial\alpha_1}{\partial x} - \bar{p}_{\mathrm{int}}\mu(p_1 - p_g) + \bar{u}_{\mathrm{int}}\lambda(u_g - u_1) +$$

$$\Gamma_g\left(\frac{\bar{p}_{\mathrm{int}}}{\rho_{\mathrm{int}}} - H_{1,\mathrm{int}}\right) + Q_{\mathrm{int},1} + Q_{\mathrm{wall},1} \tag{5.4.41}$$

对于汽相而言,质量守恒方程为

$$\frac{\partial \alpha_g \rho_g}{\partial t} + \frac{\partial \alpha_g \rho_g u_g}{\partial x} = \Gamma_g \tag{5.4.42}$$

动量守恒方程为

$$\frac{\partial \alpha_g \rho_g u_g}{\partial t} + \frac{\partial \alpha_g (\rho_g u_g^2 + p_g)}{\partial x}$$

$$= p_{int} \frac{\partial \alpha_g}{\partial x} + \lambda (u_1 - u_g) + \Gamma_g u_{int} - F_{w,g} - F_{f,1} + (\alpha_g \rho_g) g \cdot \hat{n}_{axis} \tag{5.4.43}$$

能量守恒方程为

$$\frac{\partial \alpha_g \rho_g e_g}{\partial t} + \frac{\partial \alpha_g u_g (\rho_g e_g + p_g)}{\partial x}$$

$$= p_{int} u_{int} \frac{\partial \alpha_g}{\partial x} - \bar{p}_{int} \mu (p_g - p_1) + \bar{u}_{int} \lambda (u_1 - u_g) -$$

$$\Gamma_g \left(\frac{p_{int}}{\rho_{int}} - H_{g,int} \right) + Q_{int,g} + Q_{wall,g} \tag{5.4.44}$$

在汽液两相的基本方程中,Γ 表示单位界面面积上液相向汽相的质量交换,A_{int} 表示单位体积混合物的汽液界面面积,$H_{1,int}$ 和 $H_{g,int}$ 分别表示液相和汽相在界面处的比焓,u_{int} 和 $\bar{u}_{int}$ 分别表示界面速度和界面平均速度,p_{int} 和 $\bar{p}_{int}$ 分别表示界面压力和界面平均压力。在动量方程中,$\hat{n}_{axis}$ 表示控制体轴向上的向量单元。$F_{w,k}$ 表示由于壁面作用导致 k 相上产生的摩擦作用力,$F_{f,k'}$ 表示 k' 相对 k 相的摩擦作用力。$Q_{int,k}$ 表示界面传向 k 相的热量,$Q_{wall,k}$ 表示壁面传向 k 相的热量。

除了以上两相之间的守恒方程之外,还需增加一个基本方程,来封闭两流体双压力模型的基本方程组。在两流体双压力模型中,空泡份额与汽液两相压力变化有关。根据 Saurel 的文献,空泡份额与汽液两相压力的关系可以表达成如下形式:

$$\frac{\partial \alpha_g}{\partial t} + u_{int} \frac{\partial \alpha_g}{\partial x} = \mu (p_g - p_1) + \frac{\Gamma}{\rho_{int}} \tag{5.4.45}$$

其中,μ 是汽液压力松弛因子。

源项不影响特征值分析,守恒方程简化如下:

$$\left.\begin{array}{l} \dfrac{\partial \alpha_1 \rho_1}{\partial t} + \dfrac{\partial \alpha_1 \rho_1 u_1}{\partial x} = 0 \\[3mm] \dfrac{\partial \alpha_g \rho_g}{\partial t} + \dfrac{\partial \alpha_g \rho_g u_g}{\partial x} = 0 \\[3mm] \dfrac{\partial \alpha_1 \rho_1 u_1}{\partial t} + \dfrac{\partial \alpha_1 \left(\rho_1 u_1^2 + p_1\right)}{\partial x} - p_{int} \dfrac{\partial \alpha_1}{\partial x} = 0 \\[3mm] \dfrac{\partial \alpha_g \rho_g u_g}{\partial t} + \dfrac{\partial \alpha_g \left(\rho_g u_g^2 + p_g\right)}{\partial x} - p_{int} \dfrac{\partial \alpha_g}{\partial x} = 0 \\[3mm] \dfrac{\partial \alpha_1 \rho_1 e_1}{\partial t} + \dfrac{\partial \alpha_1 u_1 \left(\rho_1 e_1 + p_1\right)}{\partial x} - p_{int} u_{int} \dfrac{\partial \alpha_1}{\partial x} = 0 \\[3mm] \dfrac{\partial \alpha_g \rho_g e_g}{\partial t} + \dfrac{\partial \alpha_g u_g \left(\rho_g e_g + p_g\right)}{\partial x} - p_{int} u_{int} \dfrac{\partial \alpha_g}{\partial x} = 0 \\[3mm] \dfrac{\partial \alpha_g}{\partial t} + u_{int} \dfrac{\partial \alpha_g}{\partial x} = 0 \end{array}\right\} \tag{5.4.46}$$

两相密度满足

$$\rho_g = \rho_g(p_g, e_g)$$
$$\rho_1 = \rho_1(p_1, e_1) \tag{5.4.47}$$

上述守恒方程写成以下矩阵形式：

$$\boldsymbol{A} \frac{\partial \boldsymbol{V}}{\partial t} + \boldsymbol{B} \frac{\partial \boldsymbol{V}}{\partial x} = \boldsymbol{0} \tag{5.4.48}$$

$$\boldsymbol{V} = (\alpha_g, p_g, p_1, u_g, u_1, e_g, e_1)^{\mathrm{T}} \tag{5.4.49}$$

$$\boldsymbol{A} = \begin{bmatrix} \rho_g & \alpha_g \left(\dfrac{\partial \rho_g}{\partial p_g}\right) & 0 & 0 & 0 & \alpha_g \left(\dfrac{\partial \rho_g}{\partial e_g}\right) & 0 \\[3mm] -\rho_1 & 0 & \alpha_1 \left(\dfrac{\partial \rho_1}{\partial p_1}\right) & 0 & 0 & 0 & \alpha_1 \left(\dfrac{\partial \rho_1}{\partial e_1}\right) \\[3mm] 0 & 0 & 0 & \alpha_g \rho_g & 0 & 0 & 0 \\[3mm] 0 & 0 & 0 & 0 & \alpha_1 \rho_1 & 0 & 0 \\[3mm] 0 & 0 & 0 & 0 & 0 & \alpha_g \rho_g & 0 \\[3mm] 0 & 0 & 0 & 0 & 0 & 0 & \alpha_1 \rho_1 \\[3mm] 1 & 0 & 0 & 0 & 0 & 0 & 0 \end{bmatrix}$$

$$\tag{5.4.50}$$

$$
\boldsymbol{B} =
\begin{cases}
\rho_g u_g & \alpha_g u_g\left(\dfrac{\partial \rho_g}{\partial p_g}\right) & 0 & \alpha_g \rho_g & 0 & \alpha_g u_g\left(\dfrac{\partial \rho_g}{\partial e_g}\right) & 0 \\[2mm]
-\rho_1 u_1 & 0 & \alpha_1 u_1\left(\dfrac{\partial \rho_1}{\partial p_1}\right) & 0 & \rho_1 \alpha_1 & 0 & \alpha_1 u_1\left(\dfrac{\partial \rho_1}{\partial e_1}\right) \\[2mm]
(p_g - p_{int}) & \alpha_g & 0 & \alpha_g \rho_g u_g & 0 & 0 & 0 \\[2mm]
-(p_1 - p_{int}) & 0 & \alpha_1 & 0 & \alpha_1 \rho_1 u_1 & 0 & 0 \\[2mm]
(p_g u_g - p_{int} u_{int}) & \alpha_g u_g & 0 & \alpha_g p_g & 0 & \alpha_g \rho_g u_g & 0 \\[2mm]
-(p_1 u_1 - p_{int} u_{int}) & 0 & \alpha_1 u_1 & 0 & \alpha_1 p_1 & 0 & \alpha_1 \rho_1 u_1 \\[2mm]
u_{int} & 0 & 0 & 0 & 0 & 0 & 0
\end{cases}
$$

$$(5.4.51)$$

守恒方程的特征值由下式给出：

$$\det(\boldsymbol{A}\lambda - \boldsymbol{B}) = 0 \tag{5.4.52}$$

整理得

$$
\begin{vmatrix}
\rho_g(\lambda - u_g) & \alpha_g\left(\dfrac{\partial \rho_g}{\partial p_g}\right)(\lambda - u_g) & 0 & -\alpha_g \rho_g & 0 & \alpha_g\left(\dfrac{\partial \rho_g}{\partial e_g}\right)(\lambda - u_g) & 0 \\[2mm]
-\rho_1(\lambda - u_1) & 0 & \alpha_1\left(\dfrac{\partial \rho_1}{\partial p_1}\right)(\lambda - u_1) & 0 & -\rho_1\alpha_1 & 0 & \alpha_1\left(\dfrac{\partial \rho_1}{\partial e_1}\right)(\lambda - u_1) \\[2mm]
-(p_g - p_{int}) & -\alpha_g & 0 & \alpha_g \rho_g(\lambda - u_g) & 0 & 0 & 0 \\[2mm]
(p_1 - p_{int}) & 0 & -\alpha_1 & 0 & \alpha_1 \rho_1(\lambda - u_1) & 0 & 0 \\[2mm]
-(p_g u_g - p_{int} u_{int}) & -\alpha_g u_g & 0 & -\alpha_g p_g & 0 & \alpha_g \rho_g(\lambda - u_g) & 0 \\[2mm]
(p_1 u_1 - p_{int} u_{int}) & 0 & -\alpha_1 u_1 & 0 & -\alpha_1 p_1 & 0 & \alpha_1 \rho_1(\lambda - u_1) \\[2mm]
\lambda - u_{int} & 0 & 0 & 0 & 0 & 0 & 0
\end{vmatrix}
$$
$$= 0$$

$$(5.4.53)$$

化简成一元七次方程为

$$(\lambda - u_{int})(\lambda - u_1)(\lambda - u_g) \times$$

$$\left\{ \alpha_g^2\left(\frac{\partial \rho_g}{\partial e_g}\right)\left[\alpha_g p_g + \alpha_g \rho_g u_g(\lambda - u_g)\right] + \alpha_g \rho_g \times \alpha_g^2 \rho_g\left[\left(\frac{\partial \rho_g}{\partial p_g}\right)(\lambda - u_g)^2 - 1\right] \right\} \times$$

$$\left\{ \alpha_1^2\left(\frac{\partial \rho_1}{\partial e_1}\right)\left[\alpha_1 p_1 + \alpha_1 \rho_1 u_1(\lambda - u_1)\right] + \alpha_1 \rho_1 \cdot \alpha_1^2 \rho_1\left[\left(\frac{\partial \rho_1}{\partial p_1}\right)(\lambda - u_1)^2 - 1\right] \right\} = 0$$

$$(5.4.54)$$

显然，特征方程有以下 3 个特征根

$$\lambda_1 = u_{int}, \ \lambda_2 = u_1, \ \lambda_3 = u_g$$

其他 4 个特征根由以下两个方程

$$\left(\frac{\partial \rho_g}{\partial e_g}\right)_p \left[p_g + \rho_g u_g (\lambda - u_g)\right] + \rho_g^2 \left[\left(\frac{\partial \rho_g}{\partial p_g}\right)_e (\lambda - u_g)^2 - 1\right] = 0$$

$$\left(\frac{\partial \rho_1}{\partial e_1}\right)_p \left[p_1 + \rho_1 u_1 (\lambda - u_1)\right] + \rho_1^2 \left[\left(\frac{\partial \rho_1}{\partial p_1}\right)_e (\lambda - u_1)^2 - 1\right] = 0 \tag{5.4.56}$$

决定。这两个方程为一元二次方程,根的判别式为

$$\Delta_g = \rho_g^2 u_g^2 \left(\frac{\partial \rho_g}{\partial e_g}\right)_p^2 + 4\rho_g^2 \left(\frac{\partial \rho_g}{\partial p_g}\right)_e \left[\rho_g^2 - \left(\frac{\partial \rho_g}{\partial e_g}\right)_p p_g\right]$$

$$\Delta_1 = \rho_1^2 u_1^2 \left(\frac{\partial \rho_1}{\partial e_1}\right)_p^2 + 4\rho_1^2 \left(\frac{\partial \rho_1}{\partial p_1}\right)_e \left[\rho_1^2 - \left(\frac{\partial \rho_1}{\partial e_1}\right)_p p_1\right] \tag{5.4.57}$$

定压下满足

$$\left(\frac{\partial \rho_g}{\partial e_g}\right)_p = \left(\frac{\partial \rho_g}{\partial T_g}\right)_p \cdot \left(\frac{\partial T_g}{\partial e_g}\right)_p \leqslant 0$$

$$\left(\frac{\partial \rho_1}{\partial e_1}\right)_p = \left(\frac{\partial \rho_1}{\partial T_1}\right)_p \cdot \left(\frac{\partial T_1}{\partial e_1}\right)_p \leqslant 0$$

则
$$\Delta_g \geqslant 0, \quad \Delta_1 \geqslant 0$$

方程存在实数根,4 个特征根为

$$\lambda_{4,5} = \frac{-\left[\rho_g u_g \left(\frac{\partial \rho_g}{\partial e_g}\right)_p - 2u_g \rho_g^2 \left(\frac{\partial \rho_g}{\partial p_g}\right)_e\right] \pm \sqrt{\Delta_g}}{2\rho_g^2 \left(\frac{\partial \rho_g}{\partial p_g}\right)_e}$$

$$\lambda_{6,7} = \frac{-\left[\rho_1 u_1 \left(\frac{\partial \rho_1}{\partial e_1}\right)_p - 2u_1 \rho_1^2 \left(\frac{\partial \rho_1}{\partial p_1}\right)_e\right] \pm \sqrt{\Delta_1}}{2\rho_1^2 \left(\frac{\partial \rho_1}{\partial p_1}\right)_e} \tag{5.4.58}$$

因此,特征方程 7 个根全部为实数,方程组是双曲型,确保了其适定性。

2)粘性项的分析

粘性项在现在的两流体模型分析中几乎是不用的。实际的流体(气体和液体)的粘性不为 0,所以,理论上说,忽略这一项是不成立的。在增加了粘性项之后,由于方程中含有不为 0(即使非常小)的粘性项,模型的基本方程就成了抛物型,问题也就自然变成数学适定的了。当然,添加了该项之后,在算法的处理也会变得复杂。

5.4.3 均匀流模型和漂移流模型的适定性

之前章节介绍的都是采用单压力两流体模型的瞬态数值分析,该模型具有数值的不适定性。本节中简单介绍瞬态分析中被广泛使用的其他模型,即漂移流模型和均匀流模型的作为初值问题的适定性。

均匀流模型中,假定各相以相同的速度运动。式(5.4.2)的下标 k 取和,忽略摩擦、质量传递、体积力,动量守恒方程为

$$\rho_{\mathrm{m}} \frac{\mathrm{d}u}{\mathrm{d}t} + \frac{\partial p}{\partial z} = 0 \qquad (5.4.59)$$

$\mathrm{d}/\mathrm{d}t$ 为物质导数,ρ_{m} 为混合物密度。忽略式(5.4.1)中相间热传递和相间质量输运,汽相的 Lagrange 形式的质量守恒方程为

$$\frac{\mathrm{d}\alpha_{\mathrm{g}}}{\mathrm{d}t} + \frac{\alpha_{\mathrm{g}}}{\rho_{\mathrm{g}} c_{\mathrm{g}}^2} \frac{\mathrm{d}p}{\mathrm{d}t} + \alpha_{\mathrm{g}} \frac{\partial u}{\partial z} = 0 \qquad (5.4.60)$$

利用式(5.4.10)中定义的声速。同样从式(5.4.7)可以得到液相的质量守恒方程

$$-\frac{\mathrm{d}\alpha_{\mathrm{g}}}{\mathrm{d}t} + \frac{\alpha_{\mathrm{l}}}{\rho_{\mathrm{l}} c_{\mathrm{l}}^2} \frac{\mathrm{d}p}{\mathrm{d}t} + \alpha_{\mathrm{l}} \frac{\partial u}{\partial z} = 0 \qquad (5.4.61)$$

这里取

$$\boldsymbol{A} = \begin{bmatrix} \rho_{\mathrm{g}} & \alpha_{\mathrm{g}}/c_{\mathrm{g}} & 0 \\ -\rho_{\mathrm{l}} & \alpha_{\mathrm{l}}/c_{\mathrm{l}} & 0 \\ 0 & 0 & \rho_{m} \end{bmatrix}, \quad \boldsymbol{B} = \begin{bmatrix} \rho_{\mathrm{g}}u & \alpha_{\mathrm{g}}u/c_{\mathrm{g}}^2 & \rho_{\mathrm{g}}\alpha_{\mathrm{g}} \\ -\rho_{\mathrm{l}}u & \alpha_{\mathrm{l}}u/c_{\mathrm{l}}^2 & \rho_{\mathrm{l}}\alpha_{\mathrm{l}} \\ 0 & 1 & \rho_{\mathrm{m}}u \end{bmatrix} \qquad (5.4.62)$$

$$\boldsymbol{V} = (\alpha_{\mathrm{g}}, p, u)$$

式(5.4.59)、式(5.4.60)和式(5.4.61)可以写成矩阵形式

$$\boldsymbol{A}\partial\boldsymbol{V}/\partial t + \boldsymbol{B}\partial\boldsymbol{V}/\partial z = 0 \qquad (5.4.63)$$

式(5.4.63)的特征多项式为

$$\det(\boldsymbol{A}\lambda + \boldsymbol{B}) = 0 \qquad (5.4.64)$$

即

$$(u + \lambda)^3 - (u + \lambda)c_{\mathrm{m}}^2 = 0 \qquad (5.4.65)$$

c_{m} 是等焓的混合物的声速,定义为

$$c_{\mathrm{m}} = \left[\rho_{\mathrm{m}} (\alpha_{\mathrm{g}}/\rho_{\mathrm{g}} c_{\mathrm{g}}^2 + \alpha_{\mathrm{l}}/\rho_{\mathrm{l}} c_{\mathrm{l}}^2) \right]^{-2} \qquad (5.4.66)$$

根据式(5.4.65),均匀流模型的特征值为

$$\lambda = -u, \ -u + c_{\mathrm{m}}, \ -u - c_{\mathrm{m}} \qquad (5.4.67)$$

所有的根都是实数。因此,均匀流模型的基本方程式(5.4.63)是双曲型,其适定性可以得到保证。

漂移流模型的情况也一样,特征多项式只有实数根,具有适定性。

5.5　数值解法

瞬态分析中实际需要求解的差分方程大部分都是非线性方程组。比如,将动

量方程简化可得

$$\frac{\partial u}{\partial t} + u\,\frac{\partial u}{\partial z} = 0 \tag{5.5.1}$$

再将式(5.5.1)用空间中心差分和时间向后差分进行差分处理,可得

$$\frac{u_i^{n+1} - u_i^n}{\Delta t} + u_i^{n+1}\,\frac{u_{i+1}^{n+1} - u_{i-1}^{n+1}}{2\Delta z} = 0 \tag{5.5.2}$$

式(5.5.2)是关于未知数 u 平方项的非线性形式,因此,必须对 $i=1 \sim IM$ 的非线性方程组求解。

非线性和线性方程组有很多成熟的算法,本节仅仅是挑选了几种瞬态分析程序中最为常用的方法。对于其他的方法,可以参见相关的参考文献。

5.5.1　非线性方程(组)的解法

5.5.1.1　非线性方程的迭代法

对于单变量非线性方程 $f(x)=0$,主要采取迭代法进行求解。

目前常用的基本迭代法有二分法,简单迭代法,牛顿法,弦割法等。

二分法计算简单、方法可靠且总是收敛,但收敛速度较慢,要求得根的比较精确的近似值则需要多次计算函数 $f(x)$ 的值,运算量较大。因此,二分法常用于求根的大体范围或用于求其他快速收敛的迭代法所需的一个初始值。

简单迭代法基本思想为构造一个迭代格式(递推关系式),按迭代格式计算,得到一个收敛于非线性方程的根的近似值序列。简单迭代法的关键在于构造满足收敛性条件的迭代函数。

牛顿法是利用泰勒公式构造收敛更快的迭代格式,又称为切线法,是目前瞬态分析中采用最为普遍的一种解法。

弦割法是用两点的连线的斜率来替代牛顿迭代法中的切线斜率的一种方法,该方法的收敛速度较慢。

下面简单地描述在两相流分析中最常使用的非线性方程组的解法—牛顿法。

设 $f(x)$ 在含根区间 $[a,b]$ 上二阶连续可微且 $f'(x) \neq 0$, x^k 为方程 $f(x)=0$ 的根 a 的一个近似值,由泰勒公式可得

$$0 = f(a) = f(x^k) + f'(x^k)(a - x^k) + \frac{1}{2!}f''(x^k)(a - x^k)^2 + \cdots$$

略去二次项,可得

$$f(x^k) + f'(x^k)(a - x^k) \approx 0$$

由此解出

$$a \approx x^k - \frac{f(x^k)}{f'(x^k)}$$

显然，$x^k - \dfrac{f(x^k)}{f'(x^k)}$ 是 a 的一个更好的近似值，故令

$$x^{k+1} \approx x^k - \frac{f(x^k)}{f'(x^k)} \tag{5.5.3}$$

基于式(5.5.3)的迭代解法就是牛顿法。牛顿法的收敛很快，初值在解的附近时具有二阶收敛速度。但牛顿法对初值的设置要求较高，求解过程中经常会出现不收敛的情况。并且需要注意的是，在存在多个解的情况下，有可能得到一个非预期的解。

举一个例子，$f(x) = x^2 - 2 = 0$。如果初值设为 2，通过关系式

$$x^{k+1} = x^k - \frac{(x^k)^2 - 2}{2x^k}$$

求解可以得到

$$x^1 = 1.5$$
$$x^2 = \underline{1.41}6666666666667$$
$$x^3 = \underline{1.41421}5686274510 \text{（画线部分是正确的小数位）}$$
$$x^4 = \underline{1.41421356237}4690$$
$$x^5 = \underline{1.414213562373}095$$

5.5.1.2　非线性方程组的迭代法

接下来，考虑一般的 n 元非线性方程组

$$\begin{cases} f_1(x_1, x_2, \cdots, x_n) = 0 \\ f_2(x_1, x_2, \cdots, x_n) = 0 \\ \qquad\cdots \\ f_n(x_1, x_2, \cdots, x_n) = 0 \end{cases} \tag{5.5.4}$$

设向量函数 $f(x)$ 在点 x 处可微，矩阵

$$\boldsymbol{J} = \begin{pmatrix} \dfrac{\partial f_1}{\partial x_1} & \dfrac{\partial f_1}{\partial x_2} & \cdots & \dfrac{\partial f_1}{\partial x_n} \\[2mm] \dfrac{\partial f_2}{\partial x_1} & \dfrac{\partial f_2}{\partial x_2} & \cdots & \dfrac{\partial f_2}{\partial x_n} \\[2mm] \vdots & \vdots & & \vdots \\[2mm] \dfrac{\partial f_n}{\partial x_1} & \dfrac{\partial f_n}{\partial x_2} & \cdots & \dfrac{\partial f_n}{\partial x_n} \end{pmatrix}$$

称为向量函数 $f(x)$ 在点 x 处的导数，或在 x 处的 Jacobi 矩阵。

这样，用于求解非线性方程组的牛顿法就可以表述为

$$\boldsymbol{J}\delta x^k = -\boldsymbol{f}^k \tag{5.5.5}$$

$\delta \pmb{x}^k, \pmb{f}^k$ 分别表示以下的向量：

$$\delta \pmb{x}^k = \begin{pmatrix} \delta x_1{}^k \\ \delta x_2{}^k \\ \vdots \\ \delta x_n{}^k \end{pmatrix}, \quad \pmb{f}^k = \begin{pmatrix} f_1(x_1{}^k, x_2{}^k, \cdots x_n{}^k) \\ f_2(x_1{}^k, x_2{}^k, \cdots x_n{}^k) \\ \vdots \\ f_n(x_1{}^k, x_2{}^k, \cdots x_n{}^k) \end{pmatrix}$$

线性方程组式求出 $\delta \pmb{x}^k$ 之后，通过关系式 $\pmb{x}^{k+1} = \pmb{x}^k + \delta \pmb{x}^k$ 就可以求得新的迭代值 $\pmb{x}^{k+1}$。这样，用牛顿法求非线性方程组时，每次迭代时都需要解线性方程组(5.5.5)。

当两相流所用的本构方程的形式特别复杂时，J_{ij} 的微分计算就比较麻烦。因此，有时就将微分化为差分进行近似计算，即修正牛顿法，通过式

$$J_{ij} = \frac{f_i(x_1^k, \cdots, x_j^k + \Delta x_j, x_{j+1}^k, \cdots, x_n^k) - f_i(x_1^k, \cdots, x_j^k, \cdots, x_n^k)}{\Delta x_j} \quad (5.5.6)$$

求 J_{ij}。这个方法的收敛速度根据 Δx_j 的设定变化，基本为一到二阶收敛。

5.5.2　线性方程组的解法

通过 5.5.1 节的推导，可知求解非线性方程组时，每次迭代都需要求解线性方程组。

首先定义一个矩阵形式的线性方程组，即

$$\pmb{A}\pmb{x} = \pmb{b} \quad (5.5.7)$$

其中

$$\pmb{A} = \begin{pmatrix} a_{11} & a_{12} & \cdots & a_{1n} \\ a_{21} & a_{22} & \cdots & a_{2n} \\ \vdots & \vdots & & \vdots \\ a_{n1} & a_{n2} & \cdots & a_{m} \end{pmatrix}$$

$$\pmb{x} = (x_1 \quad x_2 \quad \cdots \quad x_n)^{\mathrm{T}}, \ \pmb{b} = (b_1 \quad b_2 \quad \cdots \quad b_n)^{\mathrm{T}}$$

线性方程组的解法分为直接法和迭代法两类。

5.5.2.1　解线性方程组的直接法

直接法主要采用 Gauss 消去法、LU 分解法等。现在 RELAP5 程序采用的就是直接法进行求解。

高斯消去法首先是将方程组(5.5.7)进行消元计算，将其化为一个等价的同解的上三角方程组，这个过程称为消元过程。然后通过求解上三角方程组得到原方程组的解，这个过程称为回代过程。

在高斯消去法的消元过程中，要求主元 $a_{kk}^{(k-1)} \neq 0 (k = 1, 2, \cdots, n)$，但方程组的条件 $|\pmb{A}| \neq 0$ 并不能保证 $a_{kk}^{(k-1)} \neq 0 (k = 1, 2, \cdots, n)$。另外，即使 $a_{kk}^{(k-1)} \neq$

$0(k=1,2,\cdots,n)$,但 $a_{kk}^{(k-1)}$ 很小,这就会引起其他元素数量级的剧增和舍入误差的增加,导致计算结果不可靠。为了避免出现小主元,在高斯消去法中引入选主元技术,构成主元素高斯消去法。由于普遍采用列主元,所以称为列主元高斯消去法。

在实际问题中,经常遇到系数矩阵 A 相同,但右端项不同的多个线性方程组。这时就可任意可以将系数矩阵分解为一个单位下三角矩阵 L 与一个上三角矩阵 U 的乘积,即

$$A = LU$$

将 $A = LU$ 代入到 $Ax = b$,得

$$LUx = b$$

显然,它等价于两个三角方程组:

$$Ly = b, \quad Ux = y$$

先从 $Ly = b$ 解出 y,再从 $Ux = y$ 解出 x。

以上直接法的具体过程参见李乃成、梅立泉编著,《数值分析》,科学出版社,2011。

5.5.2.2　解线性方程组的迭代法

在进行流体分析时,式(5.5.5)的 Jacobi 矩阵 J 除了对角附近的元素外其他大部分元素都是 0。这是因为第 i 个方程是由第 i 个未知数和它两边的未知数构成的。像这样大部分元素都为 0 的矩阵叫做稀疏矩阵。特别的是,非 0 元素规律排列时称为规则的稀疏矩阵。线性迭代法是规则的稀疏矩阵 A 构成的线性方程组的有效解法。

对式(5.5.5)的第 i 行关于 x_i 求解,就成为

$$x_i = \frac{1}{A_{ii}} \left(-\sum_{j=1}^{i-1} A_{ij} x_j - \sum_{j=i+1}^{n} A_{ij} x_j + b_i \right) \tag{5.5.8}$$

若将式(5.5.8)看作迭代式,则计算 x_i 时, $x_j(i=i+1,\cdots,n)$ 已经求解过。如果将 m 作为迭代次数,那么可以得到迭代式

$$x_i^{m+1} = \frac{1}{A_{ii}} \left(-\sum_{j=1}^{i-1} A_{ij} x_j^{m+1} - \sum_{j=i+1}^{n} A_{ij} x_j^{m} + b_i \right) \tag{5.5.9}$$

这个迭代法也可以叫做 Gauss-Seidel 法,是典型的线性迭代法之一。当 A 为稀疏矩阵时,式(5.5.9)的 $\sum$ 项的大部分为 0,所以实际的程序设计很简单。

SOR 法是 Gauss-Seidel 法收敛加速的一种方法,即将 Gauss-Seidel 法每次迭代的修正量乘以 ω,通过式(5.5.11)求解新的迭代值。

$$\delta x_i^{m} \equiv x_i^{m+1} - x_i^{m} \tag{5.5.10}$$

$$x_i^{m+1} = x_i^{m} + \omega \delta x_i^{m} \tag{5.5.11}$$

为使迭代收敛,加速系数 ω 的值要小于 2。ω 为 1 时与 Gauss-Seidel 法一样,大于 1 时为加速迭代,小于 1 时为减速迭代。一般减速处理会使计算时间增加而没有意义。但是,瞬态分析的基本方程得到的线性方程组的系数矩阵可能不容易迭代收敛,所以为了得到收敛解而必须减速。

习题

(1)不适定性问题的解的特征是什么?

(2)试证明空间中心差分和时间向前差分的式(5.2.14)为无条件不稳定。

(3)证明半隐格式的稳定性条件为 Courant 条件。

(4)求漂移流模型的特征根。

参考文献

[1]李乃成,梅立泉. 数值分析[M]. 北京:科学出版社,2011.

[2]陶文铨. 数值传热学[M]. 西安:西安交通大学出版社,2001.

[3]车向凯,谢彦红,缪淑贤. 数理方程[M]. 北京:高等教育出版社,2006.

[4]Wang Xia, Sun Xiaodong. A Characteristic Analysis of One-Dimensional Two-Fluid Model with Interfacial Area Transport Equation[J]. Journal of Applied Mathematics,2010,Artical ID 476839,19 pages.

[5]Lyczkowski R W. Characteristics and Stability Analyses of Transient One-Dimensional Two-Phase Flow Equations and Their Finite Difference Approximations[C]. Annual meeting of ASME, Houston, Texas, USA, 30 Nov 1975. Report Number(s): CONF-751106-13. 1975.

第6章 瞬态热工水力分析方法

本章将介绍第5章所述的瞬态分析模型的求解方法在瞬态分析程序中的具体应用。如第5章所述,瞬态热工分析模型的求解根据其变量的不同,可分为显式法、半隐式法、隐式法三类。6.1节叙述显式法,6.2节叙述半隐式法及其应用,6.3节介绍隐式法及其应用。本章中的瞬态分析模型的两相流模型以两流体模型为主,也会涉及均匀流和漂移流模型。

6.1 显式法

6.1.1 前言

如第5章所述,显式法是指除了时间微分项以外的所有项都进行显式处理的解法。与6.2节以及6.3节叙述的半隐式法、隐式法相比,显式解法具有以下特点:

(1)不需要迭代计算,也不需要进行大规模的矩阵计算,分析程序规模小且简单。

(2)计算过程的物理意义明确。

(3)因为受CFL条件的限制,其时间步长小,所需计算时间很长。

鉴于显式法的优点,早期的事故分析程序(如RELAP3,RETRAN等)普遍采用该算法。基于显式法的分析程序大多采用均匀流模型,而该模型是一种即将被淘汰的模型。当今主流的事故分析程序大多基于两流体模型,而为了缩短计算时间,一般采用半隐式解法。

这里叙述一下开发基于显式法的分析程序时需要注意的问题。半隐式法、隐式法为了满足守恒定律需要进行收敛计算。虽然收敛计算的过程未必需要满足守恒定律,但需要注意的是,在显式法中经常要为满足守恒定律而进行时间上的积分。对空泡份额、汽液相流速等变量分别进行时间上的微分时,由于基本方程的强非线性,可能产生计算误差而不守恒。因此,需把守恒量(汽相和液相的质量、动量、能量)本身作为未知数。下文中介绍的控制体-接管法和同位控制体积法,可用以进一步说明显式法的求解思路。

6.1.2　控制体-接管法

控制体-接管法是把控制体及控制体间的连接接管作为整体来计算流动过程的方法。质量和能量守恒方程基于控制体来计算,而动量守恒方程则基于接管来计算。美国开发的 RELAP 程序就是采用控制体－接管法的典型例子。

包含两个控制体($i=K,L$)以及其间接管 j 的基本计算网格如图 6.1 所示。各控制体的流通面积和长度分别用 A_K,A_L,L_K,L_L 表示。

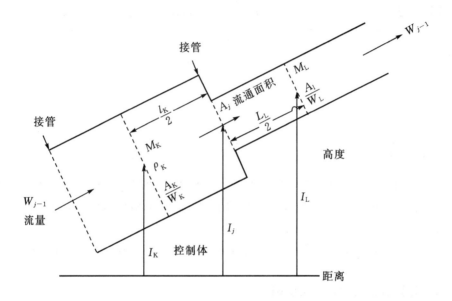

图 6.1　控制体-接管法示意图

RELAP3 程序采用均匀流模型,描述流体流动的变量为控制体内的流体内能 E、质量 M 以及通过接管的流量 W。

因假定两相处于饱和状态,汽液两相的物理参数都是压力的函数。由汽液两相的内能和密度,可以求出含汽率、压力、流速等。

首先求出控制体内的两相流的平均内能($\overline{e_i}$)和平均密度($\overline{\rho_i}$):

$$\overline{e_i} = \frac{E_i}{M_i} \tag{6.1.1}$$

$$\overline{\rho_i} = \frac{M_i}{V_i} \tag{6.1.2}$$

式中,V_i 是控制体的体积。控制体内两相流的含汽率 x 和压力 p 满足关系式

$$\rho_i = \left(\frac{x}{\rho_{\mathrm{g,sat}}(p)} + \frac{1-x}{\rho_{\mathrm{l,sat}}(p)} \right)^{-1} \tag{6.1.3}$$

$$e_i = x e_{\mathrm{g,sat}}(p) + (1-x) e_{\mathrm{l,sat}}(p) \tag{6.1.4}$$

通过迭代计算，可求出同时满足式(6.1.3)和式(6.1.4)的 x 和 p。也可对式 (6.1.3)和式(6.1.4)的内能和密度进行微分，由它们在时间步长内的变化量求出压力变化量。这种方法不需要迭代计算，所以计算时间较短。但会因积分产生的误差导致物理参数求解的误差，需要定时进行修正。

分析的流道被分为控制体部分和接管部分，比起以差分形式表示的基本方程，有限容积控制体内的质量、动量和能量守恒的处理更容易被理解。为了简化，这里仅考虑控制体 K 到控制体 L 的两相流流动的情况。

1)质量守恒定律

$$\frac{\mathrm{d}M_i}{\mathrm{d}t} = W_j - W_{j+1} \tag{6.1.5}$$

控制体内质量随时间的变化由流入流出与控制体连接的接管的质量流量差来表示。

2)动量守恒定律

$$
I_j \frac{\mathrm{d}W_j}{\mathrm{d}t} = -\left[\frac{K_j \cdot \mathrm{sgn}(W_j)}{2\rho_j A_j(t)^2} \right](W_j^2) + \left[\frac{\overline{W}_{\mathrm{K}}^2}{\rho_{\mathrm{K}} A_{\mathrm{K}}^2} - \frac{\overline{W}_{\mathrm{L}}^2}{\rho_{\mathrm{L}} A_{\mathrm{L}}^2} \right] + F_j(W_j^2) -
$$

$$
\left[\frac{f_{\mathrm{K}} l_{\mathrm{K}} \overline{W}_{\mathrm{K}} \, \overline{|W|}_{\mathrm{K}}}{D_{h\mathrm{K}} \, \rho_{\mathrm{K}} A_{\mathrm{L}}^2} \varphi_{\mathrm{tp,K}}^2 + \frac{f_{\mathrm{L}} l_{\mathrm{L}} \overline{W}_{\mathrm{L}} \, \overline{|W|}_{\mathrm{L}}}{D_{h\mathrm{L}} \, \rho_{\mathrm{L}} A_{\mathrm{L}}^2} \varphi_{\mathrm{tp,L}}^2 \right] + (p_{\mathrm{K}} - p_{\mathrm{L}}) -
$$

$$
\left[\int_{\mathrm{K}}^{j} \rho \mathrm{d}z + \int_{j}^{\mathrm{L}} \rho \mathrm{d}z \right] g
$$

$$\tag{6.1.6}$$

方程等号的左边是通过接管的流质动量随时间的变化率。I_j 表示接管相邻控制体(控制体 K 和 L 的一半)的惯量，即

$$I_j = \frac{l_{\mathrm{K}}}{2A_{\mathrm{K}}} + \frac{l_{\mathrm{L}}}{2A_{\mathrm{L}}} \tag{6.1.7}$$

式(6.1.6)等号的右边表示该流动区域内的压降损失。第一项是接管控制体的局部压降损失，K_j 为局部压降损失系数；第二项是加速压降损失；第三项是由于流通面积变化的压降损失；第四项是壁面摩擦造成的压降损失；第五项是施加在接管上的两侧控制体的压力差；第六项是重力压降。

流量 W 是接管的流量，密度和压力取控制体中心的值。所以，式(6.1.6)等号右边第二项中接管的流体密度采用了上游控制体的值。控制体的流量为接管流量

的体积平均值

$$\bar{W}_i = \frac{W_j v_j A_j - W_{j+1} v_{j+1} A_{j+1}}{v_j A_j - v_{j+1} A_{j+1} + (W_j - W_{j+1})/\bar{\rho}_i} \tag{6.1.8}$$

3）能量守恒定律

$$\frac{\mathrm{d}E}{\mathrm{d}t} + \frac{l_i}{2A_i}\left[\frac{d}{\mathrm{d}t}\left(\frac{\bar{W}_i^2}{\rho_i}\right)\right]$$
$$= W_j\left\{h_j + \frac{1}{2}\left(\frac{W_j}{\rho_j A_j}\right)^2 + g(z_j - z_i)\right\} - \tag{6.1.9}$$
$$W_{j+1}\left\{h_{j+1} + \frac{1}{2}\left(\frac{W_{j+1}}{\rho_{j+1}A_{j+1}}\right)^2 + g(z_{j+1} - z_i)\right\} + Q_i$$

方程等号左边第一项及第二项分别表示控制体内内能及动能随时间的变化率。等号右边第一项和第二项表示通过接管流入流出控制体的流体的全部能量。第三项是通过换热面从外部传入的热量。接管的焓 h_j 取上游控制体的焓值。

以上各式等号的右边，全部采用上一个时间步长的值。把质量、流量、内能的时间相关常微分方程组用 Euler 法差分，就可以求得它们的瞬态变化。

RELAP3 程序的改进版 RELAP4 程序既可以采用显式法，又可以采用隐式法。守恒方程（式（6.1.5）、式（6.1.6）及式（6.1.9））可用下式概括：

$$\frac{\mathrm{d}}{\mathrm{d}t}\boldsymbol{Y} = \boldsymbol{F}(\boldsymbol{Y}) \tag{6.1.10}$$

这里，$\boldsymbol{Y}$ 是以全部反映控制体和接管的流动状态的变量（质量 M、流量 W 和内能 E）作为元素的矢量。$\boldsymbol{F}$ 表示 $\boldsymbol{Y}$ 的时间微分的矢量，是 $\boldsymbol{Y}$ 的函数。如果将 $\boldsymbol{F}$ 进行与 $\boldsymbol{Y}$ 相关的 Taylor 展开，并只保留线性（1 次）项，则得到

$$\frac{\mathrm{d}}{\mathrm{d}t}\boldsymbol{Y} = \boldsymbol{F}(Y_0) + \boldsymbol{J}(Y_0)(\boldsymbol{Y} - \boldsymbol{Y}_0) \tag{6.1.11}$$

这里，$\boldsymbol{J}$ 是雅可比矩阵

$$\boldsymbol{J}(\boldsymbol{Y}_0) = \left(\frac{\partial F_i}{\partial \boldsymbol{Y}_j}\right)_0 \tag{6.1.12}$$

采用一阶向前差分，则可以计算新时刻的状态量。

$$\frac{\boldsymbol{Y}^{n+1} - \boldsymbol{Y}^n}{\Delta t} = \boldsymbol{F}(\boldsymbol{Y}^n) + \boldsymbol{J}(\boldsymbol{Y}^n)(\boldsymbol{Y}^{n+1} - \boldsymbol{Y}^n) \tag{6.1.13}$$

将式（6.1.13）等号右边按新旧时刻重新整理，可得

$$\frac{\boldsymbol{Y}^{n+1} - \boldsymbol{Y}^n}{\Delta t} = \boldsymbol{f}^{n+1} + \boldsymbol{g}^n \tag{6.1.14}$$

这与式

$$\frac{\boldsymbol{Y}^{n+1} - \boldsymbol{Y}^n}{\Delta t} = \delta \boldsymbol{f}^{n+1} + (1 - \delta)\boldsymbol{f}^n + \boldsymbol{g}^n \qquad (6.1.15)$$

相近。这里,参数 δ 用于选择显式法还是隐式法。当 $\delta = 0$ 时为显式法,$\delta = 0.5$ 时为 Crank-Nicholson 法,$\delta = 1$ 时为隐式法。式(6.1.15)中包含矩阵计算,为了节省计算时间,在 RELAP4 程序中,将质量和能量的时间微分项表示为流量的时间微分项,这样方程中只剩下流量的时间微分项,大大简化了矩阵。于是就形成了各接管的流量相关的常微分方程组。采用 Gauss-Seidel 法求解常微分方程组可求得个接管的流量值,再用求得的流量值进行回代,可以求得密度和内能。

6.1.3　同位控制体积法

　　同位控制体积法是指把流道按照图 6.2 那样分成多个控制体积,计算各控制体积内守恒量的输运、产生和消失等变化的方法。使用控制体－接管方法的控制体和同位控制体积法的控制体是相同的,也可以说控制体－接管方法采用控制体积法来计算质量和能量。此外,收敛计算过程中质量和能量守恒方程的误差也采用与同位控制体积法相同的公式来计算。同位控制体积法是最符合守恒定律物理意义的计算方法,并被广泛应用。

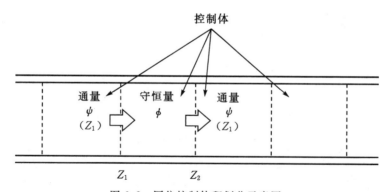

图 6.2　同位控制体积划分示意图

　　下面讨论采用显式法对一维两流体模型的所有变量进行基于同位控制体积法的求解思路。两流体模型的守恒定律可概括为

$$\frac{\partial}{\partial t}\varphi_k + \frac{\partial}{\partial z}\psi_k = b_k \qquad (6.1.16)$$

式中:φ_k——两流体模型的守恒量;

　　　ψ_k——通量项;

　　　b——生成或消失的源项;

　　　下标 k——表示汽相(g)或液相(l)。

质量、动量和能量守恒方程的各项的内容如表 6.1。

表 6.1　守恒方程中守恒量、通量和源项

守恒方程	守恒量 φ	通量 ψ	源项 b
质量守恒方程	$\alpha_k \rho_k$	$\alpha_k \rho_k u_k$	M_k
动量守恒方程	$\alpha_k \rho_k u_k$	$\alpha_k \rho_k u_k^2$	$F_{ik} F_{wk} + \rho_k g \sin\theta - \dfrac{\alpha_k \partial p}{\partial x} + K_k$
能量守恒方程	$\alpha_k \rho_k (e_k + l_k)$	$\alpha_k \rho_k u_k (e_k + l_k + p/\rho_k)$	$q_k + \alpha_k \rho_k g \sin\theta - \dfrac{p \partial \alpha_k}{\partial t} + U_k$

表中：M, K, U——分别为由于相变导致的汽液间的质量、动量和能量交换量；

　　　F_i——相间摩擦力；

　　　F_w——壁面摩擦力；

　　　θ——流动方向角度；

　　　q——换热量；

　　　I——动能（$= \dfrac{u^2}{2}$）。

对控制体 i 进行空间积分，可得

$$\frac{\mathrm{d}\langle \varphi_k \rangle_i}{\mathrm{d}t} = \psi(z_{i-1/2}) - \psi(z_{i+1/2}) + \langle b_k \rangle \tag{6.1.17}$$

这里，$\langle\ \rangle_i$ 表示控制体 i 中的平均值。

$$\langle \varphi_k \rangle_i = \int_{z_{i-1/2}}^{z_{i+1/2}} \varphi_k \mathrm{d}z / \Delta z_i \tag{6.1.18}$$

$$\langle b_k \rangle_i = \int_{z_{i-1/2}}^{z_{i+1/2}} b_k \mathrm{d}z / \Delta z_i \tag{6.1.19}$$

ψ_k 的计算需要控制体积边界 $Z_{i-1/2}$ 和 $Z_{i+1/2}$ 的值。和迎风差分一样，通量项的守恒量采用上游值。通量项的速度取控制体积边界的速度，其值由控制体积中心（Z_i）的速度从上游侧向边界处插得到。此外，与交错网格不同，该算法将所有变量放在控制体积的中心进行求解，会出现如图 6.3 所示的被称为锯齿状压力分布的数值不稳定现象。这种数值不稳定是因为没有采用交错网格，而导致无法计算出使局部的压力波动变平稳的控制体积边界的流量。

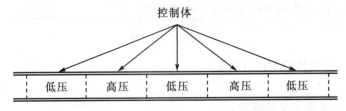

图 6.3　锯齿状压力分布数值不稳定现象

　　为了解决数值不稳定问题,需采用动量差值法,利用下式计算控制边界的流体速度:

$$u_{k,i+1/2} = \begin{cases} u_{k,i} + \delta u_{k,i} \text{（正向流动）} \\ u_{k,i+1} - \delta u_{k,i+1} \text{（逆向流动）} \end{cases} \qquad (6.1.20)$$

式中

$$\delta u_k = \frac{1}{2} \frac{\delta p}{\delta z} \frac{\delta z}{c_k \rho_k}$$

$\delta p / \delta z$ 是局部压力梯度; δz 是控制体积中心到边界面的距离; c_k 是第 k 相的声速。

　　将式(6.1.16)用 Euler 法进行数值积分,可得新时刻的守恒量。

$$\langle \varphi_k(t+\Delta t) \rangle_i = \langle \varphi_k(t) \rangle_i + \frac{d \langle \varphi_k(t) \rangle_i}{dt} \Delta t$$
$$= \langle \varphi_k(t) \rangle - (\psi_{k,i+1/2}(t) - \psi_{k,i-1/2}(t)) \Delta t + \langle b_k(t) \rangle_i \Delta t$$

$$(6.1.21)$$

　　在进行下一个时间步长的计算前,需通过守恒量求得压力、含汽率、汽液流速和比内能,再根据表 6.1 的关系计算通量项 $\psi_k(t+\Delta t)$ 和源项 $b_k(t+\Delta t)$。

　　在下面的计算中,假定这些变量在整个控制体内是均匀分布的。

　　流速可用动量和质量的比求得,即

$$\langle u_k \rangle_i = \frac{\langle \alpha_k \rho_k u_k \rangle_i}{\langle \alpha_k \rho_k \rangle_i} \qquad (6.1.22)$$

　　内能由单位质量的总能量减去动能求得,即

$$\langle e_k \rangle_i = \frac{\langle \alpha_k \rho_k (e_k + u_k^2/2) \rangle_i}{\langle \alpha_k \rho_k \rangle_i} - \frac{1}{2} \langle u_k \rangle_i^2$$

　　压力的求解需借助物性参数来完成。当控制体内汽相和液相的质量和内能已知时,压力必须满足使汽相和液相的体积之和等于控制体的容积,即汽液的体积比之和等于 1,亦即。

$$\frac{\langle \alpha_g \rho_g \rangle_i}{\rho_g(p, \langle e_g \rangle_i)} + \frac{\langle \alpha_l \rho_l \rangle_i}{\rho_l(p, \langle e_l \rangle_i)} = \langle \alpha_g \rangle_i + \langle \alpha_l \rangle_i = 1 \qquad (6.1.24)$$

式中, ρ_g 和 ρ_l 分别表示汽相和液相密度。利用式(6.1.24),通过迭代求解获得压力的值。此外,压力的变化引起流体体积变化,而体积变化导致能量变化,因此必须对内能进行修正。通过迭代求解,可同时求出压力和空泡份额。显式法的计算流程如图 6.4 所示。

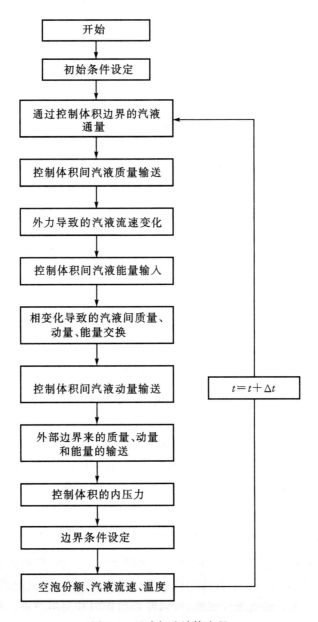

图 6.4　显式解法计算流程

6.2　半隐解法

6.2.1　简介

本节介绍的半隐解法,除了对流项使用显式求解以外,相间相互作用及压力传播项全部采用隐式法进行求解。因此,时间步长理论上只受流体流动的 Courant 条件限制。

此类解法的典型例子有 SMAC 法、SOLA 法、ICE 法和 SOLA-ICE 等。SMAC 法和 SOLA 法是针对不可压缩性流体的分析方法,是半隐解法的基础。基于 ICE 法的 CACE 法和 MICE 法也得到了广泛的应用。特别需要提出的是,CACE 法和 MICE 法被用于能量方程的迭代求解过程,因此这两种方法被认为是两相流半隐解法的基础。

半隐法的基本思路可概括如下。利用状态方程,将流体速度、密度、内能或焓通过差分转变成压力的函数。为满足方程组或能量方程,需要进行压力的迭代计算(比如 Newton 法)。求出压力的变化值后,使用差分方程或者状态方程求出流速、密度和内能的变化值。通过迭代计算控制体内的这些参数直到收敛,就可求得新时刻这些参数的解。

两相流的半隐解法也几乎是同样的过程。首先,利用动量方程的差分方程,将汽、液相的速度表示成压力的函数。将其代入质量守恒方程和能量守恒方程,就可以得到空泡份额、压力及两相温度相关的非线性方程组。该非线性方程组可以采用 Newton 法进行求解。采用均匀流模型时,状态方程变成两相流相关的关系式,其解法与压缩性流体的解法相同。

6.2.2　半隐法求解思路

本节先以两流体模型为例,讨论采用半隐解法求解思路,再介绍均匀流模型和漂移流模型的求解过程。

6.2.2.1　两流体模型

1)采用新时刻值的项

两流体模型的相间作用项、压力传播项和对流项等物理意义不同的项是共存的。因此,在基本方程离散中,哪些项采用显式法,即使用已知的上一个时间步长的量,哪些项采用隐式法,即作为未知的新时刻的量来对待,就成了一个问题。

半隐解法中,压力传播项采用隐式处理,对流项采用显式处理。为了运用这个算法,就有必要搞清楚在基本方程中哪些项属于压力传播项,哪些项属于对流项。动量方程中对流项是 $\alpha_k \rho_k u_k \nabla u_k$,压力传播项是 $\alpha_k \nabla p$。连续方程和能量方程中也包含所谓对流项中的压力传播项。

分解连续方程的对流项后,连续方程可表示为

$$\frac{\partial}{\partial t}(\alpha_k \rho_k) + (\nabla \alpha_k \rho_k) u_k + (\alpha_k \rho_k) \nabla u_k = \Gamma_k \tag{6.2.1}$$

方程等号左边第二项在 $u_k = 0$ 时没有影响,所以这一项是对流项。第三项可以与动量方程联立而转换成与压力相关的表达式,故这项是压力传播项。半隐解法中对流项的流速需要进行隐式法处理。对能量方程也采用同样的处理方法。

方程组中相间相互作用的项处理方式各不相同。对于相间传热模型,通过界面向 k 相传输的热量 q_{ki} 表示为

$$q_{ki} = A_i h_{ik} (T_k - T_{sat}) \tag{6.2.2}$$

此项中,温度取新时刻的值。使用显式法对结构关系式进行处理,可以得到界面面积及界面传热系数。这是因为结构关系式一般十分复杂,难以使用隐式法进行处理。因此,q_{ki} 表示为

$$q_{ki}{}^{n+1} = A_i{}^n h_{ik}{}^n (T_k^{n+1} - T_{sat}^{n+1}) \tag{6.2.3}$$

饱和温度 T_{sat} 是新时刻的值,需要注意的是,可通过状态方程将其转化为新时刻压力的函数。

对相间的动量交换项 M_k^d 做如下处理。以汽相为例,其表达式为

$$M_g^d = c_g |u_g - u_1| (u_g - u_1) + \Gamma_g (u_g - u_1) \tag{6.2.4}$$

第 1 项表示相间的摩擦,第 2 项表示伴随着相变的动量变化。该式经过线性化处理以后得到了新时刻速度线性表达式,即

$$M_g^d{}^{n+1} = (c_g^n |u_g^n - u_1^n| + \Gamma_g) (u_g^{n+1} - u_1^{n+1}) \tag{6.2.5}$$

把速度平方项线性化处理可以简化时间积分。处理过程中,可将 u^2 简单分解为 $u^n u^{n+1}$,也可以处理成

$$|u|u = |u^n| (2u^{n+1} - u^n) \tag{6.2.6}$$

同理,壁面摩擦项表示为

$$F_{wk} = f_k |u_k| u_k \tag{6.2.7}$$

速度平方项被线性化后,可得

$$F_{wk}^{n+1} = f_k^n |u_k^n| u_k^{n+1} \tag{6.2.8}$$

以上是基本方程中需要采用新时刻值的项的处理方法。

2)差分格式

采用半隐法进行两相流分析时,空间差分一般采取交错网格。如图 6.5 所示,在交错网格中,空泡份额、压力、温度、密度和能量都定义在控制体的中心,速度则

定义在控制体边界上。

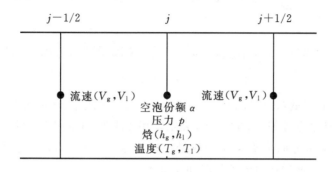

图 6.5　交错网格对应变量的定义位置

　　在将控制体视为一个取在控制体中心的节点的情况下,对质量守恒方程和能量守恒方程的对流项进行差分,对应于控制体中心的物理量 f 的差分形式如下:

$$\nabla(f^n u^{n+1})_j = \frac{S_{j-1/2}}{V_j} f^n_{j+1/2} u^{n+1}_{j+1/2} - \frac{S_{j-1/2}}{V_j} S_{j-1/2} f^n_{j-1/2} u^{n+1}_{j-1/2} \tag{6.2.9}$$

这里 S 是控制体界面的表面积, V 表示控制体的体积。采用迎风量的 $f_{j+1/2}$ 根据施主元法可以表示为

$$f^n_{j+1/2} = \begin{cases} f^n_j & (u^n_{j+1/2} \geqslant 0) \\ f^n_{j+1} & (u^n_{j+1/2} < 0) \end{cases} \tag{6.2.10}$$

　　动量守恒方程是以接管为中心的两个半控制体为单元进行差分的。动量方程的对流项采用非守恒型,基于施主元法进行差分可得

$$(u^n \cdot \nabla u^n)_{j+1/2} = \begin{cases} u^n_{j+1/2} \dfrac{u^n_{j+1/2} - u^n_{j-1/2}}{\Delta z_j} & (u^n_{j+1/2} \geqslant 0) \\ u^n_{j+1/2} \dfrac{u^n_{j+3/2} - u^n_{j+1/2}}{\Delta z_{j+1}} & (u^n_{j+1/2} < 0) \end{cases} \tag{6.2.11}$$

　　由以上可知,若采用交错网格,未知的新时刻的参量全部取其网格点上的值,方程的处理因之简化。因为定义压力的网格点与定义流速的网络点有区别,所以不会出现计算振荡。

　　目前的瞬态分析程序都很重视稳定性,因此普遍采用施主元法。该方法虽然稳定,但数值扩散大,求得的解并不精确。因此,也有学者尝试使用高阶差分。

　　如果将当前时刻用 n 表示,新时刻用 $n+1$ 来表示,考虑瞬态项的差分后,基本方程变成

$$\frac{(\alpha_k \rho_k)^{n+1} - (\alpha_k \rho_k)^n}{\Delta t} + \nabla \cdot \left[(\alpha_k \rho_k)^n u^{n+1}_k \right] = \Gamma^{n+1}_k \tag{6.2.12}$$

$$(\alpha_k\rho_k)^n\frac{u_k^{n+1}-u_k^n}{\Delta t}+(\alpha_k\rho_k)^n u_k^n\ \nabla u_k^n+\alpha_k^n\ \nabla p^{n+1}=M_k^{dn+1}-F_{wk}^{n+1}+G_k^n$$

$$(6.2.13)$$

$$\frac{(\alpha_k\rho_k e_k)^{n+1}-(\alpha_k\rho_k e_k)^n}{\Delta t}+\nabla[(\alpha_k\rho_k e_k)^n u_k^{n+1}]+p^{n+1}\Big[\frac{\alpha_k^{n+1}-\alpha_k^n}{\Delta t}+\nabla(\alpha_k^n u_k^{n+1})\Big]=L_k^{n+1}+Q_k^n$$

$$(6.2.14)$$

式(6.2.12)、式(6.2.13)和式(6.2.14)分别表示质量、动量和能量守恒方程的差分方程。动量方程等号右边的 G_k 表示作用于 k 相的体积力。能量方程等号右边的 L_k 表示通过界面传给 k 相的热量。外部热源项 Q_k^n 用显式法表示。这是因为，一般情况下，该项比对流项的时间尺度更长。

3）求解流程

首先，利用动量方程将速度表示成压力的函数。由于动量方程的对流项是用当前时刻的速度来表示，很容易将速度表示成压力的函数，界面的动量交换项以及壁面摩擦项的线性化也是这个缘故。式(6.2.13)是一个控制体单元中关于两相速度 $u_{g,j+1/2}$ 和 $u_{l,j+1/2}$ 的二元方程组。利用动量方程，可以将速度表示成压力的函数，即

$$u_{k,j+1/2}^{n+1}=a_{k,j+1/2}+b_{k,j+1/2}(p_{j+1}^{n+1}-p_j^{n+1})\qquad(6.2.15)$$

其次，基于质量守恒和能量守恒方程求解压力。把式(6.2.15)代入式(6.2.12)和式(6.2.14)，并利用状态方程 $\rho_k^{n+1}=\rho_k(p^{n+1},T_k^{n+1})$ 和 $e_k^{n+1}=e_k(p^{n+1},T_k^{n+1})$ 就可以得到 α^{n+1}，p^{n+1} 以及 T_k^{n+1} 的非线性代数方程

$$\psi(\alpha^{n+1},p_k^{n+1},T_k^{n+1})=0\qquad(6.2.16)$$

显然，该方程是从基本方程中消去动量方程得到的，与压力、空泡份额、温度的 Poisson 方程对应。一般通过 Newton-Raphson 的迭代法求解该方程，迭代的初值即为 n 时刻的值。

在质量守恒方程及能量守恒方程中，$n+1$ 时刻的变量，除了压力以外，控制体之间不存在耦合效应。由于变量的空间依存性非常简单，式(6.2.16)的构造也很简单。在这里，需讨论在 Newton-Raphson 迭代法中使用到的 Jacobi 方程组。j 控制体的 Jacobi 方程组可表示为

$$\begin{bmatrix}\times&\times&\times&\times\\\times&\times&\times&\times\\\times&\times&\times&\times\\\times&\times&\times&\times\end{bmatrix}\begin{bmatrix}\delta p_j\\\delta\alpha_j\\\delta T_{g,j}\\\delta T_{l,j}\end{bmatrix}+\begin{bmatrix}\times&&\times\\\times&&\times\\\times&&\times\\\times&&\times\end{bmatrix}\begin{bmatrix}\delta p_{j+1}-\delta p_j\\\delta p_j-\delta p_{j-1}\end{bmatrix}=\begin{bmatrix}\times\\\times\\\times\\\times\end{bmatrix}\qquad(6.2.17)$$

这里 δ 表示迭代计算中变量的变化量。方程组等号左边为两项之和，这是因为：空泡份额 α 只需要 j 控制体的值，温度通过密度和内能也只需要 j 控制体的值，界面

热传递项也只基于 j 控制体的温度。在方程中,压力的形式有两种,一是通过密度和内能出现,二是通过速度以 δp 的形式出现。

式(6.2.17)可进一步简化,对其等号左边第 1 项进行求逆,方程变为

$$
\begin{bmatrix}
\delta p_j \\
\delta \alpha_j \\
\delta T_{g,j} \\
\delta T_{1,j}
\end{bmatrix}
+
\begin{bmatrix}
\times & \times \\
\times & \times \\
\times & \times \\
\times & \times
\end{bmatrix}
\begin{bmatrix}
\delta p_{j+1} - \delta p_j \\
\delta p_j - \delta p_{j-1}
\end{bmatrix}
=
\begin{bmatrix}
\times \\
\times \\
\times \\
\times
\end{bmatrix}
\tag{6.2.18}
$$

式(6.2.18)的第 1 行只含有压力,且其他变量也只用压力表示。这样,除压力以外的所有变量被消去了,最终得到只有压力的方程。对于一个控制体来说,由于该控制体与其相邻控制体之间的联系,压力方程是三对角矩阵,可用标准的 LU 法对该三对角矩阵进行求解。

求得压力的变化量后,代入式(6.2.18)的第二、三、四行,可以求得空泡份额、温度的变化量。不断迭代直到收敛为止,这样就能求得新时刻的压力、空泡份额以及温度。确定压力后,代入式(6.2.15),就可以更新速度。

4)单相-两相转换时的处理

当某个控制体是单相(空泡份额为 0 或 1)时,就会出现缺相的现象。理论上,只需求解单相就可以。然而,在两相流的程序中,即使是单相,也需要求解两相的方程。其原因在于:考虑一个控制体是单相,而它周围的控制体是两相的情况。在这种情况下,动量方程必须用两相的方式来处理。动量方程在控制体界面位置的空泡份额通过平均求得,因此界面位置可能不是单相。单相控制体的边界处有两相流流进时,单相控制体按照 Newton 法进行迭代的过程中也有可能变成两相。经过凝结、蒸发依旧还是单相也是有可能的。从单相控制体向其相邻控制体有单相流流出的时候,原控制体肯定依然是单相,但其相邻控制体有可能由两相变成单相。这样,两相和单相的迁移模式变得复杂,控制两相和单相模式的转换也就困难了。

因此,按照普通方法解两相方程时,如果能把单相的情况也覆盖就不需要那些复杂的情况判定了。为了保证两相的方程能覆盖单相的情况,需要把缺相的方程自动转成通用的形式。半隐的情况下怎么处理才能实现这个功能呢?

(1)全部为单相(单相水 $\alpha = 0$ 或单相蒸汽 $\alpha = 1$)。首先讨论前一种的情况。这种情况下,汽相的方程必须变成通用形式。当空泡份额为 0 时,汽相的质量和能量守恒的差分形式从式(6.2.12)和式(6.2.14)变成

$$
\frac{(\alpha \rho_g)^{n+1}}{\Delta t} = 0
\tag{6.2.19}
$$

$$
\frac{(\alpha \rho_g h_g)^{n+1}}{\Delta t} = L_g^{n+1}
\tag{6.2.20}
$$

式中，h_g 是汽相的焓。需注意的是，对流项从质量、能量方程中被分离出来。这是因为对流项的时层和速度、空泡份额不相同。由式(6.2.19)可得 $\alpha^{n+1} = 0$。代入式(6.2.20)，可得 $L_g^{n+1} = 0$。通常，相间的能量交换项写做

$$L_g = h_{ig}(T_{sat} - T_g) \tag{6.2.21}$$

这里，h_{ig} 是相间换热系数，T_{sat} 是饱和温度。由式(6.2.21)可知，即使 $\alpha = 0$，只要 h_{ig} 不为 0，质量和能量的守恒方程就归结为如下通用形式

$$\alpha^{n+1} = 0 \tag{6.2.22}$$

$$T_g^{n+1} = T_{sat}^{n+1} \tag{6.2.23}$$

这种通用形式的蒸汽动量方程变成

$$M_g^{d\,n+1} - F_{w,g}^{n+1} = 0 \tag{6.2.24}$$

在此，代入式(6.2.5)及式(6.2.8)，假定 $\alpha \to 0$ 时 $f_g \to 0$，c_g 不为 0，这样就归结为

$$u_g^{n+1} - u_l^{n+1} = 0 \tag{6.2.25}$$

由上述讨论可知，单相水的时候，蒸汽的界面摩擦和传热系数只要为 0，方程就很明确地能归结为通用形式。单相蒸汽时的情况也类似。

(2)单相转变为两相。单相水由于蒸发变成两相时，$\alpha^n = 0$，只有控制体 j 里 $F_j^{n+1} > 0$。在动量方程中，α 是显式处理的，所以该时间步长里式(6.2.25)成立。蒸汽的质量和能量守恒方程变为

$$\frac{(\alpha\rho_g)_j^{n+1}}{\Delta t} = \Gamma_j^{n+1} \tag{6.2.26}$$

$$\frac{(\alpha\rho_g h_g)^{n+1}}{\Delta t} = L_g^{n+1} \tag{6.2.27}$$

由于对流项是被显式处理的，该时间步长内产生的蒸汽不能流到下一个控制体。也就意味着，Γ 值大的时候，求得的空泡份额有可能大于 1。这种情况下，需要缩小时间步长进行重复计算。

(3)两相转变为单相。与单相转变为两相对应的情况是两相流因为凝结变为单相。控制体 $j-1$ 内是两相流体，因为凝结，流到控制体 j 时变为单相。蒸汽由 $j-1$ 向 j 的方向流动。控制体 j 中蒸汽的质量守恒方程为

$$\frac{(\alpha\rho_g)_j^{n+1}}{\Delta t} - \frac{S_{j-1/2}}{V_j}(\alpha\rho_g)_{j-1}^n (u_g)_{j-1/2}^{n+1} \approx \Gamma_j^{n+1} \tag{6.2.28}$$

使用约等号是因为控制体 j 的空泡份额不为 0，认为它是数值小的正数。凝结速率如果写成

$$\Gamma_j^{n+1} = -\alpha_j^{n+1}\Gamma_0 \tag{6.2.29}$$

那么控制体 j 的空泡份额可表示为

$$\alpha_j^{n+1} \approx \frac{S_{j-1/2}/V_j\ (\alpha\rho_g)_{j-1}^n\ (u_g)_{j-1/2}^{n+1}}{\rho_g/\Delta t + \Gamma_0} \tag{6.2.30}$$

完全凝结情况下，Γ_0 非常大，就计算出近似接近于 0 的空泡份额。

这样，当靠近单相水时凝结率变为 0，凝结流量就自动计算出来了。同样，完全汽化时，靠近单相蒸汽时候蒸发率设为 0 就可以了。为自动满足这个准则，把凝结率通常会做如下变形

$$C'^{n+1} = \frac{\alpha^{n+1}}{\alpha^n} C^{n+1} \tag{6.2.31}$$

同样，蒸发率变成

$$E'^{n+1} = \frac{1-\alpha^{n+1}}{1-\alpha^n} E^{n+1} \tag{6.2.32}$$

对于单相情况，式(6.2.17)的 Jacobian 矩阵近乎奇异。这是因为，质量和能量守恒方程中 T_g 相关的项与空泡份额有关。单相水时，用 T_g 微分的项结果为 0，h_{ig} 项却不为 0，只是近似于 0 的情况较多。这种情况下，把独立变量用 $p, \alpha, \alpha T_g$ 以及 $(1-\alpha)T_l$ 联系即可解决。

5）Water Packing

半隐解法中，只有压力需要控制体间的耦合求解，要解的方程变得很简单，因此被多数的两相流分析程序采用。然而，这存在一些问题，其中最大的问题是 Water Packing。

如图 6.6 所示，从充满饱和蒸汽控制体的下端注入低温过冷水，一个控制体里过冷水在满水状态下会出现压力的脉冲，这种现象叫做 Water Packing。

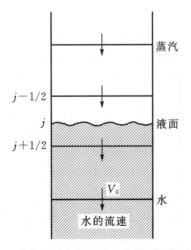

图 6.6　水位附近水的流速分布（斜线是过冷水）

在实际情况中，这种压力脉冲是不会出现的，仅仅是因为我们把空间分成有限网格的缘故。这种脉冲项会在下述情况出现。过冷水的注入速度为 V_0，控制体边

界 $j+1/2$ 处水的流速假设为 $u_{j+1/2}$。在 n 时刻，$u_{j+1/2}$ 为负数或者为 0。这是因为控制体 j 内由于蒸汽凝结会有向下的速度，这样会产生界面摩擦，水的速度就变为负数了。但是，在 $n+1$ 时刻，控制体 j 已经是满水状态了，由方程组可得出 $u_{j+1/2} = V_0$。因此，从动量方程看，式

$$\rho_l \frac{V_0}{\Delta t} = \frac{\delta p}{\Delta z} \tag{6.2.33}$$

成立。这里，假设 n 时刻水的流速为负数，Δz 是网格的高度。该式说明，为了把水的流速由负变为正，需要一个压力差。这样就产生了压力脉冲，将式(6.2.33)作以下变形

$$\delta p = \rho_l \frac{\Delta z}{\Delta t} V_0 \tag{6.2.34}$$

比如，令 $\Delta z = 1$ m，$\Delta t = 10^{-8}$ s，$V_0 = 1$ m/s 以及 $\rho_l = 1000$ kg/m³，则可得 $\delta p = 1 \times 10^6$ Pa，这将是个非常大的脉冲。

用半隐解法求解式(6.2.33)时出现的问题，在其他解法中也一定程度出现。为削弱压力脉冲的影响，可以使用小的空间步长和大的时间步长。但半隐解法中，空间步长减小会因 Courant 条件限制使时间步长也变小。因此，消除压力脉冲比较困难。下面介绍消除压力脉冲的一种方法。

通常动量守恒方程用 Newton-Raphson 迭代法求解，其可表示成

$$\delta u_{j+1/2} = F_i(\delta p_{j+1} - \delta p_j) + F_2 \tag{6.2.35}$$

在已判定会出现 Water Packing 的情况下，可把式(6.2.34)变成

$$\delta u_{j+1/2} = F_i(\delta p_{j+1} - S\delta p_j) + F_2 \tag{6.2.36}$$

S 可取很大的值，如 10^3。这样，图 6.7 实线所示的压力脉冲就不见了。

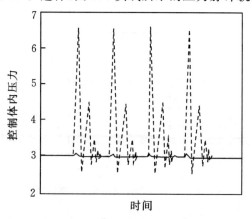

图 6.7　压力缩放(scaling)的效果

(实线是缩放后的，虚线是没有缩放的)

6.2.2.2 均匀流模型

一维均匀流模型的基本方程已由 4.1.1 节中的式(4.1.1)、(4.1.5)以及(4.1..13)给出。以压力和密度为独立变量时,焓的状态方程为

$$h_{\mathrm{m}} = h_{\mathrm{m}}(p, \rho_{\mathrm{m}}) \tag{6.2.37}$$

该方程的差分和前一节给出的完全一样。质量守恒方程的差分方程为

$$\rho_{\mathrm{m},j}{}^{n+1} = \rho_{\mathrm{m},j}{}^{n} - \frac{\Delta t}{\Delta z}(\rho_{\mathrm{m},j+1/2}{}^{n}u_{\mathrm{m},j+1/2}{}^{n+1} - \rho_{\mathrm{m},j-1/2}{}^{n}u_{\mathrm{m},j-1/2}{}^{n+1}) \tag{6.2.38}$$

$\rho_{\mathrm{m},j+1/2}$ 等量用施主元法求解,Δt 和 Δz 分别是时间步长和空间步长。

动量守恒方程的差分方程为

$$u_{\mathrm{m},j+1/2}{}^{n+1} = u_{\mathrm{m},j+1/2}{}^{n} + \frac{\Delta t(p_{j}{}^{n+1} - p_{j+1}{}^{n+1})}{\Delta z \rho_{\mathrm{m},j+1/2}{}^{n}} + F_{j+1/2}{}^{n} \tag{6.2.39}$$

这里,壁面摩擦项用显式处理,F 包含所有显式处理的项。

同样的,能量守恒方程的差分方程为

$$(\rho h)_{\mathrm{m},j}^{n+1} - (\rho h)_{\mathrm{m},j}^{n} - \frac{\Delta t}{\Delta z}\{(\rho h)_{\mathrm{m},j+1/2}^{n}u_{\mathrm{m},j+1/2}^{n+1} - (\rho h)_{\mathrm{m},j-1/2}^{n}u_{\mathrm{m},j-1/2}^{n+1}\} -$$

$$(\rho_{j}^{n+1} - p_{j}^{n}) - \Delta t(u_{\mathrm{m}}\frac{\partial p}{\partial z} + q)_{j}^{n} = 0 \tag{6.2.40}$$

能量守恒方程中,忽略了因摩擦导致的能量耗散项。

这些方程按照 6.2.2 节中的方法可以求解。把式(6.2.38)代入式(6.2.40),通过动量守恒方程(6.2.39)可变成只与压力相关的函数。把等号左边的值设为 E_j,Newton 法的 Jacobi 方程组就变为

$$\frac{\mathrm{d}E_j}{\mathrm{d}p_{j-1}{}^{n+1}}\delta p_{j-1} + \frac{\mathrm{d}E_j}{\mathrm{d}p_{j}{}^{n+1}}\delta p_j + \frac{\mathrm{d}E_j}{\mathrm{d}p_{j+1}{}^{n+1}}\delta p_{j+1} + E_j = 0 \tag{6.2.41}$$

该方程是三对角矩阵的方程组,可方便地采用 LU 分解法求解。

这里用 CACE 法求解。原本 CACE 法就是求解单相流的方法,均匀流与单相流的区别在于状态方程的不同,所以和单相流一样,求解均匀流也可以使用 CACE 法。

该方法是把上面的方程用 SOR 法求解,如果不考虑非对角项,结束第 k 次迭代进行第 $k+1$ 次迭代时,压力的变化量就可以写成如下形式。

$$\delta p_j = -\omega\frac{E_j{}^{(k)}}{\left(\dfrac{\mathrm{d}E_j}{\mathrm{d}p_j{}^{n+1}}\right)^{(k)}} \tag{6.2.42}$$

这里,ω 是加速因子;E 是 h_{m},ρ_{m} 和 p 的函数。因此,式(6.2.42)的全微分可以表示为

$$\frac{\mathrm{d}E_j}{\mathrm{d}p_j^{n+1}} = \frac{\partial E_j}{\partial h_{\mathrm{m},j}^{n+1}} \frac{\mathrm{d}h_{\mathrm{m},j}^{n+1}}{\mathrm{d}p_j^{n+1}} + \frac{\partial E_j}{\partial \rho_{\mathrm{m},j}^{n+1}} \frac{\mathrm{d}\rho_{\mathrm{m},j}^{n+1}}{\mathrm{d}p_j^{n+1}} + \frac{\partial E_j}{\partial p_j^{n+1}} +$$

$$\frac{\partial E_j}{\partial u_{\mathrm{m},j+1/2}^{n+1}} \frac{\mathrm{d}u_{\mathrm{m},j+1/2}^{n+1}}{\mathrm{d}p_j^{n+1}} + \frac{\partial E_j}{\partial u_{\mathrm{m},j-1/2}^{n+1}} \frac{\mathrm{d}u_{\mathrm{m},j-1/2}^{n+1}}{\mathrm{d}p_j^{n+1}} \qquad (6.2.43)$$

该式中各变量的压力微分项可通过差分方程和状态方程求解。

由式(6.2.39)可得速度的压力微分项为

$$\frac{\mathrm{d}u_{\mathrm{m},j\pm1/2}^{n+1}}{\mathrm{d}p_j^{n+1}} = \pm \frac{\Delta t}{\rho_{\mathrm{m},j\pm1/2}^{n+1} \Delta z} \qquad (6.2.44)$$

式中的压力只与流速相关,由此可得出密度的压力微分

$$\frac{\mathrm{d}\rho_{\mathrm{m},j}^{n+1}}{\mathrm{d}p_j^{n+1}} = \frac{\partial \rho_{\mathrm{m},j}^{n+1}}{\partial u_{\mathrm{m},j+1/2}^{n+1}} \frac{\mathrm{d}u_{\mathrm{m},j+1/2}^{n+1}}{\mathrm{d}p_j^{n+1}} + \frac{\partial \rho_{\mathrm{m},j}^{n+1}}{\partial u_{\mathrm{m},j-1/2}^{n+1}} \frac{\mathrm{d}u_{\mathrm{m},j-1/2}^{n+1}}{\mathrm{d}p_j^{n+1}} \qquad (6.2.45)$$

由状态方程可得焓的压力微分

$$\frac{\mathrm{d}h_{\mathrm{m},j}^{n+1}}{\mathrm{d}p_j^{n+1}} = \left(\frac{\partial h_{\mathrm{m}}}{\partial p}\right)_j^{n+1} + \left(\frac{\partial h_{\mathrm{m}}}{\partial \rho_{\mathrm{m}}}\right)_j^{n+1} \frac{\mathrm{d}\rho_{\mathrm{m},j}^{n+1}}{\mathrm{d}p_j^{n+1}} \qquad (6.2.46)$$

求得 δp_j 之后,$k+1$ 次迭代的压力就可以根据下式更新

$$p_j^{(k+1)} = p_j^{(k)} + \delta p_j \qquad (6.2.47)$$

然后更新速度

$$u_{\mathrm{m},j\pm1/2}^{(k+1)} = u_{\mathrm{m},j\pm1/2}^{(k)} \pm \frac{\Delta t \delta p_j}{\rho_{\mathrm{m},j\pm1/2} \Delta z} \qquad (6.2.48)$$

根据密度的差分方程可得

$$\rho_{\mathrm{m},j}^{k+1} = \rho_{\mathrm{m},j}^{n} - \frac{\Delta t}{\Delta z}(\rho_{\mathrm{m},j+1/2}^{n} u_{\mathrm{m},j+1/2}^{k+1} - \rho_{\mathrm{m},j-1/2}^{n} u_{\mathrm{m},j-1/2}^{k+1}) \qquad (6.2.49)$$

最后,使用状态方程对焓进行更新

$$h_{\mathrm{m},j}^{k+1} = h_{\mathrm{m},j}^{n} + \left(\frac{\partial h_{\mathrm{m}}}{\partial p}\right)_j (p_j^{(k+1)} - p_j^{n}) + \left(\frac{\partial h_{\mathrm{m}}}{\partial \rho_{\mathrm{m}}}\right)_j (\rho_{\mathrm{m},j}^{(k+1)} - \rho_{\mathrm{m},j}^{n})$$

$$(6.2.50)$$

将上述各式的迭代计算一直进行到满足以下收敛判定条件

$$\left| \frac{E_j}{\rho_{\mathrm{m},j}^{(k+1)} h_{\mathrm{m},j}^{(k+1)}} \right| < \varepsilon \qquad (6.2.51)$$

为止。

CASE 法中,为把能量残差值设成 0 进行迭代计算,ICE 法使用状态方程,SMAC 法使用质量守恒方程。利用哪个方程进行残差迭代求解,取决于选择的独立变量以及状态方程的形式。

6.2.2.3　漂移流模型

4.2.2 节给出了一维漂移流模型的基本方程,质量守恒方程包括混合相的式

(4.2.37)和汽相的式(4.2.40),动量守恒方程为混合相的式(4.2.44),但由于使用了交错网格,所以动量守恒方程采用了非守恒形式,能量守恒方程为式(4.2.50)。

两相都处于饱和状态,基于热平衡假定,认为两相的温度相等。不能把空泡份额 α、压力 p、速度 u_m 和内能 e_m 独立变量使用。

采用前一节的方法将基本方程差分后可得

$$\frac{(\rho_m)_j^{n+1} - (\rho_m)_j^n}{\Delta t} + \frac{(\rho_m)_{j+1/2}{}^n (u_m)_{j+1/2}{}^{n+1} - (\rho_m)_{j-1/2}{}^n (u_m)_{j-1/2}{}^{n+1}}{\Delta z} = 0$$

$$(6.2.52)$$

$$\frac{(\alpha\rho_g)_j^{n+1} - (\alpha\rho_g)_j^n}{\Delta t} + \frac{(\alpha\rho_g)_{j+1/2}{}^n (u_m)_{j+1/2}{}^{n+1} - (\alpha\rho_g)_{j-1/2}{}^n (u_m)_{j-1/2}{}^{n+1}}{\Delta z} +$$

$$\frac{1}{\Delta z}\left\{\left[\frac{\alpha\rho_g(1-\alpha)\rho_l v_r}{\rho_m}\right]_{j+1/2}^n - \left[\frac{\alpha\rho_g(1-\alpha)\rho_l v_r}{\rho_m}\right]_{j-1/2}^n\right\} = \Gamma_j$$

$$(6.2.53)$$

$$\frac{(u_m)_{j+1/2}^{n+1} - (u_m)_{j+1/2}^n}{\Delta t} + (u_m)_{j+1/2}^n \left(\frac{\partial u_m}{\partial z}\right)_{j+1/2}^n +$$

$$\frac{1}{(\rho_m)_{j+1/2}^n}\left\{\frac{\partial}{\partial z}\left[\frac{\alpha\rho_g(1-\alpha)\rho_l v_r{}^2}{\rho_m}\right]\right\}_{j+1/2}^n + \frac{1}{(\rho_m)_{j+1/2}^n}\frac{p_{j+1}^{n+1} - p_j^{n+1}}{\Delta z} +$$

$$g_{j+1/2} + \left(\frac{\tau}{\rho_m}\right)_{j+1/2} = 0$$

$$(6.2.54)$$

$$\frac{(\rho_m e_m)_j^{n+1} - (\rho_m e_m)_j^n}{\Delta t} + \frac{(\rho_m e_m)_{j+1/2}{}^n (u_m)_{j+1/2}{}^{n+1} - (\rho_m e_m)_{j-1/2}{}^n (u_m)_{j-1/2}{}^{n+1}}{\Delta z} +$$

$$\frac{1}{\Delta z}\left\{\left[\frac{\alpha(1-\alpha)\rho_l\rho_g(e_l - e_g)v_r}{\rho_m}\right]_{j+1/2}^n - \left[\frac{\alpha(1-\alpha)\rho_l\rho_g(e_l - e_g)v_r}{\rho_m}\right]_{j-1/2}^n\right\} +$$

$$p_j^{n+1}\left[\frac{(u_m)_{j+1/2}{}^{n+1} - (u_m)_{j-1/2}{}^{n+1}}{\Delta z}\right] + \frac{p_j^{n+1}}{\Delta z}\left\{\left[\frac{\alpha(1-\alpha)\rho_l\rho_g(e_l - e_g)v_r}{\rho_m}\right]_{j+1/2}^n -\right.$$

$$\left.\left[\frac{\alpha(1-\alpha)\rho_l\rho_g(e_l - e_g)v_r}{\rho_m}\right]_{j-1/2}^n\right\} = q_j^n$$

$$(6.2.55)$$

式中的 ρ,α 和 e 等都用施主元法取值,采用 Newton 法对上述方程求解,这种解法称为 NBGS 法。该方法的计算步骤如下:

将全部的方程进行线性化处理。

(1)消去 α,p,u_m 及 e_m 以外的变量。

(2)消去 u_m 求 α,p 及 e_m 的线性方程组。

(3)求解忽略上三角矩阵的方程组。

(4)更新 α,p,u_m 和 e_m,求其他变量。

(5)利用 Newton 法进行迭代,如果迭代不收敛,返回到(1)继续计算。

第(1)步和第(2)步中,把差分方程看做非线性代数方程并利用 Newton 法求解,这两步对应的是求解 Jacobi 方程的各个变量的阶段。这些变量通过差分方程、状态方程以及 ρ 和 e 的定义式可以计算。

$$\rho_m = \alpha\rho_g + (1-\alpha)\rho_l \tag{6.2.56}$$

$$e_m = (\alpha\rho_g e_g + (1-\alpha)\rho_l e_l)/\rho_m \tag{6.2.57}$$

第(3)步对应的是利用动量方程的差分方程消去速度的阶段。由此得到的 Jacobi 方程组

$$\begin{bmatrix} \times & \times & \times & 0 & \times & 0 & & & \\ \times & \times & \times & 0 & \times & 0 & & & \\ \times & \times & \times & 0 & \times & 0 & & & \\ 0 & \times & 0 & \times & \times & \times & 0 & \times & 0 \\ 0 & \times & 0 & \times & \times & \times & 0 & \times & 0 \\ 0 & \times & 0 & \times & \times & \times & 0 & \times & 0 \\ & & & 0 & \times & 0 & \times & \times & \times & 0 & \times & 0 \\ & & & 0 & \times & 0 & \times & \times & \times & 0 & \times & 0 \\ & & & 0 & \times & 0 & \times & \times & \times & 0 & 0 \end{bmatrix} \begin{bmatrix} \alpha_1 \\ p_1 \\ e_{m1} \\ \alpha_2 \\ p_2 \\ e_{m2} \\ \alpha_3 \\ p_3 \\ e_{m3} \\ \vdots \end{bmatrix} = b$$

$$\tag{6.2.58}$$

图中的"×"表示非零元素。其系数矩阵是由 3×3 的小矩阵构成的组合三重对角矩阵。非对角矩阵的第二列不为 0 表示只有压力没有空间性结合。NBGS 法中,Jacobi 方程组通过 Gauss－Seidel 块迭代法求解。

利用该方法解 Jacobi 方程组很简单,但由于 Newton 法的收敛值低于 1 次,所以迭代的次数增加了。

6.2.3　多步法

半隐解法由于受 Courant 条件限制,其时间步长 Δt 不能太大。在小破口事故分析中,半隐解法虽然稳定,但由于需要分析的时间长,如果能超越 Courant 条件的 Δt 限制,计算将更有效率。为了突破 Courant 条件的限制,有必要隐式处理对流项。但是,该项是非线性的,在半隐解法中利用完全隐式差分是不可能的。所以,经常采用多步法处理基本方程中的对流项。这里,我们以 SETS 法为例介绍多步法的求解思路。

通常的半隐解法中对压力的传播做隐式处理,而对质量、能量以及动量的传播做显式处理。SETS 法是通过在半隐解法(被称为基本步)的前后设置稳定步,把

质量、能量、动量的传播做隐式法处理的一种方法。

对于动量方程的对流项,半隐解法框架内隐式处理对流项时,需要把 $n+1$ 时层线性化处理。把对流项展开成一次项,可得

$$u^{n+1}\,\nabla u^{n+1} \approx u^n\,\nabla u^{n+1} + (u^{n+1}-u^n)\nabla u^n \tag{6.2.59}$$

式(6.2.59)等号右边第一项把 $n+1$ 时层的相邻控制的速度控制体相互耦合,这样就能解速度的方程组。右边第二项当 $\nabla u^n < 0$ 时,u 可能为负,此时,省略第二项以保持对角占优。这样,动量守恒方程的稳定步的差分方程为

$$\frac{\tilde{u}_{\mathrm{k}}^{\,n+1}-u_{\mathrm{k}}^{\,n}}{\Delta t} + u_{\mathrm{k}}^{\,n}\,\nabla\tilde{u}_{\mathrm{k}}^{\,n+1} + \beta(\tilde{u}_{\mathrm{k}}^{\,n+1}-u_{\mathrm{k}}^{\,n})\nabla\tilde{u}_{\mathrm{k}}^{\,n} + \frac{\nabla p^n}{\rho_{\mathrm{k}}^{\,n}}$$
$$= M_{\mathrm{k}}^{d\,n+1}(\tilde{u}_{\mathrm{g}},\tilde{u}_{\mathrm{l}}) - F_{\mathrm{w,k}}^{\,n+1}(\tilde{u}_{\mathrm{k}}) + G_{\mathrm{k}} \tag{6.2.60}$$

式中,β 定义为

$$\beta = \begin{cases} 0 & (\nabla u^n < 0) \\ 1 & (\nabla u^n > 0) \end{cases} \tag{6.2.61}$$

式(6.2.61)是 $u_{\mathrm{k}}^{\,n+1}$ 的方程组,其中,压力是 n 时层的已知量。该方程是三对角型的,通过界面摩擦项和 u_{g},u_{l} 结合,形成 2×2 的块三对角方程组。解该方程组相对比较困难,因此,在动量守恒方程的稳定步之前设置预测步,其差分方程为

$$\frac{\tilde{u}_{\mathrm{k}}^{\,n+1}-u_{\mathrm{k}}^{\,n}}{\Delta t} + u_{\mathrm{k}}^{\,n}\,\nabla\tilde{u}_{\mathrm{k}}^{\,n} + \beta(\tilde{u}_{\mathrm{k}}^{\,n+1}-u_{\mathrm{k}}^{\,n})\nabla\tilde{u}_{\mathrm{k}}^{\,n} + \frac{\nabla p^n}{\rho_{\mathrm{k}}^{\,n}}$$
$$= M_{\mathrm{k}}^{d\,n+1}(\tilde{u}_{\mathrm{g}},\tilde{u}_{\mathrm{l}}) - F_{\mathrm{w,k}}^{\,n+1}(\tilde{u}_{\mathrm{k}}) + G_{\mathrm{k}} \tag{6.2.62}$$

该差分方程中,u_{k} 没有了控制体控制体之间的耦合关系,采用各自控制体的 2×2 块矩阵方程组求解。稳定步的差分方程可修改为

$$\frac{\tilde{u}_{\mathrm{k}}^{\,n+1}-u_{\mathrm{k}}^{\,n}}{\Delta t} + u_{\mathrm{k}}^{\,n}\,\nabla\tilde{u}_{\mathrm{k}}^{\,n+1} + \beta(\tilde{u}_{\mathrm{k}}^{\,n+1}-u_{\mathrm{k}}^{\,n})\nabla\tilde{u}_{\mathrm{k}}^{\,n} + \frac{\nabla p^n}{\rho_{\mathrm{k}}^{\,n}}$$
$$= M_{\mathrm{k}}^{d\,n+1}(\tilde{u}_{\mathrm{g}},\tilde{u}_{\mathrm{l}}) - F_{\mathrm{w,k}}^{\,n+1}(\tilde{u}_{\mathrm{k}}) + G_{\mathrm{k}} \tag{6.2.63}$$

式中,每个变量成为 u_{g} 和 u_{l} 的三对角方程组,可以很简单地进行求解。

接下来,就到了基本步,采用 6.2.2 节描述的半隐解法。差分方法与 6.2.2 节的不同之处在于动量、质量和能量守恒方程中对流项的处理方法。动量方程的对流项根据式(6.2.59)可得

$$u_{\mathrm{k}}\,\nabla\tilde{u}_{\mathrm{k}}^{n+1} + \beta(u_{\mathrm{k}}^{n+1}-u_{\mathrm{k}}^{n})\nabla\tilde{u}_{\mathrm{k}}^{n} \tag{6.2.64}$$

因为速度 u_{k}^{n+1} 是线性的,可用压力来表示。$\tilde{u}_{\mathrm{k}}^{n+1}$ 和 u_{k}^{n+1} 可用隐式法处理。把 $\tilde{u}_{\mathrm{k}}^{n+1}$ 变为 u_{k}^{n+1} 的话,相邻控制体的速度控制体相耦合,把速度用压力表示时需要求解方程组。质量和能量守恒方程的对流项的差分格式如下

$$\nabla_j(\varphi u^{n+1}) = \frac{1}{\Delta z}\{u_{j+1/2}^{n+1}[w_{j+1/2}\varphi_j^m + w'_{j+1/2}\varphi_{j+1}^n] - u_{j-1/2}^{n+1}[w_{j-1/2}\varphi_{j-1}^n + w'_{j-1/2}\varphi_j^m]\}$$

$$(6.2.65)$$

式中，$w_{j+1/2}$ 的值采用施主元方法设置。

$$w = \begin{cases} 1 & (u > 0) \\ 0 & (u < 0) \end{cases} \qquad (6.2.66)$$

w' 等于 $1 - w$。

　　φ_j^m 与通常的半隐解法不同，它的定义为

$$\varphi_j^m = g'\varphi_j^n + (1-g')\varphi_j^{n+1} \qquad (6.2.67)$$

即，有相间变化时，使用隐式法处理从控制体流出的量（$g' = 0$）。$g' \neq 1$ 时式(6. 2.65)的算子是不守恒的，必须在下一个时间步里保证整体的守恒。从控制体 j 向 $j+1$ 流动时，控制体 j 中采用 φ^m 来表示流，用 φ^n 来表示控制体 $n+1$ 的值，从这就可以明白式(6.2.65)的算子的非守恒性。仅对从控制体流出时的流量进行隐式法处理，是因为用半隐解法没有改变其他控制体的空泡份额和温度的耦合状态。这些量和其他的控制体结合不能转化为压力的函数。这步求出了 u_k^{n+1}，$\tilde{a}_k^{n+1}$，$\tilde{p}_k^{n+1}$，$\tilde{T}_k^{n+1}$。速度上没有标注"～"说明求得值为最终变量，而其他两需要进一步修正。

　　最后一步求解质量和能量方程，它们的差分方程分别为

$$\frac{(\alpha_k\rho_k)^{n+1} - (\alpha_k\rho_k)^n}{\Delta t} + \nabla \cdot [((\alpha_k\rho_k)^{n+1}u_k^{n+1})] = \Gamma_k^{n+1} \qquad (6.2.68)$$

$$\frac{(\alpha_k\rho_k e_k)^{n+1} - (\alpha_k\rho_k e_k)^n}{\Delta t} + \nabla \cdot [((\alpha_k\rho_k e_k)^{n+1}u_k^{n+1})] +$$

$$(6.2.69)$$

$$\tilde{p}^{n+1}\left[\frac{\tilde{\alpha}_k^{n+1} - \tilde{\alpha}_k^n}{\Delta t} + \nabla(\tilde{\alpha}_k^{n+1}u_k^{n+1})\right] = \tilde{L}_k^{n+1} + \tilde{Q}_k^{n+1}$$

　　前者是质量守恒方程，后者是能量守恒方程，它们是 $(\alpha_k\rho_k)^{n+1}$ 和 $(\alpha_k\rho_k e_k)^{n+1}$ 的三对角方程组，很容易求解。由上面求得的值，使用状态方程，可以求出 α_k^{n+1}，p_k^{n+1}，T_k^{n+1}。

　　尽管该解法的稳定性在数学上还未被证明，但实践中得知的确是稳定的。

6.2.4　应用实例

　　本节以著名的两流体模型热工水力分析程序 RELAP5 和 TRAC-BF1 为例，介绍半隐解法和多步法在热工水力分析程序中的应用。

6.2.4.1　RELAP5 程序

RELAP5 的 MOD1、MOD2 和 MOD3 程序完全采用两流体模型，而 MOD1 程

序则假定两相中质量少的那个相处于饱和状态,能量方程只包含混合相方程。因此,RELAP5/MOD1 程序的模型是五方程模式,类似于漂移流模型,从另一种意义上说,是介于均匀流和完全两流体模型之间的一种模型。

1)RELAP5/MOD1 程序

RELAP5/MOD1 程序中,质量和动量守恒方程采用汽相和液相的和及差的形式,能量守恒方程基于前面的假定只采用和的公式,由此构成了五方程模型。这种和与差的方程组合的使用,虽然接近于单相,但可以保留混合相方程的解的物理意义,也可以顺利地计算相的变化。除了上述优势以外,RELAP5/MOD1 程序 还考虑到非凝结气体以及流道流通截面积变化的影响。为简化计算,下面的分析中不考虑这些因素的影响,只考虑作为基本变量的混合相的密度、静态含汽率、混合相的内能以及两相的流速。

通过以上方法得到的方程如下所示:

质量守恒方程

$$\frac{\partial \rho_m}{\partial t} + \frac{\partial}{\partial z}(\alpha_g \rho_g u_g + \alpha_l \rho_l u_l) = 0 \tag{6.2.70}$$

$$\frac{\partial x}{\partial t} + (1-x)\frac{\partial(\alpha_g \rho_g u_g)}{\partial z} - x\frac{\partial(\alpha_l \rho_l u_l)}{\partial z} = \Gamma_g \tag{6.2.71}$$

动量守恒方程

$$\alpha_g \rho_g \frac{\partial u_g}{\partial t} + \alpha_l \rho_l \frac{\partial u_l}{\partial t} + \frac{1}{2}\alpha_g \rho_g \frac{\partial u_g^2}{\partial z} + \frac{1}{2}\alpha_l \rho_l \frac{\partial u_l^2}{\partial z}$$

$$= -\frac{\partial p}{\partial z} + \rho g z - \alpha_g \rho_g u_g F_{wg} - \alpha_l \rho_l u_l F_{wl} - \Gamma_g(u_g - u_l) \tag{6.2.72}$$

$$\frac{\partial u_g}{\partial t} - \frac{\partial u_l}{\partial t} + \frac{1}{2}\frac{\partial u_g^2}{\partial z} - \frac{1}{2}\frac{\partial u_l^2}{\partial z}$$

$$= -\left(\frac{1}{\rho_g} - \frac{1}{\rho_l}\right)\frac{\partial p}{\partial z} - u_g F_{wg} + u_l F_{wl} + \Gamma_g \frac{\rho_m V_i - (\alpha_g \rho_g u_g + \alpha_l \rho_l u_l)}{\alpha_g \rho_g \alpha_l \rho_l} -$$

$$\rho_m F_i(u_g - u_l) - C\frac{\rho_m^2}{\rho_g \rho_l}\left[\frac{\partial(u_g - u_l)}{\partial t} + u_l\frac{\partial u_g}{\partial z} - u_g\frac{\partial u_l}{\partial z}\right] \tag{6.2.73}$$

能量守恒方程

$$\frac{\partial \rho_m e_m}{\partial t} + \frac{\partial}{\partial z}(\alpha_g \rho_g e_g u_g + \alpha_l \rho_l e_l u_l)$$

$$= p\frac{\partial}{\partial z}(\alpha_g u_g + \alpha_l u_l) + \alpha_g \rho_g F_{wg} u_g^2 + \alpha_l \rho_l F_{wl} u_l^2 + \alpha_g \alpha_l \rho_g \rho_l F_i(u_g - u_l)^2 +$$

$$\frac{1}{2}|\Gamma_i|(u_g - u_l)^2 + Q \tag{6.2.74}$$

式中: Q ——是外部热源;

　　　Γ_i ——相变导致的蒸发率;

　　　F_i ——汽液相间的摩擦因数;

　　　F_{wg}, F_{wl} ——作用于汽相和液相的壁面摩擦因数;

　　　C ——虚拟质量力系数。

这些方程的差分方法和前一节几乎一样,这里不再赘述。

RELAP5/MOD1 程序的差分方程利用如下方法进行求解。

首先,求出质量和能量守恒方程的 ρ, x 和 ρe 以后就变成了两相速度的线性表达式。整理后表示为

$$\Phi^{n+1} = f_0 + f_g u_g{}^{n+1} + f_1 u_1{}^{n+1} \tag{6.2.75}$$

这里,等号左边的项是 $(\rho_m{}^{n+1}, x^{n+1}, (\rho_m e_m)^{n+1})$,其他的是常量。混合相的密度是压力、含汽率及内能的非线性函数。

将式(6.2.75)代入动量守恒方程,消去状态方程中的混合相的密度,就能得到压力、含汽率及内能相关的非线性方程。这与前一节的式(6.2.16)相对应,可用 Newton 法求解。在 RELAP5/MOD1 程序中,把状态方程线性化,不采用 Newton 迭代法而用如下的方法求解。

由状态方程可知, ρ_m 是压力、含汽率及内能的函数,对其在 n 时刻进行泰勒展开可得

$$\rho_m{}^{n+1} = \rho_m{}^n + \left(\frac{\partial \rho_m}{\partial p}\right)_{x, \rho_m e_m}(p^{n+1} - p^n) + \left(\frac{\partial \rho_m}{\partial x}\right)_{p, \rho_m e_m}(x^{n+1} - x^n) +$$

$$\frac{\partial \rho_m}{\partial(\rho_m e_m)}((\rho_m e_m)^{n+1} - (\rho_m e_m)^n)$$

$$\tag{6.2.76}$$

把式(6.2.76)代入式(6.2.75),可以消去 $\rho_m{}^{n+1}$, x^{n+1}, $(\rho_m e_m)^{n+1}$,如此可得到压力和速度的线性关系式

$$f_p p^{n+1} + f_g u_g{}^{n+1} + f_1 u_1{}^{n+1} = g \tag{6.2.77}$$

由动量守恒方程将流速用压力的线性关系式表示,并代入式(6.2.77),整理后可以得到只含有各个控制体压力 p_j^{n+1} 的方程。

$$\boldsymbol{MP} = \boldsymbol{B} \tag{6.2.78}$$

向量 $\boldsymbol{P}$ 是全部控制体压力组成的向量, $\boldsymbol{M}$ 及 $\boldsymbol{B}$ 是由常数和 n 时层的值得到的矩阵和向量。这个方程组用稀疏矩阵的方法求解。求出压力后,代入原方程就可以得到其他变量。

如上所述,混合相的密度不进行线性化直接用 Newton 法迭代计算的话,就和前一节中的方法一样。然而 RELAP5/MOD1 中,式(6.2.78)的系数只在时层计

算之初进行了计算,这跟使用 Newton 法迭代计算时只计算一次差不多,这与 6.1
节提到的 RELAP4 程序的情况一样。因此,把差分方程看做非线性代数方程时,
恐怕不能精确地求解。特别是,质量守恒中有时会产生异常,即由状态方程计算出
的混合相的密度 $\bar{\rho}_m$ 与计算得到的 ρ_m 之差有如下关系

$$| \rho_m^{n+1} - \bar{\rho}_m^{n+1} (p^{n+1} , x^{n+1} , e_m^{n+1}) | > \varepsilon' \tag{6.2.79}$$

式中,ε' 为误差限值。该质量误差有时就会导致计算出错。为了解决这一问题,
需要缩小时间步长。

2)RELAP5/MOD3 程序

RELAP5/MOD3 程序和 MOD1 程序不同,它的基本方程采用完全的两流体
模型,经过两步最终对变量求解。MOD1 程序中把含汽率作为变量,而 MOD3 将
空泡份额作为变量。MOD3 的解法中涉及的方程更多,但解法和 MOD1 基本一
样,这里只简要概述。

计算的第一步,将以非守恒型的和与差的 6 基本个方程按照与 MOD1 相同的
方法求解,求解可得以下变量:p^{n+1} , u_g^{n+1} , u_1^{n+1} , $\tilde{e}_g^{n+1}$, $\tilde{e}_1^{n+1}$, $\tilde{\alpha}^{n+1}$ 。这里的值
加"～"表示中间变量。

与 MOD1 程序类似,在第一步可能出现质量和能量不守恒的情况。为了改善
这一情况,在第二步中,把第一步求得的值代入守恒型的质量和能量的方程中,求
解 e_g^{n+1} , e_1^{n+1} , α^{n+1} 。

在这一阶段,质量和能量是守恒的,但和 MOD1 一样可能会发生如式(6.2.
79)那样的异常情况。此时,也采用缩小时间步长 Δt 的办法处理。

RELAP5/MOD3 程序采用半隐解法,所以时间步长 Δt 受到 Courant 条件的
限制。对于此问题,该程序对对流项进行特殊处理来缓和 Courant 条件的限制。

比如,对汽相动量守恒方程的对流项用隐式法差分可得

$$\frac{1}{2} (\alpha \rho_g)_j^n [(u_{g,j+1/2}^{n+1})^2 - (u_{g,j-1/2}^{n+1})^2] \tag{6.2.80}$$

这里,流速的平方项展开后可得到线性方程的形式

$$(u_{g,j+1/2}^{n+1})^2 = 2 u_{g,j+1/2}^n (u_{g,j+1/2}^{n+1} - u_{g,j+1/2}^n) + (u_{g,j+1/2}^n)^2 \tag{6.2.81}$$

同理,对液相动量守恒方程也作同样的处理。因为对流项中包含 $n+1$ 时层的流
速,Courant 条件的限制就被缓和了,这种对流项的处理方法叫做近隐法。

6.2.4.2　TRAC-BF1 程序

TRAC-BF1 程序的数值解法是预测-修正方法的一种,可视作多步法 SETS
法的简化。该方法的特征是对流项使用施主元差分、流出项隐式处理。该方法是
确定稳定的,但不满足守恒性。因此,在修正阶段为满足质量守恒定律,需修正空

泡份额。我们首先讨论对流项进行隐式处理时,对流方程的无条件稳定性。再讨论采用 6.2.2 节所示的半隐解法的过程中需要变动的地方。

对流方程

$$\frac{\partial \varphi}{\partial t} + u \frac{\partial \varphi}{\partial z} = 0 \quad (u > 0) \tag{6.2.82}$$

对流项采用隐式法进行差分后得到

$$\frac{\varphi_j^{\,n+1} - \varphi_j^{\,n}}{\Delta t} + u \frac{\varphi_j^{\,n+1} - \varphi_{j-1}^{\,n}}{\Delta z} = 0 \tag{6.2.83}$$

对式(6.2.83)进行 von Neumann 稳定性分析,即

$$\varphi_j^n = V^n e^{Ij\theta} \tag{6.2.84}$$

式(6.2.84)中增长因子 G 由下式得出:

$$|G|^2 = 1 - \frac{2c(1 - \cos\theta)}{1 + c^2}$$

这里,$c = u\Delta t/\Delta z$。由式(6.2.85)可以看出,对于所有的 θ 都可实现 $|G| < 1$,因此该方程无条件稳定。然而该方程并不具备守恒性。下面介绍该方法的计算流程。

1)预测步

该步本质是半隐解法,不同之处在于对流项的差分方法。动量方程的对流项作如下处理

$$(u_k \nabla u_k)_{j+1/2} = \begin{cases} u_{k,j+1/2}^n \dfrac{u_{k,j+1/2}^{n+1} - u_{k,j-1/2}^n}{\delta z} & (u_{k,j+1/2} > 0) \\[2mm] u_{k,j+1/2}^n \dfrac{u_{k,j+3/2}^n - u_{k,j-1/2}^{n+1}}{\delta z} & (u_{k,j+1/2} < 0) \end{cases} \tag{6.2.86}$$

尽管只对流出项进行了隐式法处理,$n+1$ 时层的空间耦合关系并没有变化。因此,与 6.2.2 节一样,可以将流速表示成压力的函数。

用 φ 表示 $\alpha_k \rho_k$ 或 $\alpha_k \rho_k e_k$ 表示,则质量和能量守恒方程的对流项的差分格式如下

$$(\nabla(\varphi u_k))_j = \frac{\langle \varphi \rangle_{j+1/2} u_{k,j+1/2}^{n+1} - \langle \varphi \rangle_{j-1/2} u_{k,j-1/2}^{n+1}}{\Delta z} \tag{6.2.87}$$

这里,$\langle \varphi \rangle_{j+1/2}$ 表示隐式法处理的流出项的施主元差分,定义为

$$\langle \varphi \rangle_{j+1/2} = \begin{cases} \varphi_j^n & (u_{k,j+1/2} > 0) \\[2mm] \varphi_{j+1}^n & (u_{k,j+1/2} < 0) \end{cases} \tag{6.2.88}$$

这样,虽然增加了 $n+1$ 时层的项,但差分方程的空间耦合状态没有变化。因此,消去空泡份额和温度就可以得到只含有压力的方程。这和 6.2.2 节的过程几乎完全一样。因此,就可以求解空泡份额、压力、温度和速度。

2)修正步

为了满足质量守恒,对空泡份额进行修正。对汽相和液相的质量守恒方程的和进行了隐式法差分可得

$$\frac{(\alpha_g \rho_g)^{n+1} - (\alpha_g \rho_g)^n}{\Delta t} + \frac{(\alpha_l \rho_l)^{n+1} - (\alpha_l \rho_l)^n}{\Delta t} +$$
$$\nabla \cdot [((\alpha_g \rho_g)^{n+1} u_g^{n+1})] + \nabla \cdot [((\alpha_l \rho_l)^{n+1} u_l^{n+1})] = 0 \tag{6.2.89}$$

使用预测步求得的速度和密度,式就转换为与空泡份额相关的三对角方程组,求解该三对角方程可得到修正的空泡份额。

6.3 隐式法

两相流的守恒方程中涵盖了不同时间尺度的现象,即相与相之间的相互作用、压力传播和对流移动。现有的两相流分析程序多采用半隐解法(如 6.2 节所述),把相变化项与压力传播项这种时间尺度短的项进行隐式差分,而把对流移动的项进行显式差分的方法。因此,时间步长受到与对流移动相关的 Courant 条件的限制。与此相对应,隐式法是把所有项都进行隐式差分的一种方法。

隐式法的优点是放宽了对时间步长的限制,能够取相对较大的时间步长。缺点是使编程变得复杂,增大了一个时间步长的计算量。差分后的非线性方程的解法被分为两大类:基于 Newton 法的解法和基于逐次代入法的解法。使用前一种解法的计算程序有法国 CEA,EDF 和 FRAMATOME 共同开发的 CATHARE 程序。采用后一种算法的具有代表性的是英国 Spalding 开发的 PHOENICS 程序。下面介绍基于牛顿法时解法。逐次代入法具体可以参考 PHOENICS 的说明书。

如果变量向量用 X 表示,差分方程的向量用 F 表示,用迭代计算求解,即

$$X^{k+1} = X^k - J^{-1}F(X^k)$$

这里 k 是 Newton 法的迭代次数。

采用两流体模型,空间网格数是 N 时,X 和 F 是 $6N$ 维的向量。J 是 Jacobi 矩阵,形式上写作 $\frac{\partial F(X)}{\partial X}$。通常,迭代的初值用前一个时间步的解 X^n,求收敛时为 X^{n+1}。对于单管内的流动,Jacobi 矩阵是一个以 6 行 6 列的子矩阵为单位的块三对角矩阵。

该解法在形式上很容易被理解,但缺点在于 Jacobi 矩阵的形式复杂,特别是网格数多时,需要很长的计算时间。而 $J^{-1}F$ 求解时需要更多的计算时间。将该解法用于多维问题的求解时是有困难的。

下面以两流体模型为例,介绍该解法的具体流程。使用的基本方程与第 2 章中几乎一样的,这里不再赘述。

6.3.1　差分方程

空间离散以交错网格法的有限差分法为基础。对流项使用施主元法进行离散

$$\nabla_j(Su) = \frac{\left[A_{j+\frac{1}{2}}\langle Su \rangle - A_{j-\frac{1}{2}}\langle Su \rangle\right]}{V_j} \tag{6.3.2}$$

式中:V——控制体体积;

　　A——边界的流道截面积;

　　$\langle\ \rangle$——迎风的量,其为进出控制体的 S 的总和。

动量方程的对流项近似于下面所示的迎风差分和中心差分的结合。

$$
(u\ \nabla u)_{j+1/2} = \frac{1}{\Delta z_{j+1/2}} u_{j+1/2} \left[\frac{A_{j+1/2} u_{j+1/2} + A_{j+3/2} u_{j+3/2}}{2A_{j+1}} + \right.
$$

$$
\theta \cdot \mathrm{sgn}(u_{j+1/2}) \frac{A_{j+1/2} u_{j+1/2} - A_{j+3/2} u_{j+3/2}}{2A_{j+1}} - \tag{6.3.3}
$$

$$
\left. \frac{A_{j-1/2} u_{j-1/2} + A_{j+1/2} u_{j+1/2}}{2A_j} - \theta \cdot \mathrm{sgn}(u_{j+1/2}) \frac{A_{j-1/2} u_{j-1/2} - A_{j+1/2} u_{j+1/2}}{2A_j} \right]
$$

这里:θ 是权重系数,$\theta=1$ 表示迎风差分,$\theta=0$ 表示中心差分。迎风差分具有 Δz 的一阶精度,中心差分有二阶精度。

基于上述讨论,忽略虚拟质量力,差分方程式如下:

质量守恒方程

$$\frac{\alpha_{\mathrm{k},j}^{\ n+1} \rho_{\mathrm{k},j}^{\ n+1} - \alpha_{\mathrm{k},j}^{\ n} \rho_{\mathrm{k},j}^{\ n}}{\Delta t} = -\nabla_j(\alpha_{\mathrm{k}}^{\ n+1} \rho_{\mathrm{k}}^{\ n+1} u_{\mathrm{k}}^{\ n+1}) + \Gamma_{\mathrm{ki},j}^{\ n+1} \tag{6.3.4}$$

能量守恒方程

$$\frac{\alpha_{\mathrm{k},j}^{\ n+1} \rho_{\mathrm{k},j}^{\ n+1} H_{\mathrm{k},j}^{\ n+1} - \alpha_{\mathrm{k},j}^{\ n} \rho_{\mathrm{k},j}^{\ n} H_{\mathrm{k},j}^{\ n} - \alpha_{\mathrm{k},j}^{\ n+1}(p_{\mathrm{k},j}^{\ n+1} - p_{\mathrm{k},j}^{\ n})}{\Delta t}$$

$$= -\nabla_j(\alpha_{\mathrm{k}}^{\ n+1} \rho_{\mathrm{k}}^{\ n+1} H_{\mathrm{k}}^{\ n+1} u_{\mathrm{k}}^{\ n+1}) + \Gamma_{\mathrm{ki},j}^{\ n+1} H_{\mathrm{ki},j}^{\ n+1} +$$

$$(p_{\mathrm{k},j}^{\ n+1} - p_{\mathrm{k},i}^{\ n+1}) \frac{\alpha_{\mathrm{k},j}^{\ n+1} - \alpha_{\mathrm{k},j}^{\ n}}{\Delta t} + q_{\mathrm{ki},j}^{\ n+1} + q_{\mathrm{kw},j}^{\ n+1} -$$

$$\frac{\Delta z_j^{\ h}}{\Delta z_j} g \alpha_{\mathrm{k},j}^{\ n+1} \rho_{\mathrm{k},j}^{\ n+1} u_{\mathrm{k},j}^{\ n+1}$$

$$\tag{6.3.5}$$

动量守恒方程

$$(\alpha_k \rho_k \Delta z)_{j+1/2}{}^{n+1} \frac{u_{k,j+1/2}{}^{n+1} - u_{k,j+1/2}{}^{n}}{\Delta t}$$

$$= -(\alpha_k \rho_k)_{j+1/2}{}^{n+1} (u \nabla u)_{k,j+1/2}{}^{n+1} \Delta z_{j+1/2} -$$

$$\alpha_{k,j+1/2}{}^{n+1} (p_{k,j+1}{}^{n+1} - p_{k,j}{}^{n+1}) - d_{k,j+1/2}{}^{n} (\alpha_{k,j+1}{}^{n+1} - \alpha_{k,j}{}^{n+1}) -$$

$$\frac{1}{2} (\alpha_{kw} \lambda_{kw})_{j+1/2} \rho_{k,j+1/2}{}^{n+1} |u_{k,j+1/2}{}^{n+1}| u_{k,j+1/2}{}^{n+1} \Delta z_{j+1/2} -$$

$$\frac{1}{2} (\alpha_i \lambda_i)_{j+1/2} \rho_{k,j+1/2}{}^{n+1} |u_{k,j+1/2}{}^{n+1} - u_{k',j+1/2}{}^{n+1}| (u_{k,j+1/2}{}^{n+1} - u_{k',j+1/2}{}^{n+1}) \Delta z_{j+1/2} +$$

$$[\Gamma_{ki}{}^{n+1} (u_{ki}{}^{n+1} - u_k{}^{n+1}) \Delta z]_{j+1/2} - (\alpha_k{}^{n+1} \rho_k{}^{n+1} \Delta z^h g)_{j+1/2}$$

$$(6.3.6)$$

这里

$$H_{k,j}{}^{n+1} = h_{k,j}{}^{n+1} + (u_{k,j}{}^{n+1})^2 \tag{6.3.7}$$

上标 n 和 $n+1$ 表示 t_n 和 t_{n+1} 时刻的值;下标 i 表示取界面的值;下标 w 表示取壁面的值;$-k'$ 表示 k 相以外的相。

$$q_{ki,j}{}^{n+1} = a_{i,j} h_{ki,j}{}^{n} (T_{sat}(P_{i,j}{}^{n+1}) - T_{k,j}{}^{n+1}) \tag{6.3.8}$$

$$\Gamma = \Gamma_{gi,j}{}^{n+1} = -\Gamma_{li,j}{}^{n+1} = -(q_{gi,j}{}^{n+1} + q_{li,j}{}^{n+1})/h_{fg}(p_i{}^{n+1}) \tag{6.3.9}$$

$$\Delta z_{j+\frac{1}{2}} = \frac{1}{2} (\Delta z_j + \Delta z_{j+1})$$

定义在控制体中心的量通过体积权重平均以获得其在控制体边界的值。定义在控制体边界上的量(如流速等)通过算术平均求得其在控制体中心的值。相变的流速定义如下:

$$\begin{aligned} u_{gi} = u_{li} = u_l \quad (\Gamma \geqslant 0) \\ u_{gi} = u_{li} = u_g \quad (\Gamma < 0) \end{aligned} \tag{6.3.10}$$

　　由上述差分方程可知,除了时间微分项及式中求得的系数以外,其他的变量都取 t_{n+1} 时刻的值。此外,式(6.3.5)中壁面传热量计算中出现壁温 T_w,可用显式法或是隐式法处理。采用隐式法处理时,壁面的热传导方程需与流体的守恒方程联立求解。

6.3.2　差分方程的解法

　　t_{n+1} 时刻的状态方程组的差分方程为

$$\rho_k{}^{n+1} = \rho_k(p_k{}^{n+1}, h_k{}^{n+1}) \tag{6.3.11}$$

$$T_k{}^{n+1} = T_k(p_k{}^{n+1}, h_k{}^{n+1}) \tag{6.3.12}$$

结合基本方程,可以得到针对空间网格的 6 个未知变量,以及针对它们的 6 个方程。这样,得到 $6N$ 元的非线性代数方程组(N 为网格数)。现引入以下的变量

向量

$$X_j = (\alpha_j, p_j, h_{g,j}, h_{1,j}, u_{g,j+1/2}, u_{l,j+1/2})^\mathrm{T} \tag{6.3.13}$$

则差分方程可以写成

$$H_j(X_{j-1}{}^{n+1}, X_j{}^{n+1}, X_{j+1}{}^{n+1})$$
$$\equiv A_j(X_j{}^{n+1}, X_{j+1}{}^{n+1})[G_j(X_{j-1}{}^{n+1}, X_j{}^{n+1}) - G_j(X_{j-1}{}^{n}, X_j{}^{n+1})] -$$
$$\Delta t F_j(X_{j-1}{}^{n+1}, X_j{}^{n+1}, X_{j+1}{}^{n+1})$$
$$= 0$$

$$\tag{6.3.14}$$

这里，G 是把式(6.3.15)作为元素的向量，即

$$G_j = (\alpha_j, \alpha_j\rho_{g,j}, (1-\alpha_j)\rho_{1,j}, p_j, \alpha_j\rho_{g,j}H_{g,j}, (1-\alpha_j)\rho_{1,j}H_{1,j}, u_{g,j+1/2}, u_{1,j+1/2})^\mathrm{T}$$

$$\tag{6.3.15}$$

此外，A_j 是对时间微分的 6×8 的系数矩阵。对除了时间微分项以外的所有项整理可得 F_j。采用 Newton 迭代法可解线性方程

$$J^k\delta X = -H^k - (J_{1,0}\delta X_0, \cdots, 0)^\mathrm{T} - (0, \cdots, J_{N,N+1}\delta X_{N+1})^\mathrm{T} \tag{6.3.16}$$

上标 k 指 Newton 法迭代的次数。向量 δX 为 $X^{k+1} - X^k$。

J 为 Jacobi 矩阵，是由 6×6 的子矩阵组成的块三对角矩阵。把 H 的各元素用 X 的各元素进行偏微分来求各元素。等号右边的 $J_{1,0}\delta X_0$ 和 $J_{N,N+1}\delta X_{N+1}$ 是给定的(边界地流速和压力给定)。

对于单管流动问题，Jacobi 矩阵是简单的三对角矩阵。当数个控制体连接时，矩阵仍类似三对角矩阵，但在控制体的连接点有不规则的非对角元素出现。该非对角元素的存在增大了矩阵的求解难度。一般采用稀疏矩阵解法来求解。

对于单管流动问题，通过解式(6.3.16)，根据边界条件，可以写成

$$\delta X_j = R_j + S_j\delta X_0 + T_j\delta X_{N+1} \tag{6.3.17}$$

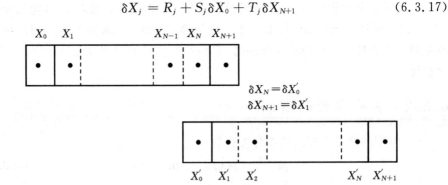

图 6.8　控制体间的结合

如图 6.8 所示,若考虑 2 根单管关联的情况,则以第 1 根单管的 δX_0,第 2 根单管的 $\delta X_{n+1}{}'$(第 2 根单管的变量用“′”来区别)作为边界条件。重合的空间网格上,两根管的连接处的变量是相等的,所以可导出 $\delta X_{n+1}{}'$ 和 δX_0 的方程(称作端点方程)

$$\delta X'_0 = R_N + S_N \delta X_0 + T_N \delta X_{N+1}$$
$$\delta X_{N+1} = R'_1 + S'_1 \delta X'_0 + T'_1 \delta X'_{N+1}$$

(6.3.18)

解该方程可得 $\delta X_{n+1}{}'$ 和 δX_0 的值,代入各自单管的式(6.3.17),求各空间网格节点的变量的变化量。数个控制体连接的情况下也能把全系统的线性方程组化归到与网格点变量相关的线性方程组。

习题

(1)根据式(6.1.10)推导获得显式法中质量、动量和能量方程的 Jacobi 矩阵。

(2)根据半隐法的求解思路,推导并整理获得式(6.2.17)的具体形式。

(3)根据半隐法的求解思路,推导并整理获得式(6.2.41)的具体形式。

(4)根据隐式法的求解思路,推导并整理获得式(6.3.16)的具体形式。

(5)根据半隐法的求解思路,编制程序求解两流体模型;利用编制的程序对单管内的流动沸腾传热过程进行模拟。

参考文献

[1] Rettig W H, Jayne G A, Moore K V, et al. RELAP3: A COMPUTER PROGRAM FOR REACTOR BLOWDOWN ANALYSIS[R]. Idaho Nuclear Corp. , Idaho Falls,1970.

[2] Lyczkowski R W, Gidaspow D, Solbrig C W. Multiphase flow: models for nuclear, fossil, and biomass energy production[J]. 1980.

[3] Moore K V, Rettig W H. RELAP4: A computer program for transient thermal-hydraulic analysis [R]. Aerojet Nuclear Co. , Idaho Falls, Idaho (USA),1973.

[4] Patankar S. Numerical heat transfer and fluid flow[M]. CRC press,1980.

[5] Amsden A A, Harlow F H. THE SMAC METHOD: A NUMERICAL TECHNIQUE FOR CALCULATING INCOMPRESSIBLE FLUID FLOWS [R]. Los Alamos Scientific Lab. , N. Mex. ,1970.

[6] Hirt C W, Nichols B D, Romero N C. SOLA: A numerical solution algo-

rithm for transient fluid flows[J]. NASA STI/Recon Technical Report N, 1975,75:32418.

[7] Harlow F H, Amsden A A. A numerical fluid dynamics calculation method for all flow speeds[J]. Journal of Computational Physics,1971,8(2):197 -213.

[8] Cloutman L D, Hirt C W, Romero N C. SOLA-ICE: a numerical solution algorithm for transient compressible fluid flows [J]. NASA STI/Recon Technical Report N,1976,77:21370.

[9] Stewart C W, George T L. A Eulerian Computation Method for Fluid Flows with Large Density Gradients at All Speeds[J]. Nuclear Science and Engineering,1977,64(1):237 - 243.

[10] Liles D R, Reed W H. A semi-implicit method for two-phase fluid dynamics [J]. Journal of Computational Physics,1978,26(3):390 - 407.

[11] Pryor R J, Liles D R, Mahaffy J H. Treatment of water packing effects. [PWR; BWR][J]. Trans. Am. Nucl. Soc. ;(United States),1978,30 (CONF - 7811109 -).

[12] Ransom V H, Wagner R J, Trapp J A, et al. RELAP5/MOD1 code manual volume 1: System models and numerical methods[R]. N'REG/CR - 1826, EGG - 2070, March,1982.

[13] Ransom V H, Wagner R J, Trapp J A, et al. RELAP5/MOD2 code manual, Volume 1: Code structure, system models, and solution methods[R]. Report Nos. NUREG/CR - 4312 and EGG - 2796,1985.

[14] Carlson K E, Riemke R A, Rouhani S Z, et al. RELAP5/MOD3 Code Manual Volume I: Code Structure, System Models and Solution Methods [R]. US NRC NUREG/CR - 5535, Washington (DC, USA) June,1990.

第7章　最佳估算程序的不确定性分析

热工水力安全分析程序作为事故安全分析的主要手段和工具,其重要性不言而喻。从 20 世纪 60 年代初期直至现在,随着对反应堆热工水力现象的不断认识和计算机技术的巨大发展,安全分析程序发生了显著的变化,从保守粗放的评价模型程序(EM)发展到真实精细的最佳估算程序(BE)。其中,著名的最佳估算程序如 RELAP5(美国),TRAC(美国),ATHLET(德国)和 CATHARE(法国)等,上述程序体系庞大,源程序多达 10 万行,描述了反应堆系统各个部分的 70 多种不同的热工水力现象,已广泛应用于各国核电厂或核反应堆装置的设计和事故安全分析中。

尽管现阶段的热工水力最佳估算程序已达到相当高的成熟度,能够较为真实地模拟反应堆系统的热工水力物理现象和事故进程,然而,限于目前的科学认知水平,比如对两相流复杂现象的认识,在程序调试时为了逼近试验数据所作的调整,系统状态参数的波动及测量误差等方面的原因,不可能期望计算机程序对于核电厂响应进行完全准确的模拟,即使程序本身经过实验验证是成熟有效的,上述偏差也不可避免,必然会影响程序预测结果的准确性。因此,在申请执照或工程实际中使用最佳估算程序,必须在分析方法上考虑上述偏差所带来的影响。

从 1989 年美国核管会(USNRC)修改了其管理导则并率先推出不确定性分析方法至今,美欧日韩各国开发了不同的不确定性分析方法,并做了大量、深入的研究和比较,现已经应用于工程实践。核设施安全委员会(CSNI)指出不确定性分析研究的必要性:

(1)执照申请和安全分析——采用最佳估算程序进行计算并评价其不确定性是执照申请的要求,这是开展不确定性研究的主要目的。另外,不确定性分析使得核反应堆系统的安全裕量评价更为真实。

(2)事故管理——事故管理分析研究应包含不确定性评价,保证事故管理规程更合理。

(3)研究优先性——不确定性分析能够确定出最需要进一步开发的程序模型和关系式,也能够确定出需要更多试验数据的研究领域。这使得程序的开发和验证更具效率,有助于评价和提高程序的质量,也能够诊断程序新的版本是否具有真正的改进。

7.1 不确定性分析方法的发展历史及其应用

在核反应堆大破口失水事故分析的初期,采用符合 NRC 颁布的美国联邦法规导则(CFR)第 50 部分规定的保守评价模型方法,然而,通过大量试验对失水事故的认识不断深入,发现评价模型计算得到的最高包壳峰值温度比最佳估算结果高出 400～500K,评价模型太过保守,而大破口失水事故是核电厂设计最为限制性的设计基准事故,过于保守的分析结果将限制核电厂提升功率以及运行灵活性。因此,美国在长达约十年、投入约 100 亿美元的试验及理论研究基础上,在核工业界、研究机构以及 NRC 的共同推动下,于 1989 年修改了其管理导则,其特点为:允许在应急堆芯冷却系统(ECCS)分析中使用最佳估算模型,同时必须量化计算结果的不确定性。这就促使了用于最佳估算程序分析失水事故的不确定性分析方法的开发。为支持和配合修订后的 ECCS 导则,由来自 NRC、国家实验室、大学和工业界的 9 名专家组成一个技术小组,在著名热工水力和安全研究专家 N. Zuber 的领导下,率先提出并建立了著名的程序缩比模拟、应用及不确定性评价方法(CSAU),引起了全球核工界广泛的关注和讨论。

1996 年,经过三年的严格审查,西屋公司提供的 LB LOCA 最佳估算(WCO-BRA/TRAC)加不确定性分析方法(CSAU)首次得到 NRC 的批准,取得执照申请的资格。

随后,在国际经合组织核能署核设施安全委员会(OECD/NEA/CSNI)的大力倡导下,各个国家在 20 世纪 90 年代初期开发了不同的不确定性分析方法,主要方法如下:AEAW(英国),ENUSA(西班牙),IPSN(法国),GRS(德国)和 UMAE(意大利)。

CSNI 下的热工水力系统研究小组(TGTHSB)于 1994 年召开了一个专题会议,对以上不同的方法进行了讨论。会议一致认为:所探讨的不确定性分析方法能够为安全分析程序的预测能力提供有用的和必要的信息。会议确立开展不确定性方法研究(UMS),通过比较和讨论选取了 LSTF SB-CL-18(ISP 26)小破口失水事故(SBLOCA)实验作为对象进行不确定性分析方法的研究,共五个组织参与该项目。

1998 年,NEA 发表了 UMS 报告,对五种方法(AEA, UMAE, GRS, IPSN, ENUSA)的基本思想进行了概述,分步骤详细对比了这五种方法,包括不确定性的定义,试验数据的选择,重要不确定性参数确定,方法的验证,不确定性的传递、外推以及对整体试验数据的检验等,最后给出了各方法的分析结果,并对不确定性方法的使用和选择给出建议。

2000 年和 2004 年,USNRC 组织召开了最佳估算会议 BE - 2000 和 BE - 2004,广泛地讨论了 BE 程序中的不确定性分析方法和应用情况。这两次会议中,越来越多的国家发展了自己的不确定性分析方法。

2003 年,AREVA 开发的 LB LOCA 最佳估算加不确定性分析方法获得 NRC 的批准,西屋公司继而也修订了 CSAU 方法,更名为不确定性自动统计处理方法(ASTRUM),同样得到 NRC 的批准,可应用于执照申请。目前 AP1000 以及台湾核三厂的大破口失水事故分析中已采用 ASTRUM 分析方法。

2005 年,事故管理和分析工作小组(GAMA)开展了庞大的最佳估算方法——不确定性和敏感性评价研究(BEMUSE),其目的在于全面评估最佳估算程序和不确定性方法的功能、实用性及其可靠性,并向核安全局和工业界建议和推广这些方法。

BEMUSE 研究分为两大阶段:

阶段 1:失水试验 LOFT L2 - 5 的最佳估算和不确定性评价。

阶段 2:真实核电厂 ZION 大破口失水事故的最佳估算敏感性研究和不确定性评价。

此项研究历时 5 年,共有来自 11 个国家,13 个机构组织的 14 个参与者参与,所得到的结论为最佳估算程序加不确定性分析的工程应用提供了宝贵的经验和建议。

随着近年来多学科、多尺度耦合最佳估算程序的广泛发展,相应的不确定性分析也提到议事日程。2006 年 OECD GAMA 组织开展了用于分析多学科、多尺度耦合分析过程中的不确定性分析研究。

综上所述,最佳估算加不确定性分析方法是国际上核反应堆安全分析技术研究的热点问题,得到了长期持续的研究和发展,并被应用于研究论证以及执照申请中(现将其应用总结于表 7.1 与表 7.2)。

表 7.1 不确定性分析方法在研究论证中的应用

国家	事故	核电厂	程序	不确定性方法
美国	LBLOCA	RESAR - 3S PWR	TRAC - PF1/MOD1	CSAU
韩国	LBLOCA	Kori 3&4 NPP	RELAP5/MOD2	UQM
美国	SBLOCA	B&W PWR	RELAP5/MOD3	CSAU
斯洛文尼亚	LBLOCA	Krsko NPP	RELAP5/MOD2	CSAU
意大利	SBLOCA	Krsko NPP	RELAP5/MOD2	UMAE

国家	事故	核电厂	程序	不确定性方法
美国	LBLOCA	西屋 4 环路 NPP	TRAC - PF1/MOD2	CSAU
德国	SBLOCA	德国 PWR	ATHLET Mod 1.1	GRS
斯洛文尼亚	SBLOCA	Krsko NPP	RELAP5/MOD3.2	CSAU
加拿大	LBLOCA	CANDU9	CATHENA 3.5b	CSAU
日本	LOFW	BWR	TRACG	CSAU
德国	LBLOCA	德国 PWR	ATHLET Mod 1.2	GRS
加拿大	LBLOCA	CANDU6	CATHENA 3.5c/R1	CSAU
斯洛伐克	LBLOCA	VVER-440/213	ATHLET	GRS

表 7.2　不确定性分析方法在执照申请中的应用

组织机构	事故	核电厂	程序	不确定性方法
西屋公司	LBLOCA	西屋 3/4 环路 PWR	WCOBRA/TRAC	BELOCA
西屋公司	LBLOCA	AP600	WCOBRA/TRAC	BELOCA
西门子	LBLOCA	Angra 2 NPP	S - RELAP5	GSUAM
法玛通和法电	LBLOCA	Bugey 2 NPP	CATHARE GB	DRM
PISA 大学	LBLOCA	Kozloduy 3 NPP	RELAP5/MOD3.2	CIAU
法玛通	LBLOCA	西屋 3/4 环路 PWR	S - RELAP5	RLBLOCA
KEPRI	LBLOCA	Kori 3&4 NPP	RELAP5/MOD3.1	KREM
西屋公司	LBLOCA	西屋 3/4 环路 PWR	WCOBRA/TRAC	ASTRUM
立陶宛能源所	失流事故	Ignalina NPP	RELAP5/MOD3.2	GRS
西屋公司	LBLOCA	AP1000	WCOBRA/TRAC	BELOCA ASTRUM
西屋公司	LBLOCA	台湾核三厂	WCOBRA/TRAC	ASTRUM

7.2　不确定性及相近概念定义与比较

　　不确定性分析(UA)同敏感性分析(SA)、程序的验证和确认分析(V&V)在概念上有区别,也有所联系,因此给出以上概念的定义并做比较,从而明确不确定性分析的概念。

不确定性分析:计算预测结果不是一个单独值,而是一个不确定性带,描述试验或者程序预测结果的分散度,通常是同统计的概念联系在一起(比如 95% 置信度)。

敏感性分析:输入参数的变化对于输出结果的影响,可比较直观地得到输入参数对于输出结果的重要度或敏感度。

敏感性分析同不确定性分析紧密相关。敏感性分析通常的做法是仅仅改变一个输入参数,保持其他输入参数不变,重点关注一个输入参数对于输出参数不确定性的效果;而不确定性分析则考虑所有输入参数的不确定性对于输出参数的综合效果。

程序的验证和确认分析:评价程序模拟的准确性和可靠性。其中,程序的验证(Verification)为物理模型转换为计算机程序的准确性;程序的确认分析(Validation)通过计算机程序预测计算值和试验数据的比较,评价所选程序或计算方法的有效性和合理性。

程序的验证和确认同不确定性分析,都是对程序计算的准确性作出评价,两者概念有交叉。程序的验证和有效性分析是在程序开发和应用过程中,通过程序计算与试验数据比较的相符程度,从而验证程序使用的合格性;而不确定性分析首先需保证程序通过 V&V 是合格的,然后在程序使用过程中,定量给出预测结果的分散度。

7.3　不确定性的来源

影响热工水力系统程序结果不确定性的因素来自很多方面,IAEA 把不确定性来源分为三类(见表 7.3):

表 7.3　不确定性来源

结果不确定性的影响因素	不确定性
模型和程序方面	
计算工具 & 数值方法	总体上定量评价
单个现象的物理模型	单项试验(SET)定量评价
核电厂几何结构	部分由整体试验(IET)定量评价
核电厂状态相关数据	
电厂真实参数与设计参数的偏差	在线监测数据与设计值比较基础上定量评价
程序使用者	
不够准确的模拟	敏感性分析以及与电厂瞬态记录值或试验值的比较
不适当的边界 & 初始条件假设	敏感性分析以及与电厂瞬态记录值或试验值的比较
程序运行及归档的质保	难于定量

(1)模型和程序方面；

(2)核电厂状态相关数据方面；

(3)程序使用者方面。

意大利 PISA 大学将不确定性来源划分得更为全面和详细,本书按 IAEA 的分类,将程序不确定性的来源罗列如下：

7.3.1　模型和程序引入的不确定性

(1)守恒方程的近似。

(2)流体模型的近似。特别是在处理汽液两相流时,通过均匀化处理(时间或空间平均)来解决相间不连续,势必丢失某些两相特性；两相流模型近似处理,各种流型的定义及其相互转换准则同样是近似的。

(3)大小涡流的模拟。单相或两相流中,在结构几何尺寸和热工水力条件不同的情况下,不可避免出现形态不同的涡流,这将产生能量和动量的耗散,而程序不能直接模拟。

(4)传热模型的近似,包括过冷沸腾的确定、临界热流密度(CHF)关系式、各种情况下的对流换热系数、燃料棒材料的热物性等。

(5)中子物理学模型近似。通常采用均匀化的栅元截面模型,求解少群扩散方程得到功率分布。同时,核截面数据库本身还存在一定的误差。

(6)几何模型的近似。流道参数截面平均化,堆芯通道多数只考虑轴向一维流动,即使子通道模型也是经验地给定横流阻力系数。

(7)封闭关系式(本构方程)近似。由于基本方程的简化以及一些现象的认识不清,不得不采用基于经验或半经验的关系式来满足方程的封闭性,这些关系式大多经过类比或外推,且适用的范围有限。

(8)状态函数和材料物性近似。

(9)缩比模拟(Scaled)产生的不确定性：几乎所有的程序模型都是由小尺寸的试验装置验证。这就要求对缩比模拟产生的影响作出评价。

数值方法。基于方程离散的数值方法会带来不可避免的数值截断误差和舍入误差,并有可能导致结果的不收敛或不稳定,这在一定程度上引入不确定性。

计算机和编译器影响。程序从开发到应用通常需要十几年或更多的时间,在此期间计算机技术发生了很大的变化。实践表明,相同的程序和输入数据在两个不同的计算机平台上会得到不同的结果。

7.3.2　电站真实状态模拟引入的不确定性

(1)程序模拟的结构和材料数据可能同电站的真实状态存在偏差。

（2）某些部件的特性描述具有不确定性，比如阀特性、泵特性、带交混片的格架等。

7.3.3　程序使用者引入的不确定性

（1）使用者对程序的使用能力，充分了解程序的应用范围，避免用于超出适用范围的分析，对核电厂进行不合理的模拟。

（2）核电厂的节块划分。合理的划分能够充分利用计算机资源，获得较精确的求解。

7.4　不确定性分析方法

总体来讲，不确定性分析方法分为两大类：基于统计学方法的程序输入不确定性传播方法和输出不确定性的传播方法。

1）基于统计学的程序输入不确定性传播方法

该方法建立在输入不确定性的传播基础之上，其输入不确定性主要包含程序模型和电厂真实状态等因素所带来的不确定性，然后通过统计方法得到输出结果的不确定性（见图 7.1）。

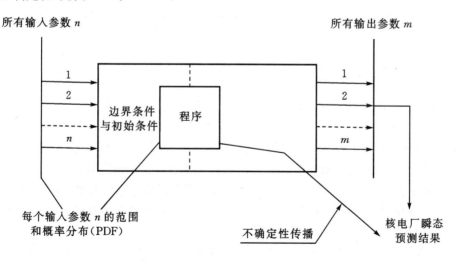

图 7.1　基于统计学方法的程序输入不确定性方法

2）基于程序输出传播基础之上的方法

通过相关变量的试验值和计算值的比较，从而给出程序预测值的不确定性。计算的不确定性从试验设施外推到研究系统。该方法的主要特点是基于输出不确定性的传播,从开始模拟的相关试验数据进行不确定性的外推,得到研究系统的不确定性带(见图 7.2)。

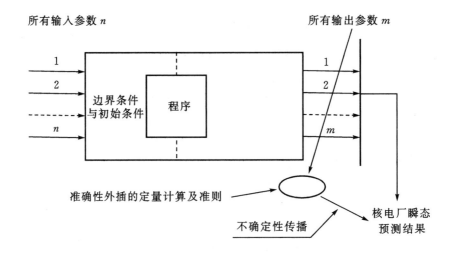

图 7.2　基于程序输出传播的不确定性方法

目前,仅 PISA 大学的 UMAE 方法采用程序输出不确定性传播,其他不确定性分析方法均属于输入不确定性传播方法,如 CSAU,GRS,ASTRUM 等。

以下各小节对不同方法的特点及流程作介绍。

7.4.1　CSAU 方法

CSAU 方法包括 3 个部分,分为 14 个步骤,流程如图 7.3 所示。

现以 CSAU 在 TRAC-PF1/MOD1 模拟西屋压水堆 RESAR-3S 大破口失水事故中的应用为例,描述各个具体步骤,以阐述 CSAU 的思想和具体实现方法。

第 1,2 步,首先选取 RESAR-3S 大破口失水事故作为研究对象。

第 3 步,由于不可能也不必要对所有部件所有现象进行详细评价,因此必须对第 1,2 步中确定的现象进行识别,并按它们对于安全相关准则的影响进行等级划分。

NRC 完成西屋压水堆 LBLOCA 的现象识别和等级划分表(PIRT)计划,详细给出大破口失水事故三个阶段的重要现象,分别见图 7.4、图 7.5、图 7.6。

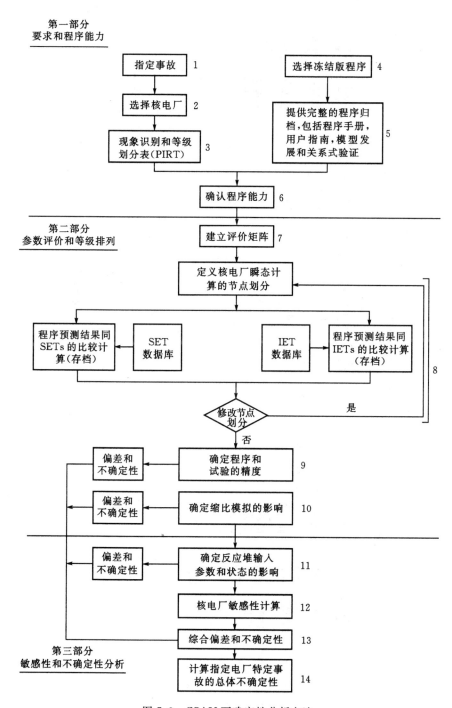

图 7.3　CSAU 不确定性分析方法

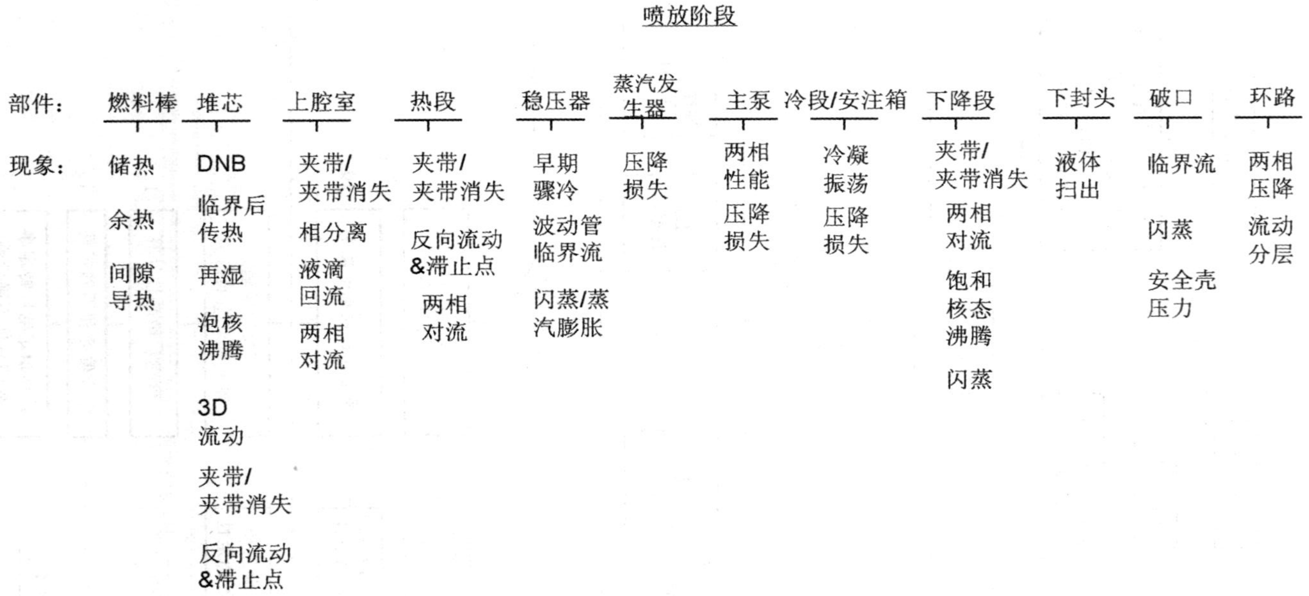

喷放阶段

部件:	燃料棒	堆芯	上腔室	热段	稳压器	蒸汽发生器	主泵	冷段/安注箱	下降段	下封头	破口	环路
现象:	储热	DNB	夹带/夹带消失	夹带/夹带消失	早期骤冷	压降损失	两相性能	冷凝振荡	夹带/夹带消失	液体扫出	临界流	两相压降
	余热	临界后传热	相分离	反向流动&滞止点	波动管临界流		压降损失	压降损失	两相对流		闪蒸	流动分层
	间隙导热	再湿	液滴回流	两相对流	闪蒸汽膨胀				饱和核态沸腾		安全壳压力	
		泡核沸腾	两相对流						闪蒸			
		3D流动										
		夹带/夹带消失										
		反向流动&滞止点										

图 7.4　LBLOCA 喷放阶段主要部件的主要现象

再灌水阶段

部件:	燃料棒	堆芯	上腔室	热段	稳压器	蒸汽发生器	主泵	冷段/安注箱	下降段	下封头	破口	环路
现象:	储热	DNB 临界后传热	夹带/夹带消失	夹带/夹带消失	闪蒸/蒸汽膨胀	蒸汽阻塞	两相性能	冷凝振荡	夹带/夹带消失	液体扫出	临界流	两相压降
	氧化	再湿 泡核沸腾	相分离 液滴回流	反向流动&滞止点		压降损失	压降损失	不凝结气体	冷凝 热壁	热壁 多维流动	闪蒸	流动分层
	余热	单相蒸汽 3D流动	两相对流	两相对流					3D流动		安全壳压力	振荡
	间隙导热	夹带/夹带消失							两相对流			
		反向流动&滞止点							饱和核态沸腾 液位振荡			

图 7.5　LBLOCA 再灌水阶段主要部件的主要现象

再淹没阶段

部件:	燃料棒	堆芯	上腔室	热段	稳压器	蒸发器	主泵	冷段/安注箱	下降段	下封头	破口	环路
现象:	储热	DNB	夹带/夹带消失	夹带/夹带消失	闪蒸/蒸汽膨胀	蒸汽阻塞	压降损失	冷凝振荡	夹带/夹带消失	液体扫出	临界流	两相压降
	氧化	临界后传热	相分离	两相对流		压降损失		不凝结性气体	冷凝	热壁	闪蒸	流动分层
	余热	再湿	液滴回流						热壁	多维流动	安全壳压力	振荡
	间隙导热	再淹没传热	两相对流						3D			
		泡核沸腾							流动			
		单相蒸汽							两相对流			
		3D							饱和核态沸腾			
		流动							液位振荡			
		夹带/夹带消失										
		反向流动&滞止点										
		辐射传热										

图 7.6 LBLOCA 再淹没阶段主要部件的主要现象

上述重要现象的等级划分由两个独立的专家小组完成,这些专家来自国家试验室、大学和 NRC,长期从事反应堆热工水力研究,综合起来具有 300 人·年的失水事故及其相关问题工程经验。然后对两组分别独立进行的现象识别和分级结果进行了比较(见表 7.4),重要度最高的现象设为 9,最低为 1。从结果可以看出,许多物理现象对于主要的安全限值影响不大。另外,两个独立小组的评价结果符合很好,高等级的现象数值相差不超过 2。

表 7.4 现象等级划分结果比较总结

现象	喷放阶段		再灌水阶段		再淹没阶段	
	专家组	AHP	专家组	AHP	专家组	AHP
燃料棒						
储热	9	9		2		2
氧化		—		1	8	7
余热		2		1	8	7
间隙导热		3		1	8	6
堆芯						
DNB		6		2		2
临界后传热	7	5	8	8		4
再湿	8	8	7	6		1
再淹没传热		—		—	9	9
泡核沸腾		4		2		2
单相蒸汽自然循环		—		6		4
3D 流动		1		3	9	7
空泡产生 & 分布		4		6	9	7
夹带/夹带消失		2		3		6
反向流动/滞止点		3		1		1
辐射传热						3
上腔室						
夹带/夹带消失		1		1	9	9
相分离		2		1		2

续表 7.4

现象	喷放阶段		再灌水阶段		再淹没阶段	
	专家组	AHP	专家组	AHP	专家组	AHP
CCF/回流		1		2		6
两相对流		2		1		5
热段						
夹带/夹带消失		1		1	9	9
反向流动		2		1		—
空泡分布		1		1		4
两相对流		2		2		3
稳压器						
早期骤冷	7	7		—		—
波动管临界流		7		—		—
闪蒸		7		2		2
蒸汽发生器						
蒸汽阻塞		—		2	9	9
压降损失		2		2		2
主泵						
两相性能	9	9	5			
压降损失		3		3	8	8
冷段/安注箱						
冷凝		2	9	9		5
不凝结性气体		—		1	9	9
下降段						
夹带/夹带消失		2	8	8		2
冷凝		—	9	9		2
阻流,热不平衡		1		8		2
两相对流		—	5	4	7	3
饱和泡核沸腾		1		2		2

现象	喷放阶段		再灌水阶段		再淹没阶段	
	专家组	AHP	专家组	AHP	专家组	AHP
3D 流动		2	9	7		2
闪蒸		1	—		—	—
液位振荡		—		3		7
下封头						
液体扫出		2	7	6		5
热壁		1	7	7	7	6
多维流动		1	2			7
破口						
临界流	9	9	7	7		1
闪蒸		3	2			1
安全壳压力		2	4			2
环路						
两相压降	7	7		7		6
振荡		—	7	7	9	9
流动分层	7	7	7			2

通过 PIRT，将 LBLOCA 事故各阶段的重要现象总结如下：

（1）喷放阶段，燃料棒储热，破口临界流以及主泵气蚀现象等级最高；

（2）再灌水阶段，冷段和下降段的冷凝，下降段三维流动等级最高；

（3）再淹没阶段，再淹没传热，上腔室和热段液滴的夹带和消失，蒸汽阻塞等级最高。

第 4,5,6 步，通过事故模拟要求与程序能力的比较，以确定 TRAC-PF/MOD1 (Version 14.3)具有模拟该事故的能力，给出模拟现象的相关模型，并最终关联至模型参数上。

第 7 步，建立评价矩阵，基于大量的试验数据，为开发 PIRT、划分程序模拟节块、确定参数范围和程序模化准确性提供支撑（见表 7.5）。

第 8 步，按评价矩阵确定核电厂计算的节块划分，然后通过程序预测值与整体试验（IET）、单项试验（SET）数据的比较，确定不确定性参数的范围和统计分布（第 9 步），缩减模拟效果的不确定性（第 10 步）。

表 7.5　CSAU 试验数据库评价矩阵

单项试验设施（SET）	参数组						对 CSAU 的贡献			
	A 燃料储热	B 堆芯传热	C 主泵性能	D 破口临界流量	E 安注旁流	F 蒸汽阻塞	参数不确定性范围	节点划分	缩比影响	总的 PCT 不确定性
UPTF					●	●		●		●
CE（主泵）		●						●		
NORTHWESTERN									●	
CRBTF										
BCL(2/15)					●			●	●	●
BCL(1/15)										●
DARTMOUTH									●	
LEHIGHUNI		●						●		
ORNL		●						●		
BENNETT		●						●		
BECKER		●						●		
JANSSEN		●						●		
DHIR		●						●		●
CREARE(1/15)						●		●		
CREARE(1/30)						●		●		
CREARE(1/5)										●
CREARE(PUMP)			●					●		●
CREARE(TF)										
FLECHT								●	●	●
FLECHT−SEASET								●	●	●
MARVIKEN				●				●	●	
THTF										●
NEPTUNS									●	
W PUMP(1/3)			●					●		

续表 7.5

单项试验设施(SET)	参数组						对 CSAU 的贡献			
	A 燃料储热	B 堆芯传热	C 主泵性能	D 破口临界流量	E 安注旁流	F 蒸汽阻塞	参数不确定性范围	节点划分	缩比影响	总的 PCT 不确定性
CCTF								●	●	●
SCTF								●	●	●
整体试验设施(IET)										
LOFT				●			●	●	●	●
LOBI									●	
POWER BURST FAC									●	
PKL								●	●	
SEMISCALE		●					●	●	●	
数据点										
MATPRO(9)	●						●			
INAYATOV		●					●			
WEISMAN		●					●			
INEL POST−CHF		●					●			

第三部分(第 11～14 步)首先在第二部分得出的重要不确定性参数基础上进行响应面拟合,即得到 PCT 与重要不确定性参数的函数关系式 $PCT = f(x_1, \cdots, x_7)$ 以替代 TRAC 程序,各项的多项式阶数如下:

峰值因子:4 阶;

传热系数:4 阶;

燃料棒间隙导热率:4 阶;

破口临界流:2 阶;

主泵:2 阶;

Tmin:2 阶;

燃料导热率:3 阶。

然后通过蒙特卡罗抽样,一次同时对 $(x_1, \cdots, x_7)$ 7 个重要参数进行抽样,代入拟合的响应面公式,得到 PCT 值。重复多次该过程得到大量的 PCT 结果,然后进行统计评价,得到其平均值,置信度 95% 的上限值。其中,对抽样容量 2000～

50000 进行了研究,发现容量达到 50000 结果可收敛,因此抽样容量定为 50000。

由于数据库不充分或存在一些 TRAC 程序无法模拟或模拟有误的物理现象,比如 TRAC 无法模拟安注箱排空后氮气注入回路的现象,因此需考虑这部分偏差。通过程序预测与试验值比较得到这部分偏差,并直接记入到统计结果,由此得到 PCT 总的不确定性。

西屋公司开创性的 CSAU 方法,为评审最佳估算程序不确定性分析提供了一个系统庞大并逻辑严密的框架,但在实际工程应用中,CSAU 存在技术上的质疑和批评,引发了广泛的讨论。主要问题如下:

(1)在确定某些模型的偏差时过度应用工程经验和判断。

(2)由于统计方法所限,不确定性因素确定过多将带来无法承受的计算量,因此在确定不确定性来源时忽略了过多的热工水力现象。

(3)受方法所限,CSAU 仅能给出各阶段 PCT 值的不确定性评价,无法给出 PCT 值的瞬态不确定性。

(4)鉴于当时的计算机处理能力和存储空间,无法通过程序直接计算得到结果,因此采用响应面法以替代程序,然而响应面的拟合必然带来新的不确定性。

7.4.2 GRS 和 IPSN 方法、ENUSA 方法

GRS 和 IPSN 方法、ENUSA 方法的思想基本一致,仅在处理过程中选取输入参数的类型上有所区别。该类方法有能力考虑输入参数不确定性的影响,包括计算机程序模型,初始和边界条件和数值算法。它们建立于成熟的概率计算和统计方法的概念之上。现着重介绍 GRS 方法。

GRS 方法包含两个部分,如图 7.7 所示。

GRS 方法可应用于任何的计算机程序,不需要对程序做任何修改。分析完全建立于模型输入参数的统计变量之上,包括程序模型、初始条件和边界条件以及数值计算等不确定性参数,可获得任何的程序输出参数不确定性。

GRS 方法具有以下优点:

(1)GRS 方法使用的统计概率方法成熟,一个重要特点即程序计算数量仅由设定的不确定性容忍限置信度和概率要求所决定,与选取的不确定性参数数量无关,由此带来很大的好处:在理论上可以穷尽所有的不确定性因素,以最小的计算代价得到满足要求的不确定性分析,不会增加计算的负担,这在其他方法(如 CSAU)中是不可能的。

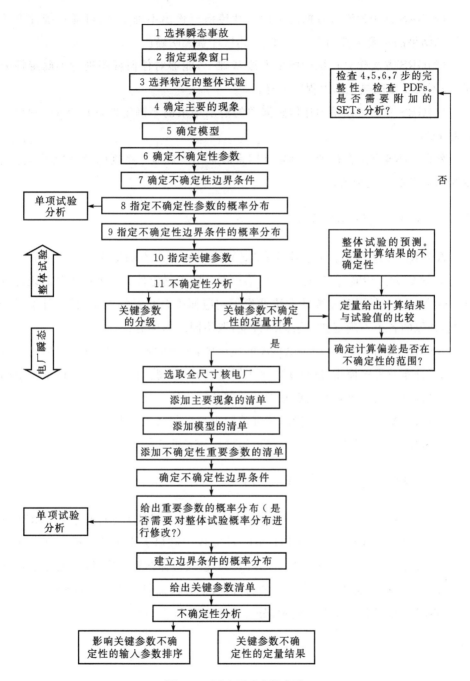

图 7.7 GRS 不确定性方法

(2)GRS方法为输入数据的不确定性传播至输出不确定性,可通过统计方法对影响结果的不确定性因素进行排序,其物理意义明确。

(3)GRS方法建立在统计概率方法基础上,能够对任何程序进行不确定性分析,而不需要修改热工水力程序本身。

(4)GRS方法可以得到任何感兴趣的输出结果的不确定性,而CSAU则仅仅针对PCT。

然而,GRS方法在评价不确定性因素时采用主观概率密度函数(SPDF),过度依赖研究者的主观判断。

7.4.3　ASTRUM方法

ASTRUM总的方法体系是基于CSAU方法,对于不确定性因素的选取和评价与CSAU方法相同,但是对CSAU第三部分的不确定性分析采用了新的统计方法。ASTRUM利用采样统计方法替代了响应面拟合与蒙特卡罗抽样,对于每个工况,选取的各个不确定性因素同时改变,取不同的抽样值。

ASTRUM在AP1000 LBLOCA的应用中,考虑的不确定性因素包括初始条件、功率分布及程序模型,进行124个工况的计算,以得到满足双95%概率要求的包壳峰值温度、局部氧化最大值和堆芯范围的氧化值。

ASTRUM与CSAU相比较,能够消除由于重复修正带来的附加不确定性,对于同一事故,前者计算得到的包壳峰值温度比后者低65.6℃左右。

7.4.4　确定现实方法(DRM)

法国电力公司(EDF)与法玛通公司(FRAMATOME)共同开发了DRM方法,采用的最佳估算程序为CATHARE,并完成大破口失水事故分析。其方法思想为:将保守的惩罚模型(Penalization Mode)植入最佳估算程序,既不改变最佳估算程序能够模拟真实热工水力现象的特性,又能够保证程序预测值的保守性。

DRM方法过程如图7.8所示,分为7个步骤:

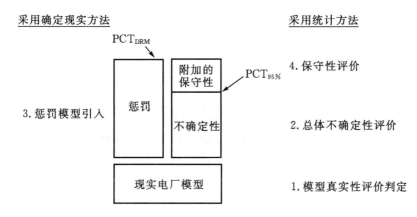

图 7.8　DRM 方法过程

(1)瞬态响应分析以确定主要的热工水力现象和重要参数,在试验和程序数值模拟的基础上完成 LOCA 主要现象的识别。

(2)评价程序能否模拟这些热工水力物理现象。该步骤主要完成:

• 根据 LB LOCA 主要现象,完成 CATHARE 模型及其验证的分析。

• 附加的程序开发要求。

• 附加的试验评价。

• 程序现实模型优化以消除可能存在的偏差(物理模型、节块划分等)。

(3)识别预测主要现象相关的关键参数。关键参数可分为三类:

• 模型和关系式。

• 初始和边界条件。

(4)评价关键参数的不确定性。

• 模型和关系式。通过试验值和程序预测值的比较,确定相关的因子以包络模型参数的不确定性,比如换热系数、相间摩擦因数等。

• 节块划分。保证合格的节块划分以模拟主要物理现象。

• 初始和边界条件。由制造者提供的反应堆和燃料数据中评价相关的不确定性,比如初始功率、温度、流量等。

(5)评价上述不确定性参数对于计算结果总的影响,该过程参照的是 CSAU 方法。

(6)惩罚模型的引入。通过两方面加入惩罚:模型和节块划分,初始和边界条件。

(7)验证方法的保守性。

DRM 介于统计方法和保守确定方法之间:以包络的方式确定模型的不确定性偏差,保证包络所有的不确定性,且同时保证模拟的真实性,这正是 DRM 得名的由来。

7.4.5　保守模式与电厂状态不准度分析混合的进步型方法论（DRHM）

DRHM 的流程图如图 7.9 所示。

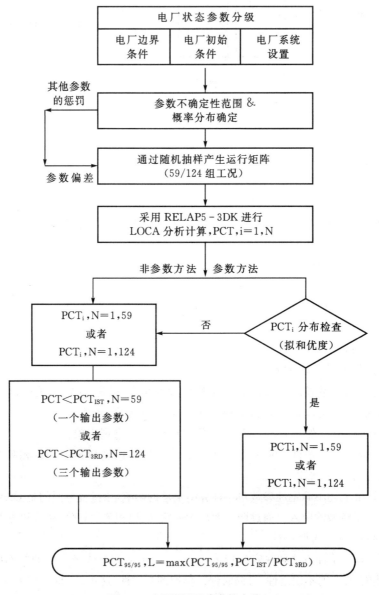

图 7.9　DRHM 不确定性方法

该方法的特点是关于不确定性的考虑仅局限于电厂主要状态参数,选取重要的电厂状态参数利用统计方法量化对于结果确定性的影响,对没选取的电厂状态参数仍采用保守处理。而在程序模型部分采用保守方式处理,其基础是通过 10 年时间开发的满足 10 CFR 50 附录 K 要求的 RELAP5 3D - K 程序。

7.4.6　UMAE 方法/CIAU 方法

UMAE 的基本思想:通过比较,得到相关试验数据值与程序计算预测值的不确定性,并在此基础上加以应用。试验数据必须来自相关的试验设施,计算结果必须来自合格的程序和节点。不需要选择输入的不确定性,而且最终的不确定性带来自外推的结果,不需要主观评价。

将 UMAE 与 RELAP5 程序结合产生了不确定性的内部评价方法 CIAU。

CIAU 的灵感来自于两点:核电厂状态方法(类似状态导向规程 SOP 相关概念)及临界热流密度查询表(CHF LOOK-UP TABLE),这在以下的方法描述中有所体现。

CIAU 方法流程图如图 7.10 所示,其中包括两个主要的部分:前一部分给出方法的建立,后一部分给出方法的应用,CIAU 的建立得益于 UMAE 不确定性方法。

CIAU 方法允许“自动”取得程序结果相关的不确定性带。这些误差带从建立的数据库中取得,包括相关试验数据的模拟误差。这些误差的来源包括程序模拟的近似、用户影响、划分节点的方法以及测量的准确性等。对于每个超立方体都和定量的准确度相连,准确度均从核电厂试验装置大量的试验瞬态的模拟中计算得来。从不确定性而来的准确度的组合,可以推导出包络任何时间相关变量的误差带,作为系统程序计算的输出。

CIAU 的优点是对于任何程序计算,能够自动给出不确定性带,几乎可考虑所有的不确定性因素。

该方法的主要缺点:结果无法得到不确定性的来源(不可能分辨出输入对输出误差带的影响),且结果的准确性受现有的误差数据库的大小所限。

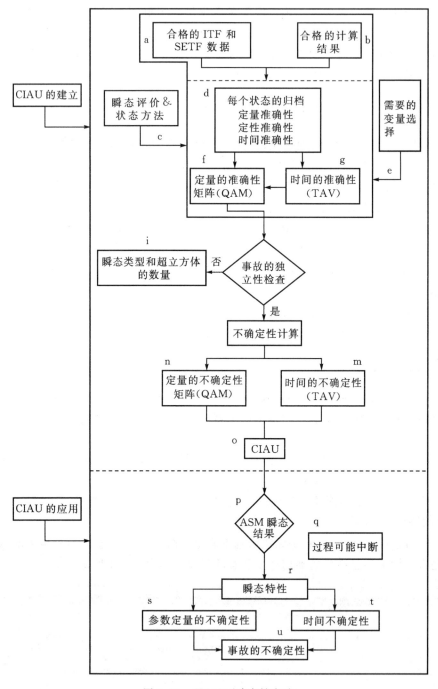

图 7.10　CIAU 不确定性方法

7.4.7　不确定性分析方法比较

各不确定性分析方法总体特点比较见表 7.6。

对于 CSAU 及 DRM 方法,如果增加输入不确定性参数数目,将极大地增加计算工作量,因此必须使不确定性参数数目最小化,GRS,ASTRUM 及 DRHM 则没有此限制;而 UMAE 属于输出不确定性传播方法,不必选取输入不确定性参数。

所有不确定性方法均需要专家判断,用于程序的优化模拟、事故现象重要度分级、选取相关的试验数据等,但在输出参数结果上考虑附加偏差则应尽量避免或者降低到最小程度,以防止专家判断对于结果的主观影响。

表 7.6　各不确定性分析方法总体特点比较

	特点	CSAU	GRS	ASTRUM	DRM	DRHM	UMAE
1	受限于输入不确定性参数的数目	是	否	否	是	否	否
2	获取输入参数的不确定性范围	是	是	是	是	是	否
3	指定输入参数的概率分布	是	是	是	否	是	否
4	采用统计方法	是	是	是	否	是	否
5	采用响应面拟合技术	是	否	否	是	否	否
6	缩比模拟评价的数据库	否	否	否	否	否	是
7	采用专家系统判断	是	是	是	是	是	否
8	输出参数考虑附加的偏差	是	否	否	是	否	是

各不确定性分析方法具体应用特点比较见表 7.7。在不确定性分析方法的具体应用中,首先是选取的最佳估算程序有所不同,这使得输入不确定性参数,特别是模型参数的确定及评价将不同,这是各不确定性分析方法在建立和具体应用中的特点和工作量所在;其次在不确定性参数及范围确定上,需依赖专家判断,CSAU 方法花费大量的人力物力开发失水事故 PIRT,能够指导压水堆大破口失水事故重要现象的选取;统计方法由早期的响应面拟合发展为高效的非参数统计方法,程序计算数量仅由设定的不确定性容忍限置信度和概率要求所决定,与选取的不确定性参数数量无关,目前已广泛应用于各不确定性分析方法中,能够定量评价输入不确定性参数对于输出结果的影响。

表 7.7　各不确定性分析方法具体应用特点比较

	特点	CSAU	GRS 等	ASTRUM	DRM	DRHM	UMAE
1	最佳估算程序	WCOBRA-TRAC	ALTHLET	WCOBRA-TRAC	CATH ARE	RELAP5 3DK	RELPA P5 3.2
2	不确定性参数及其范围确定方法	专家判断	专家判断	专家判断	专家判断	专家判断	否
3	选取的不确定性输入参数数目	AP600:3	LOFT:49	AP1000:35	否	LOFT:10	否
4	统计方法	响应面拟合,蒙卡抽样	非参数顺序统计	非参数顺序统计	否	非参数顺序统计	否
5	程序计算工况数目	AP600:15	LOFT:100	AP1000:124	否	LOFT:59	否
6	输入参数对输出结果的敏感性定量评价	否	是	否	否	是	否

7.5　不确定性分析:从响应面法到非参数统计的应用

　　CSAU 方法的第三部分介绍了参数不确定性如何在瞬态过程中组合并传递。在 CSAU 方法的第二部分确定了每个不确定性参数(西屋公司方法中约有 40 个参数)的概率分布函数。不确定性分析的目标是确定所有这些参数对包壳峰值温度(或局部最大氧化率 LMO,或堆芯最大氧化率 CWO)不确定性的组合效应。这个组合效应的精确解要求考虑前述所有不确定性参数之间可能的相互作用。

　　例如,假设有两个参数 x1 和 x2,每个参数可以取三个离散值 x1(1)、x1(2)、x1(3),依次类推。每个离散值都有一个取值概率 p11,p12,p13,依次类推。不同的离散值之间都可能相互作用,那么上述问题的精确解就要求考虑 9 种不同的结果(9 个包壳峰值温度值),然后将这 9 个值放入不同的区间建立柱状图,就可以得到包壳峰值温度的概率分布。

　　显然实际问题要比上面的例子复杂得多。例如,西屋不确定性分析方法中 40 个不确定参数,每个参数都服从连续分布,那么不同参数之间就有无限种组合方式,因此所有参数对不确定性的组合效应是不存在精确解的,但可以通过适当的简化得到其近似解。在工业应用中,简化方法在近几十年不断发生变化,下面对这些方法做一个简单的回顾。

7.5.1　响应面法

响应面法在最初的 CSAU 方法中使用,并得到美国核管会(USNRC)的认可。首先,最佳估算程序在特定的输入变量下对不确定性参数进行趋势分析,并得到计算结果;然后,对这些结果进行响应面拟合,响应面代替最佳估算程序来反映包壳峰值温度和各不确定性参数之间的关系。最后,在蒙特卡罗模拟中使用响应面,得到输出变量的概率分布(比如包壳峰值温度的概率分布)。

该方法的一个优势是响应面的产生需要一个合理的计算矩阵,在此过程中参数的独立效应或者组合效应能够得到很好的评价,从而能够更好地分析每个参数是如何影响包壳峰值温度的。

然而,响应面法在实际应用中并不简单。如果考虑的不确定性参数较多,那么产生响应面的计算矩阵将会非常庞大。因此,必须对不确定参数进行分组以减少计算量。同时,还需要保证运行矩阵中包含关键的参数组合。

西屋公司的第一个现实 LOCA 分析方法就是基于响应面法的,使用过程中做了一系列假设。第一个假设是将问题分成两个部分,并将所有不确定性参数分成"整体"参数和"局部"参数。

(1)预测反应堆整体变化和高能量燃料组件的名义热工水力条件,作为"整体"参数变化的结果。此处"名义"是指在"局部"参数取"最佳估算"值时对燃料行为进行预测。

(2)对于给定的反应堆变化和名义热组件条件,预测热棒行为的概率分布,作为"局部"参数的变化结果。

第一步基于 WCOBRA/TRAC 程序模拟,第二步基于一维导热程序 HOTSPOT 的局部评价。每次 WCOBRA/TRAC 运行之后,将"局部"参数在其分布范围内随机抽样,然后用 HOTSPOT 程序进行大量(1000 次)包壳峰值温度的计算,这样"局部"参数的效应就可以整合成概率分布函数的形式。

注意到 HOTSPOT 计算得到的概率分布是包壳峰值温度的函数。例如,与氧化反应相关的不确定性在包壳峰值温度高的时候将会产生更大的影响。换句话说,"局部"函数的概率分布受"整体"参数效应的影响,"局部"概率分布是"整体"结果的概率下的一个条件概率。

将不确定性参数分为"整体"参数和"局部"参数,在一定程度上减少了计算量,但是"整体"参数组合形成的运行矩阵仍然很庞大。

第二个假设是"整体"参数可以分组,不同组的参数认为是独立的并可以叠加。分组情况如下:

(1)初始条件参数。

(2)初始堆芯功率分布。

(3)物理模型和进程参数。

之所以将"整体"参数进行分组,是因为有些参数之间的相互作用很重要,而另外一些参数之间的相互作用根本不重要。特别地,不同组的参数之间的相互作用相对于同组内的参数之间的相互作用被认为是二阶的。

在同一个组内,一些参数被整合一个因子来替代,还有一些参数被直接剔除。另外还有些参数的不确定性在统计学上进行整合和简化。例如,可以将初始状态参数的分布整合成一个单独的正态分布(第三个假设)。最后,所需要的 WCO-BRA/TRAC 运行矩阵包括:

(1)10 次初始状态参数运行;

(2)15 次功率分布运行;

(3)14 次"整体"模型运行;

(4)3~4 次破口运行来确定最危险的破口面积;

(5)8 次额外的附加运算。

在以上假设的基础上,运行矩阵被缩减到可接受的范围,共包括 50 次 WCO-BRA/TRAC 运算。

对于响应面法的一个批评是多项式不能够体现结果中的不连续性,或者说不能合理地确定结果的突变效应或分歧。另一方面,经验显示,至少对于大破口失水事故是如此,计算结果在输入变量的很大范围内表现良好,并且响应面似乎能够在宽广的范围内完美地得到局部最大值。

7.5.2 直接蒙特卡罗法

另一种简化方法是使用直接蒙特卡罗法。这种方法使用起来非常简单,只需要对不确定参数进行 n 次抽样,然后利用最佳估算程序得到 n 个输出结果,进而估算结果的概率分布。关键问题是要确定正确估计输出变量的概率分布所需要的运行数目,即 n 的大小。

以前,这种方法被认为是完全不合实际,因为所要求的计算次数非常巨大,往往在数千个。然而现在这可能已经不是问题。尽管仍然存在一些问题需要解决,特别是估算概率分布和各参数的影响所需要的运算次数,直接蒙特卡罗法也可以被考虑使用。

7.5.3 基于实验数据的程序不确定性方法

估算热工水力模型的不确定性对包壳峰值温度的影响的第三种方法程序计算

值和实验测量值进行比较。程序误差和不确定性直接从包壳峰值温度散点图中得到。这种方法的优点是能够有效地考虑所有潜在的不确定性。缺点是不确定性参数不能被分开,并且试验数据并不能体现实际反应堆中所有的不确定性来源(例如,大部分产生包壳峰值温度的单项试验都没有考虑喷放和在淹没的效应)。

7.5.4　非参数统计法

非参数统计法源自于直接蒙特卡罗法。该方法不需要得到包壳峰值温度的概率分布,而是确定在一定置信水平下的包络值。

这种方法在近几年被提出,并在欧洲 20 世纪 90 年代末期 LOCA/ECCS 计算分析中使用。

在美国,AREVA－NP 和西屋公司近几年也都发展了基于非参数统计方法的最佳估算 LOCA 评价模型。法国的 AREVA/EDF 的拓展统计方法(ESM)和 GE 非 LOCA 事件也采用了非参数统计方法。虽然在本质上都采用了相同的方法来组合不确定性参数,但得到的计算结果如何来满足管理当局的验收准则在业界却有着不同的认识。

非参数统计抽样方法忽略研究对象的概率分布。对于未知概率分布的研究对象,可以通过随机抽样来确定其容忍极限。非参数容忍极限最初由 Wilks 提出,Wilks 的研究显示从一个随机样本所得的两个顺序统计量的量比不依赖于样本数量,它仅是被选特定顺序统计量的函数。使用著名的 Wilks 公式,可以确定制定概率和容忍区间下的样本空间大小。假设我们想确定 95% 概率($\gamma=0.95$)、95% 可靠度($\beta=0.95$)下包壳峰值温度的包络值,所需要的样本空间(所要求的程序计算次数)可以用下式计算:

$$\beta=1-\gamma^N \tag{7.4.1}$$

将 $\gamma=0.95$ 和 $\beta=0.95$ 代入式(7.4.1),可以算出程序计算次数 N 等于 59。在该方法中,程序运行前,使用类似于直接蒙特卡罗法对所有不确定性参数进行同时抽样。

计算的包壳峰值温度从高到低进行排列,排序最高的温度值就是 95% 概率、95% 置信度下包壳峰值温度的包络值。

除了包壳峰值温度,10 CFR 50.46 验收准则还要求局部最大氧化率小于 17%,堆芯氧化率小于 1%。

要严格满足以上验收准则,就应该同时确定三个量的包络值。这就要求同时确定 95% 概率、95% 置信度下的包壳峰值温度(PCT)、局部氧化率(LMO)和堆芯氧化率(CWO)的包络值。

Guba 等人指出,在只有一个输出变量(PCT)的情况下,进行 59 次运算就足够了,然而如果输出变量为三个,就需要对 wilks 公进行拓展。Guba 于 2003 年提出了一个适用于多变量（$P>1$）的公式，形式如下：

$$\beta = \sum_{j=0}^{N-P} \frac{N!}{(N-j)!j!} \gamma^j (1-\gamma)^{N-j} \qquad (7.4.2)$$

将 $\gamma=0.95$，$\beta=0.95$ 和 $P=3$ 代入式(7.4.2)，得到的程序运算次数为 124。西屋公司的不确定性自动统计处理方法（ASTRUM）就采用式(7.4.2)确定运行次数，ASTRUM 方法于 2004 年得到美国核管会的批准。

工业界对于安全分析中非参数顺序统计的应用有着不同的理解，并在管理者和研究者之间引起了广泛的讨论。讨论的焦点集中在满足 10 CFR 50.46 验收准则所需要的最小样本空间（最小程序运行次数）。

西屋公司采取的策略是使用最普遍的方法来减少用户执照申请的风险。西屋认为有三个验收准则需要同时满足 95/95 概率要求，并且包壳峰值温度、局部最大氧化率和堆芯氧化率这三个参数之间的关系也没有确定。因此，西屋选择使用 Guba 公式确定程序运行次数(124)。

这样就可以分别得到包壳峰值温度、局部氧化率和堆芯氧化率在 95/95 概率要求下的包络值。对计算结果的正确理解应该是："至少有 0.95 的可靠度来保证包壳峰值温度、局部最大氧化率和堆芯氧化率满足验收准则的概率为 0.95"。

一般认为西屋的方法偏于保守，很多人认为没有必要进行 124 次运算，进行少数运算就已经足够。例如，另一种方法认为既然输出变量的概率分布未知，这些变量之间可能存在强烈的关联，比如局部氧化率就是包壳峰值温度的函数。然而，这种方法要求特定的分析来对这一函数进行验证和定量计算。

两种方法都是可以接受的，并且都有其优点和缺点。西屋公司认为使用最普遍的方法可以简化执照申请和批准过程，不需要对特定核电厂进行具体分析来确定各变量之间的相互关系。并且氧化率与包壳温度变化过程有关，并不是只跟包壳峰值温度有关。西屋公司的分析显示，即使局部氧化率与包壳温度之间存在函数关系，这个函数也是与特定核电厂相关的，不能用一个普遍适用的表达式来表示。

Wallis 提出了另一种方法，他认为不论如何，在安全分析中所关心的"输出变量"只有一个，那就是安全准则是否得到满足。对于大破口失水事故，现在需要解决的问题就是"进行多少次程序运算就可以在 95% 概率、95% 置信度下保证 LOCA 过程中包壳峰值温度小于 1204℃，局部最大氧化率小于 17%，堆芯整体氧化率小于 1%"。如果进行 59 次运算得到的所有结果都满足"包壳峰值温度小于 1204℃，局部最大氧化率小于 17%，堆芯整体氧化率小于 1%"，那么就可以认为验收准则得到了满足。

Wallis 将包壳峰值温度、局部最大氧化率和堆芯整体氧化率合并为一个"输出变量"，最后只需要判断验收准则是否得到了满足。

Wallis 的结论在概念上完全正确，但在实际应用中还是有一些不足。最主要的是该方法不能够确定每个准则参数(PCT,LMO,CWO)的安全裕量。它只能确定有95％的可靠度保证95％概率的 PCT,LMO,CWO 不超过验收准则限值,但管理者不能判断每个参数究竟存在多大的安全裕量。

安全裕量的确定和追踪常常被运营商和管理者所要求,ASTRUM 方法对这个问题非常敏感。更具体的说,追踪 PCT 安全裕量是 10 CFR 50.46 管理导则的要求,如果不能在分析报告中确定安全裕量,这个要求就不能得到满足。

7.6　不确定分析实例

自 1996 年被提出以来,西屋最佳估算大破口失水事故分析方法已经在美国和其他国家被用来进行压水堆安全分析。目前,美国已经有 24 座核电厂使用 CSAU 方法进行执照申请或安全分析,超过 10 座核电厂的安全分析采用 ASTRUM 方法。

下面给出 ASTRUM 方法针对西屋三环路压水堆不确定性分析结果。图 7.11 是破口有效面积对包壳峰值温度的影响的散点图。破口有效面积等于喷放系数乘以破口面积,然后对冷段截面进行归一化处理。破口面积只在裂缝破口范围内变化,而喷放系数在裂缝破口和双端剪切断裂破口范围内变化,这样破口有效面积就可以代表任何类型的破口。

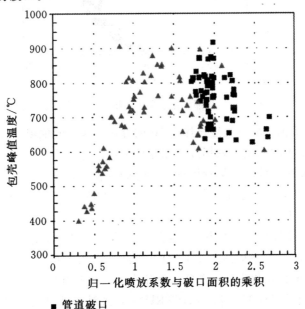

图 7.11　包壳峰值温度随喷放系数与破口面积乘积的变化图

　　图 7.11 显示包壳峰值温度最大值发生在双端剪切断裂的算例,对应的喷放系数取名义值。注意到局部最大氧化率最大值对应的包壳峰值温度排序第二,对应的破口有效面积较小。局部最大氧化率最大值在图 7.11 中很容易找到,因为在相应的破口有效面积附近,它对应的包壳峰值温度比其他算例都要高。

　　图 7.12 表示局部最大氧化率同包壳峰值温度之间的关联度。可以看出,虽然两者之间有很高的关联度,但局部最大氧化率最大的算例与包壳峰值温度最大的算例并不一致。

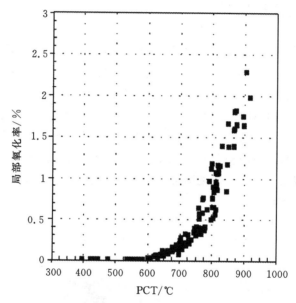

图 7.12　局部氧化率和包壳峰值温度的关系

　　图 7.13 表示包壳峰值温度排序前 10 的算例。包壳峰值温度最大的算例和局部最大氧化率最大的算例分别用红色和绿色进行标记。可以看出最大局部氧化率是由淹没延迟效应导致的。尽管该算例中包壳峰值温度排序第二,但由于高温持续了更长时间,从而导致了更高的氧化率。对新整体氧化率最高的算例对应的包壳峰值温度排序为 12。

　　在所有 124 个算例中,包壳峰值温度、局部最大氧化率和堆芯整体氧化率都小于 10 CFR 50.46 验收准则所规定的限值,因此可以判定在双 95 概率要求下包壳峰值温度、局部最大氧化率和堆芯整体氧化率可以被安全限值包络。

　　表 7.8 列出了 CSAU 方法和 ASTRUM 方法对大破口失水事故不确定分析结果对比,可以看出对于相同的核电厂,ASTRUM 方法可以挖掘至少 65.6℃ 的PCT 安全裕量以及更多的氧化率裕量。

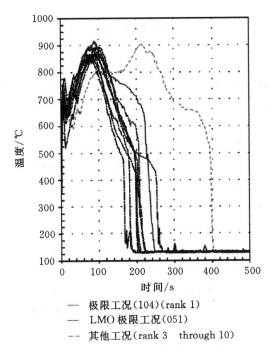

—— 极限工况(104)(rank 1)
— LMO 极限工况(051)
--- 其他工况(rank 3　through 10)

图 7.13　峰值温度排序前 10 的包壳温度变化

表 7.8　CSAU 方法和 ASTRUM 方法 LBLOCA 不确定性分析结果对比

典型电厂分析	CSAU(响应面法)	ASTRUM(非参数统计法)
二环路	PCT＝1141.7℃,FLMO＜17% CWO＜1%	PCT＝1021.1℃,FLMO＝3.4% CWO≪0.3%
三环路	PCT＝1121.1℃,FLMO＜12% CWO＜0.8%	PCT＝1002.2℃,FLMO＝2.9% CWO＝0.03%
四环路	PCT＝1162.8℃,FLMO＜13% CWO＜0.9%	PCT＝1075℃,FLMO＝2.4% CWO≪0.4%

习题

(1)比较不同的不确定性分析方法。

(2)针对典型压水堆核电厂,采用 CSAU 方法,利用典型的瞬态分析程序,进行大破口失水事故的不确定性分析。

参考文献

[1] INTERNATIONAL ATOMIC ENERGY AGENCY. Incorporation of advanced accident analysis methodology into safety analysis reports[R]. IAEA-TECDOC - 1351, 2003. 3.

[2] Safety Margins of Operating Reactors: Analysis of Uncertainties and Implication for Decision Making[R]. IAEA-TECDOC - 1332, IAEA, 2003.

[3] CSNI/NEA/OCED. REPORT OF A CSNI WORKSHOP ON UNCERTAINTY ANALYSIS METHODS[R]. NEA/CSNI/R(94)20, 1994, Vol 1 - 2.

[4] US NRC. Compendium of ECCS Research for Realistic LOCA Analysis[R]. NUREG - 1230 R4, 1988.

[5] 黄彦平. 反应堆大型热工水力分析程序计算结果不确定性的来源与对策[J]. 核动力工程, 2000, 21(3): 248 - 252.

[6] D'Auria F, et al. UMAE Application: Contribution to the OECD CSNI UMS [R]. REPORT ON THE UNCERTAINTY METHODS STUDY, 1998, Vol. 2.

[7] Robert P, Martin A, Larry D O'Dell. AREVA's realistic large break LOCA analysis methodology[J]. Nuclear Engineering and Design, 2005, 235:1713 - 1725.

[8] Leslie M E, Frepoli C. Application of ASTRUM Methodology for Best-Estimate Large-Break Loss-of-Coolant Accident Analysis for AP1000[R]. APP-GW-GLE-026, 2008.

[9] D'AURIA F, DEBRECIN N, GALASSI G M. Outline of the Uncertainty Methodology Based on Accuracy Extrapolation[J]. Nuclear Technology, 1995, 109.

[10] SILLS H E, ABDUL-RAZZAK A, DUFFEY R B, POPOV N. Best Estimate Methods for Safety Margin Assessment[R]. BE - 2000, Washington, D. C. , 2000.

[11] KRISTOF M, VOJTEK I. Uncertainty Analyses for LBLOCA in VVER - 440/213[EB/OL]. EUROSAFE 2003, Paris, France, 2003:45 - 54[2015 - 12 - 02]. http://www. eurosafe-forum. org/products/data/5 /pe_143_24_1_ seminrire2_4. pdf.

[12] YOUNG M Y, et al. Best Estimate Analysis of the Large Break Loss of Coolant Accident[C]// Proc. 6th Int. Conf. Nuclear Engineering(ICONE -

6). San Diego (California): [s. n.], 1998.

[13]GALETTI CAMARGO M R. Technical and Regulatory Concerns in the Use of Best Estimate Methodologies in an LBLOCA Analysis Licensing Process [C]// ANS Annual Meeting. San Diego(CA): [s. n.],2005.

[14]SAUVAGE J Y, LAROCHE S. Validation of the Deterministic Realistic Method Applied to Cathare on LB LOCA Experiments [C]. ICONE – 10, 2002.

[15]MESSER N,CHAMP M. Assessment of the "Deterministic Realistic Method " Applied to Large LOCA Analysis[C]. EUROSAFE 2000,Germany.

[16]Realistic Large Break LOCA Methodology[R]. EMF – 2103(NP)(A), Revision 0, AREVA NP, 2003.

[17]URBONAVICIUS E, KALIATKA A, USPURAS E, RIMKEVICIUS S. Sensitivity and Uncertainty Analysis for Ignalina NPP Confinement in Case of Loss of Coolant Accident[C]. Int. Conf. Nuclear Energy for New Europe 2003, 2003.

[18]URBONAS R, KALIATKA A, USPURAS E, VILEINISKIS V. RBMK – 1500 Accident Analysis Using BE Approach[R]. BE – 2004, 2004.

[19]FREPOLI C, OHKAWA K, KEMPER R M. Realistic Large Break LOCA Analysis of AP1000 with ASTRUM[C]. NUTHOS – 6,Japan, 2004.

[20]台電公司. 核三廠最佳估算冷卻水流失事故分析方法論安全評估報告[R]. NRD – SER – 98 – 19, 2009.

[21]Shaw R A, et al. Development of a Phenomena Identification and Ranking Table (PIRT)for Thermal Hydraulic Phenomena During a PWR LBLOCA [R]. NUREG/CR – 5074, 1988.

[22]IAEA. Thermophysical properties database of materials for light water reactors and heavy water reactors[R]. IAEA-TECDOC-1496, 2006.

[23]龚光鲁. 概率论与数理统计[M]. 北京:清华大学出版社,2006.